HTML5 & CSS3 辞典

(株)アンク 著

SHOEISHA

本書内容に関するお問い合わせについて

このたびは翔泳社の書籍をお買い上げいただき、誠にありがとうございます。弊社では、読者の皆様からのお問い合わせに適切に対応させていただくため、以下のガイドラインへのご協力をお願い致しております。下記項目をお読みいただき、手順に従ってお問い合わせください。

●ご質問される前に

弊社Webサイトの「正誤表」や「出版物Q&A」をご確認ください。これまでに判明した正誤や追加情報、過去のお問い合わせへの回答（FAQ）、的確なお問い合わせ方法などが掲載されています。

　　正誤表　　　http://www.seshop.com/book/errata/
　　出版物Q&A　http://www.seshop.com/book/qa/

●ご質問方法

弊社Webサイトの書籍専用質問フォーム（http://www.seshop.com/book/qa/）をご利用ください（お電話や電子メールによるお問い合わせについては、原則としてお受けしておりません）。

　※質問専用シートのお取り寄せについて

Webサイトにアクセスする手段をお持ちでない方は、ご氏名、ご送付先（ご住所／郵便番号／電話番号またはFAX番号／電子メールアドレス）および「質問専用シート送付希望」と明記のうえ、電子メール（qaform@shoeisha.com）、FAX、郵便（80円切手をご同封いただきます）のいずれかにて"編集部読者サポート係"までお申し込みください。お申し込みの手段によって、折り返し質問シートをお送りいたします。シートに必要事項を漏れなく記入し、"編集部読者サポート係"までFAXまたは郵便にてご返送ください。

●回答について

回答は、ご質問いただいた手段によってご返事申し上げます。ご質問の内容によっては、回答に数日ないしはそれ以上の期間を要する場合があります。

●ご質問に際してのご注意

本書の対象を越えるもの、記述個所を特定されないもの、また読者固有の環境に起因するご質問等にはお答えできませんので、予めご了承ください。

●郵便物送付先およびFAX番号

　　送付先住所　　〒160-0006　東京都新宿区舟町5
　　FAX番号　　　03-5362-3818
　　宛先　　　　　（株）翔泳社 編集部読者サポート係

※本書に記載されたURL等は予告なく変更される場合があります。
※本書の対象に関する詳細はxiページの「本書の動作環境」をご参照ください。
※本書の出版にあたっては正確な記述につとめましたが、著者や出版社などのいずれも、本書の内容に対してなんらかの保証をするものではなく、内容やサンプルに基づくいかなる運用結果に関してもいっさいの責任を負いません。
※本書に掲載されているサンプルプログラムやスクリプト、および実行結果を記した画面イメージなどは、特定の設定に基づいた環境にて再現される一例です。
※本書に記載された内容は、2011年5月の状況にもとづいて執筆されています。仕様、ブラウザの対応状況、その他は、今後も変更される場合があります。

※本書に記載されている会社名、製品名はそれぞれ各社の商標および登録商標です。

CONTENTS

目次

本書内容に関するお問い合わせについて ……………………………………… II
目　次 …………………………………………………………………………… III
本書の読み方 …………………………………………………………………… VIII
本書の動作環境 ………………………………………………………………… X

第1部 第1章 HTML5の基礎知識

- 01　HTML5とは ……………………………………………………………… 002
- 02　HTMLの基本的な構造 ………………………………………………… 004
- 03　文法上の注意点 ………………………………………………………… 006
- 04　要素の変更 ……………………………………………………………… 009
- 05　グローバル属性 ………………………………………………………… 011
- 06　コンテンツモデルとカテゴリー ……………………………………… 013
- 07　セクションとアウトライン …………………………………………… 018
- 08　SVGとMathML ………………………………………………………… 021

第1部 第2章 HTML5リファレンス

〈文書の基本〉
- 01　文書の基本構造を定義する …………………………………………… 024
- 02　文書にタイトルを付けたい …………………………………………… 026
- 03　基準となるURLを指定したい ………………………………………… 028
- 04　文書同士の関係を表したい …………………………………………… 030
- 05　文書情報を表したい …………………………………………………… 032
- 06　初期情報を表したい …………………………………………………… 034
- 07　文字エンコーディングを表したい …………………………………… 036
- 08　スタイルシートを使いたい …………………………………………… 038
- 09　スクリプトを使いたい ………………………………………………… 040
- 10　スクリプトが実行されない環境に対応したい ……………………… 042

〈セクション〉
- 01　セクションを表したい ………………………………………………… 044
- 02　ナビゲーションを表したい …………………………………………… 046
- 03　内容が独立したコンテンツを表したい ……………………………… 048
- 04　メイン・コンテンツとは関連の薄いコンテンツを表したい ……… 050
- 05　見出しを表したい ……………………………………………………… 052
- 06　見出しをグループ化したい …………………………………………… 054
- 07　ヘッダを表したい ……………………………………………………… 056
- 08　フッタを表したい ……………………………………………………… 058

| 09 | 連絡先を示したい | 060 |

〈コンテンツのグループ化〉
01	段落を表したい	062
02	テーマの変わり目を表したい	064
03	入力した通りに表示したい	066
04	長い文章を引用したい	068
05	リストを作りたい	070
06	番号付きのリストを作りたい	072
07	リストの開始番号を変更したい	074
08	リストの連番を変更したい	076
09	記述リストを表示したい	078
10	図版とキャプションを表したい	080
11	汎用的な領域を設定したい	082

〈テキストレベルの意味付け〉
01	リンクを設定したい	084
02	リンク先を読み込むウィンドウを指定したい	086
03	指定した場所に移動したい	088
04	強調したい	091
05	重要であることを示したい	092
06	注釈を表したい	094
07	正確ではなくなった内容を表したい	096
08	引用元のタイトルを表したい	098
09	短い文章を引用したい	100
10	定義される用語を示したい	102
11	略語や頭文字を示したい	104
12	日付や時間を示したい	106
13	コンピュータ関連のテキストを示したい	108
14	上付き文字・下付き文字を指定したい	110
15	イタリックで表記される部分を表したい	112
16	太字で表記される部分を表したい	114
17	ハイライト表示をしたい	116
18	ルビをふりたい	118
19	テキストの表記方向を指定したい	120
20	汎用的な範囲を設定したい	122
21	改行させたい	124
22	改行を許可する位置を指定したい	126
23	内容の追加や削除を表したい	128

〈コンテンツの埋め込み〉
01	画像を表示したい	130
02	画像の表示サイズを指定したい	133
03	イメージマップを作りたい	135
04	インライン・フレームを作りたい	139
05	プラグインを利用したい	142
06	さまざまな形式のコンテンツを埋め込みたい	144
07	プラグインのパラメータを指定したい	146
08	ビデオを再生したい	148
09	音声ファイルを再生したい	151

| 10 | 再生するファイルを複数指定したい | 154 |
| 11 | スクリプトを使って図を描きたい | 156 |

〈テーブル〉

01	表（テーブル）を作りたい	160
02	行や列に見出しを付けたい	162
03	キャプションを付けたい	164
04	列をグループ化したい	166
05	列を表したい	168
06	行をグループ化したい	170
07	縦方向のセルを連結したい	172
08	横方向のセルを連結したい	174

〈フォーム〉

01	入力フォームを作りたい	176
02	input要素で入力フォームの部品を作りたい	179
03	送信ボタンを作りたい	182
04	リセットボタンを作りたい	184
05	汎用ボタンを作りたい	186
06	画像を送信ボタンにしたい	188
07	表示させずに送信させるテキストを指定したい	190
08	1行の入力フィールドを作りたい	192
09	検索用の入力フィールドを作りたい	194
10	電話番号、URL、メールアドレス用の入力フィールドを作りたい	196
11	パスワード用の入力フィールドを作りたい	198
12	日付と時刻を入力したい	200
13	日付を入力したい	202
14	年月を入力したい	204
15	週を入力したい	206
16	時間を入力したい	208
17	数値を入力したい	210
18	特定の範囲の数値を入力したい	212
19	色を指定したい	214
20	チェックボックスを作りたい	216
21	ラジオボタンを作りたい	218
22	ファイルを選択してアップロードしたい	220
23	ボタンを作りたい	222
24	複数行の入力フィールドを作りたい	224
25	プルダウンメニューを作りたい	226
26	リストボックスを作りたい	228
27	メニューの選択項目をグループ化したい	231
28	入力候補のリストを作りたい	234
29	フォームの部品をグループ化したい	236
30	部品にキャプションを付けたい	238
31	鍵ペアを生成したい	240
32	フォームの計算結果を表したい	242
33	進捗状況を示したい	244
34	ゲージを示したい	246

〈インタラクティブ〉
01 詳細な情報をオンデマンドで表示したい …………………………………… 248
02 命令を表したい ………………………………………………………………… 250
03 命令のメニューを表したい …………………………………………………… 252

第2部 第1章 CSS3の基礎知識

CSSとは …………………………………………………………………………… 256
CSSの基本書式 …………………………………………………………………… 258
セレクタの種類 …………………………………………………………………… 261
HTML文書への適用方法 ………………………………………………………… 269
メディアクエリー ………………………………………………………………… 272
ボックスモデル …………………………………………………………………… 274
スタイルの適用要素、継承、優先順位 ………………………………………… 276
長さの指定方法 …………………………………………………………………… 277
色の指定方法 ……………………………………………………………………… 279
角度の指定方法 …………………………………………………………………… 282
URLの指定方法 …………………………………………………………………… 282

第2部 第2章 CSS3リファレンス

〈背景とボーダー〉
01 背景画像を複数指定したい …………………………………………………… 284
02 背景を表示する範囲を指定したい …………………………………………… 286
03 背景画像の基準の位置を指定したい ………………………………………… 288
04 背景画像のサイズを指定したい ……………………………………………… 290
05 角丸を個別に指定したい ……………………………………………………… 293
06 角丸のプロパティを一括して指定したい …………………………………… 296
07 ボーダーに画像を指定したい ………………………………………………… 299
08 ボーダー画像の繰り返し方法を指定したい ………………………………… 302
〈ボックス〉
01 ボックスに影を付けたい ……………………………………………………… 305
02 内容があふれる場合の横方向の表示方法を指定したい …………………… 308
03 内容があふれる場合の縦方向の表示方法を指定したい …………………… 310
04 幅と高さの算出方法を指定したい …………………………………………… 312
05 アウトラインとボーダーとの間隔を指定したい …………………………… 314
06 要素のサイズを変更できるようにしたい …………………………………… 316
〈色とグラデーション〉
01 透明度を指定したい …………………………………………………………… 318
02 線形のグラデーションを指定したい ………………………………………… 321
03 円形(放射状)のグラデーションを指定したい ……………………………… 324
〈テキスト〉
01 テキストに影を付けたい ……………………………………………………… 328
02 単語の途中の改行方法を指定したい ………………………………………… 330
03 テキストがあふれる場合の表示方法を指定したい ………………………… 332
〈フォント〉
01 フォントサイズを調整したい ………………………………………………… 334

02 Webフォントを使いたい ……………………………………………… 337
〈**段組み**〉
01 段の数を指定したい ……………………………………………………… 340
02 段の横幅を指定したい …………………………………………………… 343
03 段の横幅と数を一括して指定したい …………………………………… 345
04 段の間隔を指定したい …………………………………………………… 347
05 段の境界線の種類を指定したい ………………………………………… 349
06 段の境界線の幅を指定したい …………………………………………… 352
07 段の境界線の色を指定したい …………………………………………… 354
08 段の境界線のプロパティを一括して指定したい ……………………… 356
〈**フレキシブル・ボックス**〉
01 フレキシブル・ボックスを指定したい ………………………………… 358
02 ボックスのレイアウト方向を指定したい ……………………………… 361
03 ボックスの並び順を指定したい ………………………………………… 363
04 ボックスの並び順を個別に指定したい ………………………………… 366
05 ボックスを揃える位置を指定したい …………………………………… 369
06 各ボックスに割り当てる余白の比率を指定したい …………………… 372
07 ボックスを寄せる位置を指定したい …………………………………… 375
〈**トランジション**〉
01 トランジション効果を付けたい ………………………………………… 378
02 トランジションにかける時間を指定したい …………………………… 381
03 トランジションの変化のパターンを指定したい ……………………… 383
04 トランジションを遅れて開始させたい ………………………………… 385
05 トランジションのプロパティを一括して指定したい ………………… 387
〈**アニメーション**〉
01 アニメーションのキーフレームを設定したい ………………………… 389
02 利用するキーフレームを指定したい …………………………………… 391
03 アニメーションを実行する時間を指定したい ………………………… 394
04 アニメーションの速度のパターンを指定したい ……………………… 397
05 アニメーションを実行する回数を指定したい ………………………… 401
06 アニメーションを繰り返す方向を指定したい ………………………… 404
07 アニメーションを遅れて開始させたい ………………………………… 407
08 アニメーションのプロパティを一括して指定したい ………………… 410
〈**変形**〉
01 要素に変形効果を付けたい ……………………………………………… 413
02 変形の基点を指定したい ………………………………………………… 416

第3部 付録

01 廃止された属性一覧表 …………………………………………………… 420
02 HTMLタグインデックス ………………………………………………… 424
03 HTML5属性インデックス ………………………………………………… 427
04 CSSインデックス ………………………………………………………… 430
05 用語インデックス ………………………………………………………… 431

INTRODUCTION

本書の読み方

　本書は「HTML5」と「CSS3」の2部構成で、それぞれの部は基礎知識を解説する1章と、リファレンスパートである2章からなっています。特徴や概念、新機能、記述方法等は各部の1章「HTML5の基礎知識」(p.1)と「CSS3の基礎知識」(p.255)を参照してください。
　2章のリファレンスパートでは、項目を機能別にカテゴリー分けし、基本書式、解説、サンプルソース、サンプルの表示画面、各ブラウザの対応表などをセットにして掲載しています。HTML5とCSS3のリファレンス構成は基本的に同一の形式になっていますが、わかりやすさを重視し、一部形式を変更しています。異なる部分に関しては、p.x〜xiを参照してください。

【共通の項目】

カテゴリー▶
効果や種類によって分けています。数字は、そのカテゴリの何項目かを表します。

タイトル▶
具体的に何ができるのかを表しています。使用目的から選んでください。

基本書式▶
HTML5とCSS3で見方が異なります。p. x を参照してください。

値▶
HTML5とCSS3で見方が異なります。p. x を参照してください。

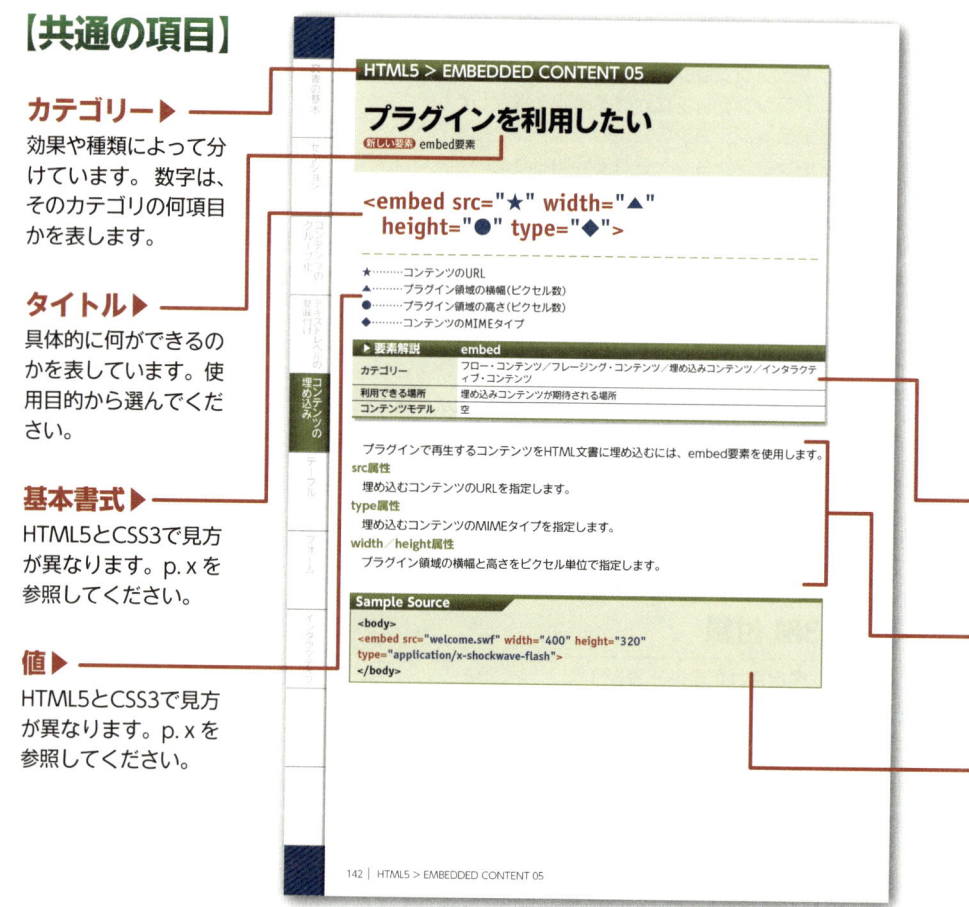

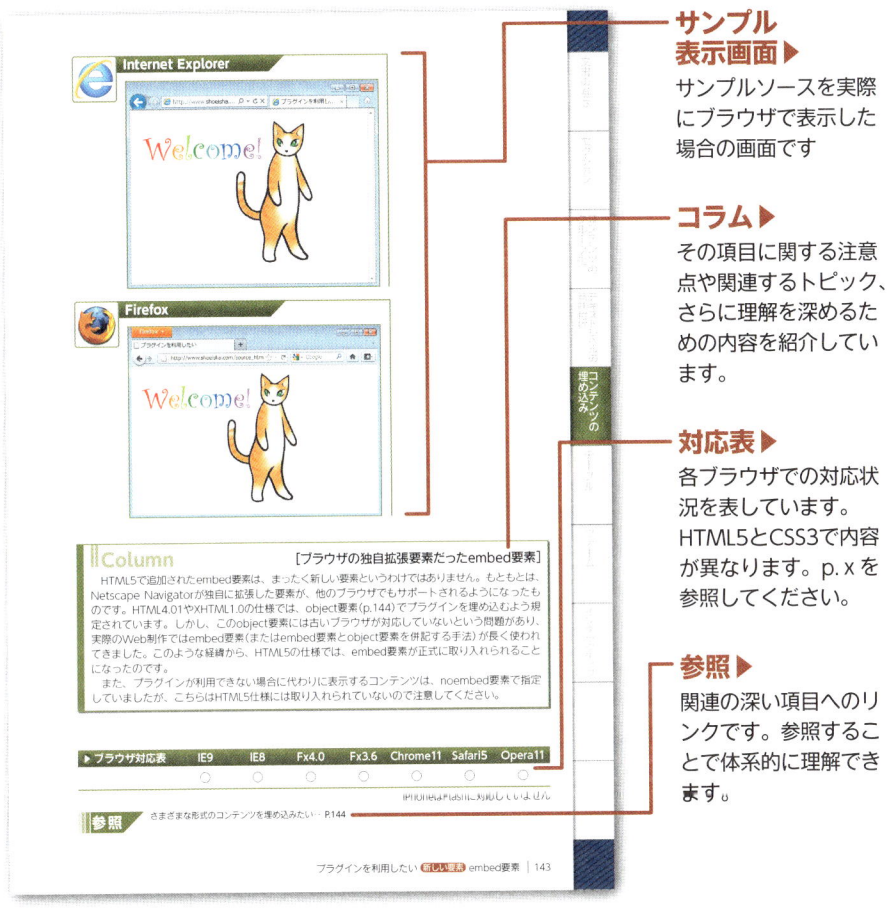

サンプル表示画面▶
サンプルソースを実際にブラウザで表示した場合の画面です

コラム▶
その項目に関する注意点や関連するトピック、さらに理解を深めるための内容を紹介しています。

対応表▶
各ブラウザでの対応状況を表しています。HTML5とCSS3で内容が異なります。p.xを参照してください。

参照▶
関連の深い項目へのリンクです。参照することで体系的に理解できます。

要素・属性解説▶
HTML5とCSS3で内容が異なります。p.xを参照してください。

解説▶
その項で取り上げているタグ、CSSに関する解説です

サンプルソース▶
HTML5とCSS3で内容が異なります。p.xを参照してください。
なお、紙面の関係で一部省略や改行を行っています。

【HTML5タグリファレンスの項目】

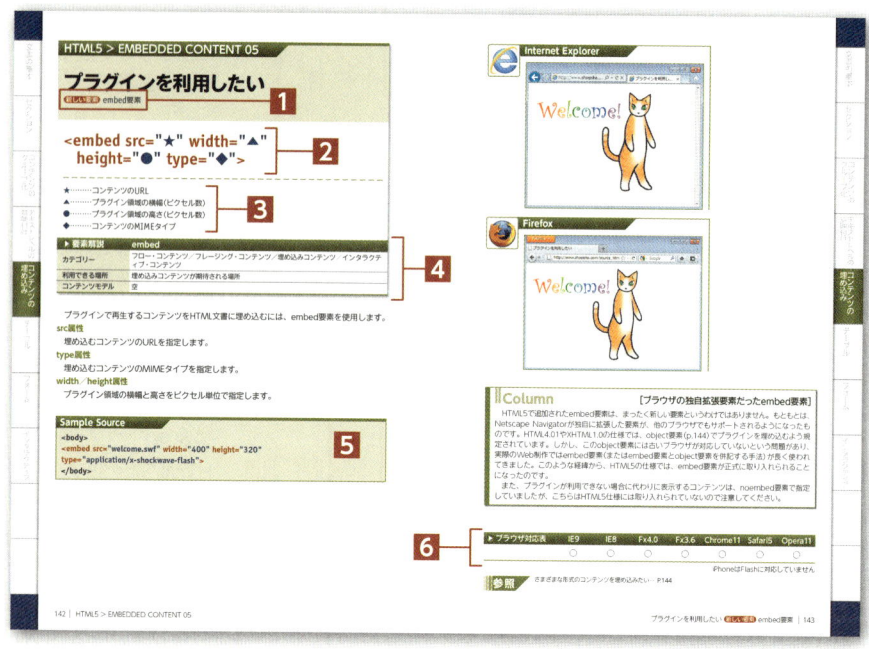

1 新しい要素・変更された要素・新しい属性、新しい値 ▶

HTML5で新たに追加された要素には「新しい要素」、意味の変更された要素には「変更された要素」、新たに追加された属性と値にはそれぞれ「新しい属性」「新しい値」のアイコンが付けられています。要素の変更については、p.9を参照してください。

新しい要素　変更された要素
新しい属性　新しい値

2 基本書式 ▶

タイトルで表している内容を表現するためのタグの基本的な書式です。タグ（要素）と属性は赤色、値は青色の文字で表記しています。

3 値 ▶

その属性がとる値です。★や●で表しています。項目によっては、この欄で属性も紹介しています。

4 要素解説 ▶

その項で取り上げている要素の解説です。「カテゴリー」では、その要素が分類されているカテゴリーを表記しています。カテゴリーについては、p.13を参照してください。「利用できる場所」では、その要素を利用できる場所を、「コンテンツモデル」では、その要素の中に入れることのできるコンテンツを表します。この欄に「空」とある場合、その要素内にはコンテンツを入れることができません。

5 サンプルソース ▶

その項目で解説しているタグや属性を使用したサンプルソースです。基本書式に合わせてタグ（要素）・属性は赤色、値は青色の文字にしています。

6 対応表 ▶

各ブラウザでの対応状況を○×で示しています。△の場合や、OSによって挙動が異なる場合などは、表下に注記が入っています。ブラウザの環境についてはp.xiiを参照してください。

1 基本書式▶

タイトルで表している内容を表現するためのタグの基本的な書式です。解説するプロパティを赤色、値を青色で表記しています。

2 値▶

その属性がとる値です。★や●で表しています。値の詳細については本文中で解説しています。

3 初期値・値の継承・適応要素▶

その属性がとる値です。項目によっては、この欄で属性も紹介しています。

4 サンプルソース▶

その項目で解説しているタグや属性を使用したサンプルソースです。基本書式に合わせて、解説しているプロパティを赤色、値を青色で表記しています。そのプロパティのセレクタにあたる要素やクラス、IDは緑色です。本書では、サンプルをHTML5と外部スタイルシートで構成しています。

5 ブラウザごとの指定方法と対応▶

各ブラウザでの対応状況と指定方法を示しています。「—」とある欄は、対応していないことを表します。「個別のプロパティ参照」とあるものは、基本書式での指定が可能です。ベンダープレフィックス(p.260参照)が必要なプロパティや、ブラウザごとに値の指定方法が異なるものは、実際に記述すべき内容が書かれています。

ベンダープレフィックスが必要なプロパティ

▶ブラウザごとの指定方法と対応

ブラウザ	プロパティ		ブラウザ	プロパティ
IE9	-ms-overflow-x (overflow-x)		Chrome11	overflow-x
IE8	-ms-overflow-x (overflow-x)		Safari5	overflow-x
			Opera11	overflow-x
Fx4.0	overflow-x			iPhoneはscrollに対応していません
Fx3.6	overflow-x			

ブラウザごとに値の指定方法も異なるもの

▶ブラウザごとの指定方法と対応

ブラウザ	プロパティ	
IE9	background-clip	border-box, padding-box, content-box
IE8		
Fx4.0	background-clip	border, padding
Fx3.6	-moz-background-clip	border, padding
Chrome11	background-clip	border-box, padding-box, content-box
Safari5	-webkit-background-clip	border-box, padding-box, content-box
Opera11	background-clip	border-box, padding-box, content-box

Fx3.6はcontent-boxに対応していません

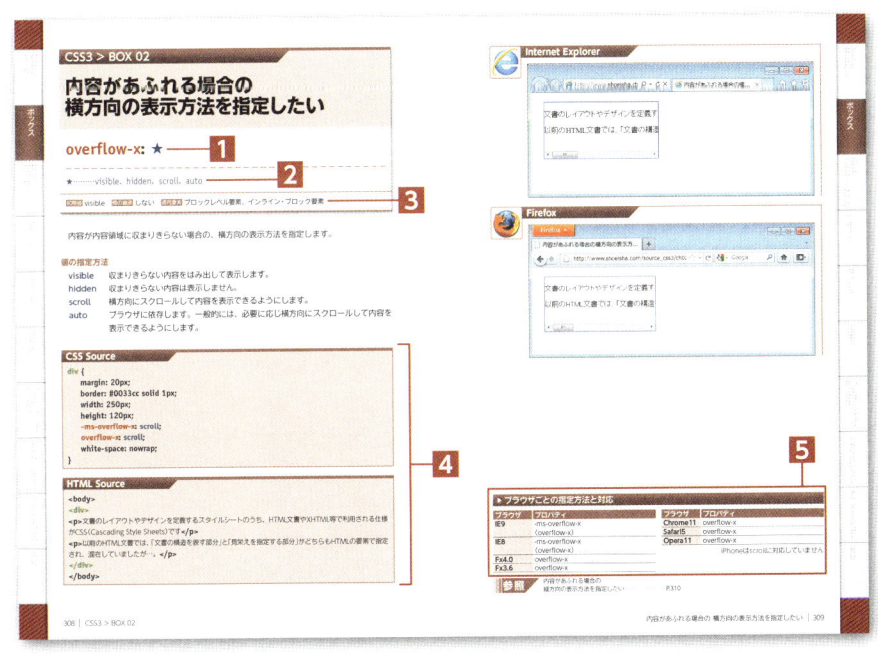

【CSS3リファレンスの項目】

INTRODUCTION

本書の動作環境

■OSとブラウザの環境

本書は、以下の動作におけるブラウザ表示にもとづいて記述しており、対応表も以下の環境での結果となります。

OS	日本語版 Microsoft Windows 7	
ブラウザ	Internet Explorer 9.0／8	
	Firefox 4.0／3.6	
	Google Chrome11.0	
	Opera 11.1	
	Safari 5	
OS	日本語版 Mac OS 10.6.7	
ブラウザ	Firefox 4.0／3.6	
	Google Chrome11.0	
	Opera 11.1	
	Safari 5	
OS	iPhone 4.3.2	
ブラウザ	Safari 5	

※IE9は標準モードを使用しています。

■HTML5とCSS3

HTML5はすべてHTML構文(p.7)に従って記述し、CSS3はすべてlink要素で外部スタイルシートを読み込む方法(p.270)で適用しています。

■ディスプレイ表示

サンプルソースを表示しているディスプレイ画面は、基本的に各ブラウザの最新バージョン(Internet Explorerなら9)の初期設定のものを掲載しています。iPhoneは効果が明確に現れるように、適宜画面をピンチアウトして拡大しています。

掲載画面はあくまでも一例ですので、ユーザーの設定によっては、本書の表示通りにはならないので注意してください。

第1部 第1章
HTML5の基礎知識
HTML BASIC

HTML5とは

HTML4.01とXHTML1.0

　現在、Webページの多くはHTML4.01やXHTML1.0で作成されています。

　HTML4.01は、HTML4.0を改定して1999年にW3Cから勧告された、HTMLとしては一番新しい仕様です。HTML4.0/HTML4.01で最も注目された点は、文書構造と視覚的な表現（見栄え）の分離です。HTMLとは本来、文書の論理的な構造をしるし付け（マークアップ）し、文書の持つ情報をコンピュータが読めるようにする言語です。しかし、Webの発展に伴ってレイアウトや色、フォントなど、ページの見栄えまでをも指定するようになっていきました。W3CはそうしたHTMLから本来の機能以外の部分を取り除き、HTMLでは文書構造を、そして見栄えについてはスタイルシートを利用するべきという方針を打ち出したのです。

　HTML4.01に続いてW3Cから勧告された仕様が、HTMLをXMLで書き直したXHTMLです。XMLの厳しい文法規則を用いてコンピュータが文書構造をより理解しやすくし、また、XMLの持つ拡張性や柔軟性をHTMLに取り入れることで、Web上の情報がさらに活用できるようになると考えられていました。2000年に勧告されたXHTML1.0は、HTML4.01との互換性が考慮されていたためHTMLからの移行もしやすく、現在でも広く利用されています。

　その後W3Cは、XHTML BasicやXHTML1.1などを勧告し、XHTML2.0の策定にも着手しました。しかし普及は進んでいません。普及を妨げたおもな理由としては、よりXML志向の強い仕様となり、HTMLとの互換性もなかったことや、Webアプリケーションが注目されるようなWebの実情に適応していなかったことなどがあげられます。つまり、難解で煩わしい定義や、これまでに得た知識・今あるコンテンツ等を活用できない実用性に問題のある仕様は、ブラウザを開発するベンダーやWeb制作の現場に受け入れられなかったのです。

HTML5の登場

　一方、W3Cの方針を疑問視したApple、Mozilla、Operaは、2004年にWHATWGを発足させ、XHTML2.0に代わる新しいHTMLの策定を開始します。彼らは、シンプルで実用的であり、Webの世界を発展させられるような仕様を独自に作りあげていきました。

　W3Cが新たなHTMLの策定を発表したのは、2007年3月のことです。これを知ったWHATWGは2007年4月、W3Cに対し、彼らが策定している仕様を採用して「HTML5」という名前で策定を始めてはどうかと提案します。同じ年の5月にW3Cはこの提案を受け入れる決定をしました。HTML5という名前はこのときに始まります。

　W3C側のXHTML2.0はその後2009年末に策定が打ち切られ、以降W3CはWHATWGとともにHTML5の策定に力を注ぐことになりました。

HTML5について

　これまでのHTMLやXHTMLは文章の構造を示すためのマークアップ言語、またはその仕様を指すものでした。しかしHTML5という言葉は現在、いくつかの異なる意味を持って使われています。例えば次の通りです。

　まずは従来のようにマークアップ言語としての仕様です。ただし、HTML5では扱う範囲が大きく拡大しています。仕様書のタイトルが「A vocabulary and associated APIs for HTML and XHTML」となっていることからもわかるように、マークアップ言語としてだけではなく、Webアプリケーションのプラットフォームとして、関連するAPIなどをも含む仕様となっています。

　広義には、もともとHTML5の仕様の中で策定されていたものの、さまざまな理由で独立したAPIの仕様や、関連技術の仕様までを含めるものです。いくつもの仕様がそれぞれ別個に検討を進められており、この場合HTML5はとても広域な意味を持つことになります。

　また、CSS3やSVG、MathMLなどを含める場合もあります。

本書で扱う範囲と内容について

　本書ではこれまでの『HTMLタグ辞典』（翔泳社）の流れを引き継ぎ、狭義のHTML5の中でもさらにマークアップの部分に焦点をあてて解説を進めます。

　HTML5は新しい仕様ですが、これまでの知識が使えなくなるわけでも、すべてを新しく学び直さなければならないわけでもありません。HTML5の策定にあたっては「互換性」「有用性」「相互運用性」「ユニバーサルアクセス」という設計原則があり、すでにある技術やノウハウを活かしつつ、実用的でより高度なWebアプリケーションを作成できるように考えられているからです。

　この原則は、もちろん本書が扱うマークアップの仕様についてもあてはまるものです。すでにHTML4.01やXHTML1.0でページを作っていた人は、その知識を活かして移行しやすい仕様になっています。

　ただし、HTML5は勧告には至っておらず、現在でも策定作業が進められている状態です。HTML5を扱ったメディア、実際にHTML5で作成されたサイトなども数多く登場していますが、仕様が変更される可能性はまだあることに注意してください（本書の情報は、2011年5月現在の状況にもとづいています）。

HTMLの基本的な構造

HTML文書の一番基本的な構造は次のようになります。

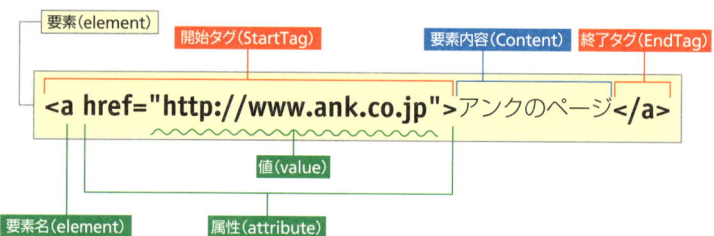

このようにHTMLでは、文書を構成する各内容をその意味や性質によって「要素」に分類し、当該の箇所がどの要素なのかを「タグ」というしるしを付けて示します。

タグには通常、「開始タグ」と「終了タグ」があり、この2つで「要素内容」を挟むように記述します。

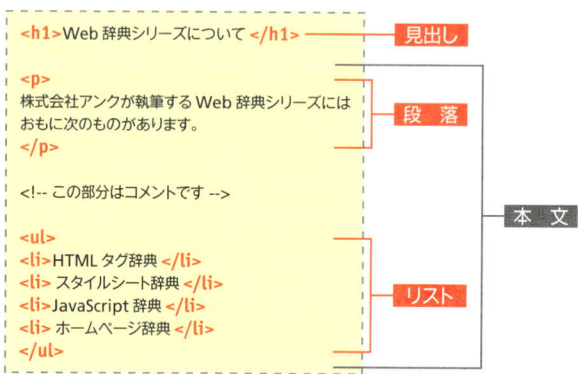

ただし、次の要素は要素内容を持たないために、開始タグのみで終了タグがありません。このような要素を「空要素」といいます。

area	base	br	col	command
embed	hr	img	input	link
meta	param	source		

属性と値

　各要素には、その要素の性質や役割など詳細情報を示す「属性」を指定することもできます。開始タグの要素名の後に半角スペースを入れ、基本的には「属性名="値"」のかたちで記述します。

　値には、rect、circle、polyのように既定のものと、数値や文字列などのように文書の作成者が任意で指定するものとがあります。下の例のように、引用符(" "や' ')で括って記述するのが一般的です。

```
<textarea name="comment">ご意見をどうぞ</textarea>
```

　HTMLの場合、属性名と値が同じ属性(論理属性)のときは次のような指定方法も認められています。

```
disabled="disabled"
disabled=""
disabled
```

　複数の属性を指定する場合は、それぞれを半角スペースで区切って記述します。順序は問いません。

```
<textarea name="comment" rows="5" cols="50">ご意見をどうぞ</textarea>
```

グローバル属性

　属性の中には、すべての要素で共通して利用できる「グローバル属性」があります(p.11)。

コメント

　「<!--」と「-->」に挟まれた部分がコメントになります。ブラウザには表示されないので、編集時にメモを入れたり、一時的に文書の一部を隠したりするときなどに利用できます。

HTML5 > BASIC 03
文法上の注意点

HTML構文とXHTML構文

HTML5では、「HTML構文」と「XHTML(XML)構文」という2通りの文書形式が規定されています。

HTML構文

HTML5のHTML構文は、これまで使われてきたHTML4.01と、HTML4.01をXMLの文法で定義し直したXHTML1.0の両方に互換性があります。基本的にはHTML4.01の文法規則に従って記述しますが、XHTML1.0の文法規則で記述することも認められています。

```html
<!DOCTYPE html>
<html>
  <head>
    <meta charset="UTF-8">
    <title>HTML5文書のサンプル</title>
  </head>
  <body>
    <p>段落のサンプル<br>...</p>
  </body>
</html>
```

XHTML構文

HTML5のXHTML(XML)構文はこれまで使われてきたXHTML1.0と互換性があり、XHTML1.0の文法規則に従って記述します。

```xml
<?xml version="1.0" encoding="UTF-8"?>
<html xmlns="http://www.w3.org/1999/xhtml">
  <head>
    <title>HTML5文書のサンプル</title>
  </head>
  <body>
    <p>段落のサンプル<br />...</p>
  </body>
</html>
```

なお、通常、HTML文書のMIMEタイプには「text/html」を指定しますが、XHTML（XML）構文で文書を作成した場合には、MIMEタイプを「application/xhtml+xml」として配信しなければなりません。XHTML構文のページとして正しくブラウザに解釈させるには、サーバー側での設定が必要になることもありますし、また、ブラウザによってはこの「application/xhtml+xml」に対応していないこともあるため注意が必要です。

本書では、HTML構文に従って、HTML5の解説やソースの記述を行います。

DOCTYPE宣言

HTML4.01やXHTML1.0では、HTMLやXHTMLのバージョンやDTD（Document Type Definition／文書型定義）の所在を示す長いDOCTYPE宣言を、文書の冒頭に記述していました。

```
<!DOCTYPE HTML PUBLIC "-//W3C//DTD HTML 4.01//EN"
 "http://www.w3.org/TR/html4/strict.dtd">
```
HTML 4.01の最も厳密な仕様で文書を作成する場合のDOCTYPE宣言。

HTML5のDOCTYPE宣言は、次のように非常にシンプルで書きやすいものになっています。

```
<!DOCTYPE html>
```

HTML5にはDTDが存在しないため、DOCTYPE宣言でHTMLのバージョンやDTDを示す必要はなくなりました。HTML5のDOCTYPE宣言は、ブラウザの表示モードを標準モードにするという目的でのみ利用されるものです。

HTML構文で文書を作成する場合、DOCTYPE宣言は必須です。大文字と小文字は区別されないので、上記のように大文字と小文字で記述することも、大文字だけ、または小文字だけに統一して記述することもできます。

文字エンコーディングの指定方法

HTML5では、文書の文字エンコーディングに「UTF-8」が強く推奨されています。
文字エンコーディングの指定方法としては、meta要素にcharset属性(p.36)が追加されました。次の一文を、文書の先頭から512バイト以内に記述します。

HTML5の文字エンコーディングの指定方法(UTF-8の場合)

```
<meta charset="UTF-8">
```

これは従来の文字エンコーディングの指定方法に置き換わるものですが、HTML5では従来の指定方法を利用することもできます。

従来の文字エンコーディングの指定方法

```
<meta http-equiv="Content-Type"
content="text/html; charset=UTF-8">
```

ただし、両方の指定方法を混在させることはできません。また、meta要素で指定する文字エンコーディング名と、文書の実際の文字エンコーディングが同じになるように注意してください。

Column　［XHTML構文の文字エンコーディングとDOCTYPE宣言］

XHTML構文の文字エンコーディングは、通常、文書の先頭に配置した下記のようなXML宣言中で指定します。meta要素のhttp-equiv属性を使った従来の文字エンコーディングの指定方法は、使用できませんので注意してください。

```
<?xml version="1.0" encoding="UTF-8"?>
```

また、XHTML構文ではDOCTYPE宣言の記述は任意ですが、もし記述するのであれば、大文字小文字が区別されるのでp.6の通りに記述しなければなりません。

HTML5 > BASIC 04

要素の変更

HTML5では、仕様の意図に沿って、要素の追加や削除、意味の変更などが行われています。

■追加された要素

HTML5で新しく追加された要素は次の表で黄色で示したところです。文書構造をより適切に示すための要素、マルチメディアを扱うための要素、APIとともに利用することを前提とした要素などが規定されています。

a	abbr	address	area	article	aside
audio	b	base	bdo	blockquote	body
br	button	canvas	caption	cite	code
col	colgroup	command	datalist	dd	del
details	dfn	div	dl	dt	em
embed	fieldset	figcaption	figure	footer	form
h1~h6	head	header	hgroup	hr	html
i	iframe	img	input	ins	kbd
keygen	label	legend	li	link	map
mark	menu	meta	meter	nav	noscript
object	ol	optgroup	option	output	p
param	pre	progress	q	rp	rt
ruby	s	samp	script	section	select
small	source	span	strong	style	sub
summary	sup	table	tbody	td	textarea
tfoot	th	thead	time	title	tr
ul	var	video	wbr		

■変更された要素

　HTML5で意味が変更された要素は次の表で黄色で示したところです。Webでどのように使われているのかを考慮したり、より便利なものとなるよう変更が加えられています。

a	abbr	address	area	article	aside
audio	b	base	bdo	blockquote	body
br	button	canvas	caption	cite	code
col	colgroup	command	datalist	dd	del
details	dfn	div	dl	dt	em
embed	fieldset	figcaption	figure	footer	form
h1〜h6	head	header	hgroup	hr	html
i	iframe	img	input	ins	kbd
keygen	label	legend	li	link	map
mark	menu	meta	meter	nav	noscript
object	ol	optgroup	option	output	p
param	pre	progress	q	rp	rt
ruby	s	samp	script	section	select
small	source	span	strong	style	sub
summary	sup	table	tbody	td	textarea
tfoot	th	thead	time	title	tr
ul	var	video	wbr		

■廃止された要素

　HTML5で廃止になった要素は次の通りです。装飾的な役割しか持たず、その効果はCSSで代わりに表現できる要素や、フレーム関連要素のようにユーザビリティやアクセシビリティに影響を与えるとされるもの、あまり利用されずほかの要素で代用できるものなどが廃止されています。

basefont	big	center	font	strike	tt
u	frame	frameset	noframes	acronym	applet
isindex	dir				

■廃止された要素

　HTML5で廃止になった属性とその代替方法は、p.420からの廃止された属性一覧表にまとめていますので参照してください。

HTML5 > BASIC 05

グローバル属性

　HTML4.01では、ほぼすべての要素で利用できるclass、dir、id、lang、style、tabindex、titleという属性が定義されていました。HTML5では、これらの属性にいくつかの属性を加えた以下の属性を「グローバル属性」として定義しています。グローバル属性はすべての要素で共通して利用できます。

accesskey="ショートカットキー"
　要素にキーボード・ショートカット用のキーを割り当てます。半角スペースで区切って複数のキーを指定することもできます。この場合は指定した順に優先順位が付けられ、その環境で利用可能な最初のキーがショートカットキーとして採用されることになっています。

class="クラス名"
　要素に対してクラス名を指定します。半角スペースで区切って複数のクラス名を指定することもできます。class属性では同一の文書内の複数の要素に対して同じ名前を指定でき、スタイルシートを適用する場合のセレクタなどに利用されます。

contenteditable="編集可能かどうか"
　要素を編集可能にするかどうかを指定します。編集可能にする場合は「true」または空文字("")、編集不可にする場合は「false」を値に指定します。

contextmenu="menu要素のid属性値"
　menu要素で定義したメニューを当該要素のコンテキスト・メニューとして表示します。値には、menu要素のid属性の値を指定します。

dir="テキストの表記方向"
　要素内容のテキストの表記方向を指定します。左から右の場合は「ltr」、右から左の場合は「rtl」を値に指定します。

draggable="ドラッグ可能かどうか"
　要素をドラッグ可能にするかどうかを指定します。ドラッグ可能にする場合は「true」、ドラッグ不可にする場合は「false」を値に指定します。
　dropzone属性とdraggable属性は、ドラッグ＆ドロップAPIと組み合わせて利用します。

dropzone="ドロップしたアイテムの処理方法"
　要素をドロップ可能な場所とし、この場所が受け入れるアイテムを、どのように処理する

のかを指定します。値に「copy」を指定するとドラッグされたデータがこの場所にコピーされ、「move」を指定するとドラッグされたデータをここに移動します。「link」を指定した場合は、オリジナルのデータとドロップ先との間に何らかの関連付けやつながりが作られます。
　dropzone属性とdraggable属性は、ドラッグ＆ドロップAPIと組み合わせて利用します。

hidden="hidden"
　指定した要素が、他の部分とは無関係であることを表します。この属性が指定された要素はブラウザにも表示されません。この属性は、当該の要素が無関係の状態を表す場合にのみ「hidden="hidden"」「hidden=""」「hidden」のいずれかの書式で指定します。

id="名前"
　要素の名前（識別子）を指定します。同一の文書内で同じ名前を重複して使うことはできません。スタイルシートのセレクタ、リンクの対象、スクリプトからの参照などで利用されます。

lang="言語コード"
　要素内容の言語を表す言語コード指定します。日本語はja、英語はen、米国英語はen-US、フランス語はfrのように指定します。lang属性が指定されていない要素の言語は、lang属性が指定されている親要素の言語と同じになります。

spellcheck="スペルチェックを有効にするかどうか"
　テキストが入力可能な要素において、スペルチェックや文法チェックを有効にするかどうかを指定します。チェックを有効にする場合は「true」または空文字("")、無効にする場合は「false」を値に指定します。フォームのテキスト入力欄（input要素やtextarea要素）、contenteditable属性が指定され編集可能になっている要素に対して利用できます。

style="CSS宣言"
　要素に指定するCSSの宣言（p.38）を直接記述します。「;（セミコロン）」で区切って複数のCSS宣言を指定することができます。

tabindex="移動の順番"
　[Tab]キーを使ってフォーカスを移動させる際の、順番を指定します。ただし、実際に[Tab]キーを利用するかどうかは環境によって異なります。値には整数を指定し、値の小さなものから大きなものへ移動します。値に0が指定されている要素と、tabindex属性が指定されていない要素は、この属性に1以上の値が指定されている要素の後にフォーカスが移動します。また、負の値を指定した場合は、フォーカスは可能になりますが、[Tab]キーによる移動の対象にはなりません。

title="補足情報"
　要素の補足情報を表します。例えば、当該の要素がリンクであればリンク先のタイトルや説明、画像であればその画像のタイトルや著作権情報、引用文であれば引用元に関する情報の記載などに利用できます。title属性に指定された内容は、一般的にはマウスカーソルを当てたときにツールチップとして表示されます。

コンテンツモデルとカテゴリー

コンテンツモデル（内容モデル）とは、各要素がその中に入れることのできるコンテンツを定義したものです。

HTML4.01やXHTML1.0では、要素の多くは「ブロックレベル要素」と「インライン要素」に分類され、この概念によって要素同士の関係性が規定されていました。

HTML5は、ブロックレベル要素やインライン要素といった分類方法の代わりに「カテゴリー」という概念を導入しました。カテゴリーによって、要素はより細かく、厳密に分類されるようになり、コンテンツモデルも基本的にこのカテゴリーに基づいて定義されています。

おもなカテゴリーは次の通りです。

- メタデータ・コンテンツ
- フロー・コンテンツ
- セクショニング・コンテンツ
- 見出しコンテンツ
- フレージング・コンテンツ
- 埋め込みコンテンツ
- インタラクティブ・コンテンツ

カテゴリー同士は、おおよそ次のような関係になっています。

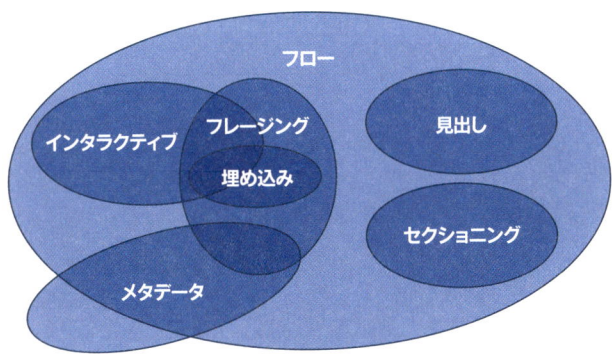

上の図からもわかるように、1つの要素が属すカテゴリーは1つに限定されません。複数のカテゴリーに属すこともあれば、どのカテゴリーにも属さない要素もあります。

■メタデータ・コンテンツ

文書に関する情報や、他の文書との関係などを定義するコンテンツです。

a	abbr	address	area	article	aside
audio	b	base	bdo	blockquote	body
br	button	canvas	caption	cite	code
col	colgroup	command	datalist	dd	del
details	dfn	div	dl	dt	em
embed	fieldset	figcaption	figure	footer	form
h1〜h6	head	header	hgroup	hr	html
i	iframe	img	input	ins	kbd
keygen	label	legend	li	link	map
mark	menu	meta	meter	nav	noscript
object	ol	optgroup	option	output	p
param	pre	progress	q	rp	rt
ruby	s	samp	script	section	select
small	source	span	strong	style	sub
summary	sup	table	tbody	td	textarea
tfoot	th	thead	time	title	tr
ul	var	video	wbr	テキスト	

■フロー・コンテンツ

文書内に現れる一般的なコンテンツを表します。メタデータ・コンテンツに含まれる一部の要素をのぞき、ほとんどの要素がフロー・コンテンツに属しています。

a	abbr	address	area	article	aside
audio	b	base	bdo	blockquote	body
br	button	canvas	caption	cite	code
col	colgroup	command	datalist	dd	del
details	dfn	div	dl	dt	em
embed	fieldset	figcaption	figure	footer	form
h1〜h6	head	header	hgroup	hr	html
i	iframe	img	input	ins	kbd
keygen	label	legend	li	link	map
mark	menu	meta	meter	nav	noscript
object	ol	optgroup	option	output	p
param	pre	progress	q	rp	rt
ruby	s	samp	script	section	select
small	source	span	strong	style	sub
summary	sup	table	tbody	td	textarea
tfoot	th	thead	time	title	tr
ul	var	video	wbr	テキスト	

※area…map要素の中にある場合
※style…scoped属性が指定されている場合

■セクショニング・コンテンツ

　章や節、コラムやブログの記事のように、見出しからその内容までを含んだある範囲を定義するコンテンツです。

a	abbr	address	area	**article**	**aside**
audio	b	base	bdo	blockquote	body
br	button	canvas	caption	cite	code
col	colgroup	command	datalist	dd	del
details	dfn	div	dl	dt	em
embed	fieldset	figcaption	figure	footer	form
h1〜h6	head	header	hgroup	hr	html
i	iframe	img	input	ins	kbd
keygen	label	legend	li	link	map
mark	menu	meta	meter	**nav**	noscript
object	ol	optgroup	option	output	p
param	pre	progress	q	rp	rt
ruby	s	samp	script	**section**	select
small	source	span	strong	style	sub
summary	sup	table	tbody	td	textarea
tfoot	th	thead	time	title	tr
ul	var	video	wbr	テキスト	

■見出しコンテンツ

　見出しを表します。

a	abbr	address	area	article	aside
audio	b	base	bdo	blockquote	body
br	button	canvas	caption	cite	code
col	colgroup	command	datalist	dd	del
details	dfn	div	dl	dt	em
embed	fieldset	figcaption	figure	footer	form
h1〜h6	head	header	**hgroup**	hr	html
i	iframe	img	input	ins	kbd
keygen	label	legend	li	link	map
mark	menu	meta	meter	nav	noscript
object	ol	optgroup	option	output	p
param	pre	progress	q	rp	rt
ruby	s	samp	script	section	select
small	source	span	strong	style	sub
summary	sup	table	tbody	td	textarea
tfoot	th	thead	time	title	tr
ul	var	video	wbr	テキスト	

コンテンツモデルとカテゴリー | 015

■フレージング・コンテンツ

段落などの中に含まれるテキストを表します。

a	abbr	address	area	article	aside
audio	b	base	bdo	blockquote	body
br	button	canvas	caption	cite	code
col	colgroup	command	datalist	dd	del
details	dfn	div	dl	dt	em
embed	fieldset	figcaption	figure	footer	form
h1～h6	head	header	hgroup	hr	html
i	iframe	img	input	ins	kbd
keygen	label	legend	li	link	map
mark	menu	meta	meter	nav	noscript
object	ol	optgroup	option	output	p
param	pre	progress	q	rp	rt
ruby	s	samp	script	section	select
small	source	span	strong	style	sub
summary	sup	table	tbody	td	textarea
tfoot	th	thead	time	title	tr
ul	var	video	wbr	テキスト	

※a、del、ins、map…フレージング・コンテンツのみを含む場合
※area…map要素の中にある場合

■埋め込みコンテンツ

外部のリソースを文書内に埋め込むコンテンツや、HTML以外の言語で表現されるコンテンツです。

a	abbr	address	area	article	aside
audio	b	base	bdo	blockquote	body
br	button	canvas	caption	cite	code
col	colgroup	command	datalist	dd	del
details	dfn	div	dl	dt	em
embed	fieldset	figcaption	figure	footer	form
h1～h6	head	header	hgroup	hr	html
i	iframe	img	input	ins	kbd
keygen	label	legend	li	link	map
mark	menu	meta	meter	nav	noscript
object	ol	optgroup	option	output	p
param	pre	progress	q	rp	rt
ruby	s	samp	script	section	select
small	source	span	strong	style	sub
summary	sup	table	tbody	td	textarea
tfoot	th	thead	time	title	tr
ul	var	video	wbr	テキスト	

■インタラクティブ・コンテンツ

ユーザーが操作することのできるコンテンツです。

a	abbr	address	area	article	aside
audio	b	base	bdo	blockquote	body
br	button	canvas	caption	cite	code
col	colgroup	command	datalist	dd	del
details	dfn	div	dl	dt	em
embed	fieldset	figcaption	figure	footer	form
h1～h6	head	header	hgroup	hr	html
i	iframe	img	input	ins	kbd
keygen	label	legend	li	link	map
mark	menu	meta	meter	nav	noscript
object	ol	optgroup	option	output	p
param	pre	progress	q	rp	rt
ruby	s	samp	script	section	select
small	source	span	strong	style	sub
summary	sup	table	tbody	td	textarea
tfoot	th	thead	time	title	tr
ul	var	video	wbr	テキスト	

※audio、video…controls属性が指定されている場合
※img…usemap属性が指定されている場合
※input…type属性の値が「hidden」でない場合
※menu…type属性の値が「toolbar」でない場合
※object…usemap属性が指定されている場合

■セクショニング・ルート

次の要素は上記のカテゴリーとは別に、セクショニング・ルートというカテゴリーに属しています。セクショニング・ルートについてはp.20を参照してください。

a	abbr	address	area	article	aside
audio	b	base	bdo	blockquote	body
br	button	canvas	caption	cite	code
col	colgroup	command	datalist	dd	del
details	dfn	div	dl	dt	em
embed	fieldset	figcaption	figure	footer	form
h1～h6	head	header	hgroup	hr	html
i	iframe	img	input	ins	kbd
keygen	label	legend	li	link	map
mark	menu	meta	meter	nav	noscript
object	ol	optgroup	option	output	p
param	pre	progress	q	rp	rt
ruby	s	samp	script	section	select
small	source	span	strong	style	sub
summary	sup	table	tbody	td	textarea
tfoot	th	thead	time	title	tr
ul	var	video	wbr	テキスト	

■トランスペアレント

一部の要素には、コンテンツモデルに「トランスペアレント」と定義されているものがあります。これは、そのコンテンツモデルが透過であるという意味です。親要素のコンテンツモデルをそのまま継承することになります。

HTML5 > BASIC 07
セクションとアウトライン

　HTML5では、文書の構造をより明確にするために「セクション」と「アウトライン」という概念が用いられています。

セクション

　セクションとは、章や節、項のように、見出しとそれに関する内容で形成されたひとまとまりの領域を指します。これまで使われてきたHTMLやXHTMLでは、セクションの領域は見出しであるh1～h6要素を手がかりに推測するしかなく、ほかに明らかに指し示す手段がありませんでした。また、領域の区切りを「div id="navi"」「div class="article"」のようにdiv要素で表すことも多かったため、構造のわかりづらい文書になりがちでした。

■明示的なセクションと暗黙的なセクション

　HTML5では、こうした問題を改善するために、セクションを表す要素が新たに定義されました。セクショニング・コンテンツに分類されるsection、nav、article、asideの4つの要素が、それにあたります。これらの要素を使うことで、明示的にセクションを表せるようになります。

　しかし、必ずこれらの要素を使って明示的にセクションを表さなければいけないわけではありません。見出しであるh1～h6要素が現れると暗黙的にセクションであるとみなされるため、従来のようにh1～h6要素で（暗黙的に）セクションを表すこともできます。その場合は、その後に続く見出しのレベルによって、次のようにセクションの構成が変化します。

- レベルが同じか、高い見出しが続く場合：暗黙的に新しいセクションが開始される
- 低いレベルの見出しが続く場合：1つ前のセクションに含まれる、サブセクションが開始される

　HTML5の仕様書では、各見出しごとにセクショニング・コンテンツに含まれる要素を使って明示的にセクションを示す方法が推奨されています。

アウトライン

　このようにHTML5ではセクション同士の階層関係が厳密に定義されています。セクションやその見出しから判別されるコンテンツの階層構造を「アウトライン」といいます。次の例は、従来のようにh1～h6要素だけで暗黙的にセクションを表した例です。

```html
<body>
<h1>HTML5について</h1>
<p>HTML5とは...</p>
<h2>要素</h2>
<p>要素とは...</p>
<h3>要素の分類</h3>
<p>要素を分類すると...</p>
<h2>属性</h2>
<p>属性とは...</p>
</body>
```

このソースから作成されるアウトラインを番号で表すと、次のようになります。

1. **HTML5について**
    1.1 **要素**
        1.1.1 **要素の分類**
    1.2 **属性**

同じ例を使って明示的にセクションを表した場合も、アウトラインは同じになります。

```html
<body>
<h1>HTML5について</h1>
<p>HTML5とは...</p>
<section>
  <h2>要素</h2>
  <p>要素とは...</p>
  <section>
    <h3>要素の分類</h3>
    <p>要素を分類すると...</p>
  </section>
</section>
<section>
  <h2>属性</h2>
  <p>属性とは...</p>
</section>
</body>
```

セクションと見出し

　セクションとアウトラインという、コンテンツの階層構造を判別する手がかりが用意されたため、セクションの中にh1〜h6の見出しを自由に入れても文法的には誤りではなくなりました。ただし、HTML5の仕様書では、見出しとして次の2つの方法が強く推奨されています。

- h1要素のみを使う（下の例を参照）
- セクションの入れ子のレベルに合わせて、適切なランクの見出しを使う

見出しにh1要素のみを使った例

```html
<body>
<h1>HTML5について</h1>
<p>HTML5とは...</p>
<section>
  <h1>要素</h1>
  <p>要素とは...</p>
  <section>
    <h1>要素の分類</h1>
    <p>要素を分類すると...</p>
  </section>
</section>
<section>
  <h1>属性</h1>
  <p>属性とは...</p>
</section>
</body>
```

セクショニング・ルート

　blockquote、body、details、fieldset、figure、tdといった要素は、セクショニング・ルートというカテゴリーに属しています。セクショニング・ルートに属する要素は、その中に独自のセクション（アウトライン）を持つことができる要素です。そのセクションは独立したコンテンツとみなされ、前後のコンテンツのアウトラインには影響しません。

HTML5 > BASIC 08

SVGとMathML

　MathML（Mathematical Markup Language）は数式を記述するためのマークアップ言語、SVG（Scalable Vector Graphics）はベクター形式で画像を描画するための言語仕様、またはこの言語で記述された画像フォーマットのことです。いずれもXMLをベースとした仕様のため、Webページ上に表現するためには基本的にXHTMLで利用する必要がありました。

　HTML5では、これらの言語をHTML構文中に直接記述できるようになりました（インラインMathML、インラインSVG）。

■MathMLをインラインで記述した例

```
<!DOCTYPE html>
<html lang="ja">
<head>
<meta charset="UTF-8">
<title>インラインMathML</title>
</head>
<body>
<p>MathMLで数式を表しています。</p>
<math>
  <msqrt>
    <mi>x</mi>
  </msqrt>
  <mo>+</mo>
  <msqrt>
    <mn>2</mn>
  </msqrt>
</math>
</body>
</html>
```

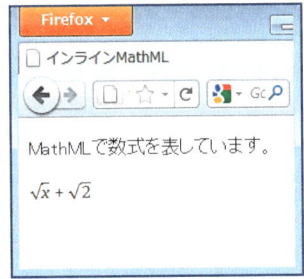

Firefox 4での表示例です。

■SVGをインラインで記述した例

```html
<!DOCTYPE html>
<html lang="ja">
<head>
<meta charset="UTF-8">
<title>インラインSVG</title>
</head>
<body>
<p>SVGで描いた矩形と円です
<svg>
  <rect x="50" y="30" width="150" height="100" fill="#000080" />
  <circle cx="180" cy="100" r="50" fill="#ffff00" />
</svg>
</p>
</body>
</html>
```

現時点ではFirefox 4がMathMLとSVGに、Google Chrome 11がSVGに対応しています。

Firefox 4での表示例です。

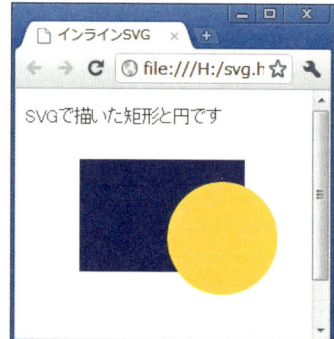

Google Chrome 11での表示例です。

第1部 第2章 HTML5 リファレンス
HTML REFERENCE

- 文書の基本
- セクション
- コンテンツのグループ化
- テキストレベルの意味付け
- コンテンツの埋め込み
- テーブル
- フォーム
- インタラクティブ

HTML5 > DOCUMENT 01

文書の基本構造を定義する

```
<html>〜</html>
<head>〜</head>
<body>〜</body>
```

▶ 要素解説	html	head	body
カテゴリー	なし	なし	セクショニング・ルート
利用できる場所	文書のルート要素として	html要素の最初の要素として	html要素の2番目の要素として
コンテンツモデル	最初にhead要素、その次にbody要素	iframe要素のsrcdoc属性で指定された文書で使う場合：メタデータ・コンテンツに属する要素を0個以上／それ以外の場合：メタデータ・コンテンツを1個以上(title属性は必須)	フロー・コンテンツ

　HTMLで記述される文書の基本的な構造は、html、head、bodyの3つの要素で定義されます。

html要素
　html要素はHTML文書のルートを表し、HTML文書に記述される内容をすべて含む要素です。ただし、DOCTYPE宣言(p.7)だけは、<html>タグよりも前に記述します。
　html要素の中にはhead要素とbody要素をこの順で1つずつ入れ、それ以外の要素はすべてhead要素かbody要素の中に入れます。また、html要素にはグローバル属性のlang属性を指定し、文書の言語を表すとよいでしょう。

head要素
　head要素は文書のタイトルや基準となるURL、制作者の情報をはじめとした、文書に関する各種の情報を入れる要素です。head要素内に記述された内容は、基本的にtitle要素内のテキスト以外、ブラウザに表示されません。

body要素
　body要素は、文書の本文を表します。body要素内に記述された内容が、実際にブラウザに表示される部分になります。

Sample Source

```html
<!DOCTYPE html>
<html lang="ja">
<head>
    :
(文書の情報)
    :
</head>
<body>
    :
(実際に表示されるページの内容)
    :
</body>
</html>
```

▶ ブラウザ対応表	IE9	IE8	Fx4.0	Fx3.6	Chrome11	Safari5	Opera11
html	○	○	○	○	○	○	○
head	○	○	○	○	○	○	○
body	○	○	○	○	○	○	○

参照 DOCTYPE宣言 ･･･････････････････････････ P.007

HTML5 > DOCUMENT 02

文書にタイトルを付けたい

`<title>`〜`</title>`

▶ 要素解説	title
カテゴリー	メタデータ・コンテンツ
利用できる場所	head要素内に1つだけ
コンテンツモデル	テキスト

文書のタイトルはtitle要素で表します。head要素(p.24)の中で、1つだけ指定できます。
　一般的にはここに指定されたテキストがブラウザのタイトルバーやタブバーに表示され、ブックマーク(お気に入り)に登録するときのデフォルトのタイトル、履歴などに使われます。また、検索エンジンの検索結果としても表示されます。そのため、ページの内容を表すようなわかりやすいタイトルを、文字数にも気を付けながら指定してください。

Sample Source

```html
<!DOCTYPE html>
<html lang="ja">
<head>
<meta charset="UTF-8">
<title>文書のタイトルを表すtitle要素</title>
</head>
<body>
<p>title要素は文書のタイトルを表します。</p>
</body>
</html>
```

Internet Explorer

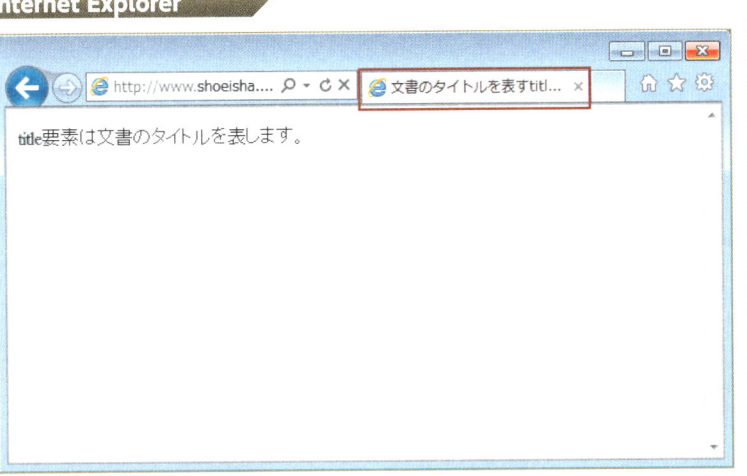

iPhone Safari

▶ ブラウザ対応表	IE9	IE8	Fx4.0	Fx3.6	Chrome11	Safari5	Opera11
	○	○	○	○	○	○	○

HTML5 > DOCUMENT 03

基準となるURLを指定したい

<base ★>

★………href="絶対パス"
target="ウィンドウ名"、"_blank"、"_self"、"_parent"、"_top"

▶ 要素解説	base
カテゴリー	メタデータ・コンテンツ
利用できる場所	head要素内に1つだけ
コンテンツモデル	空

　そのHTML文書の基準となるURLはbase要素で表します。head要素の中で、1つだけ指定できます。base要素には、href属性とtarget属性のいずれか、または両方を指定します。

href属性
　そのHTML文書の基準となるURLを、絶対パスで指定します。この指定を行うと、それ以降に現れる相対URLが、このURLを基準としてブラウザに認識されるようになります。

target属性
　リンク先の文書を読み込むデフォルトのウィンドウを指定します。指定できる値は次の通りです。

ウィンドウ名	指定した名前のウィンドウに表示
_blank	新しいウィンドウを開いて表示
_self	リンク元と同じウィンドウに表示
_parent	現在のウィンドウに親があれば、その親ウィンドウに表示
_top	最上位のウィンドウ（現在のブラウザ領域全体）に表示

Sample Source

```html
<!DOCTYPE html>
<html lang="ja">
<head>
<meta charset="UTF-8">
<title>基準となるURLを指定したい</title>
<base href="http://www.ank.co.jp/index.html" target="_blank">
</head>
<body>
<p>株式会社アンクは<a href="profile.html">こんな会社</a>です。
</p>
</body>
</html>
```

Internet Explorer

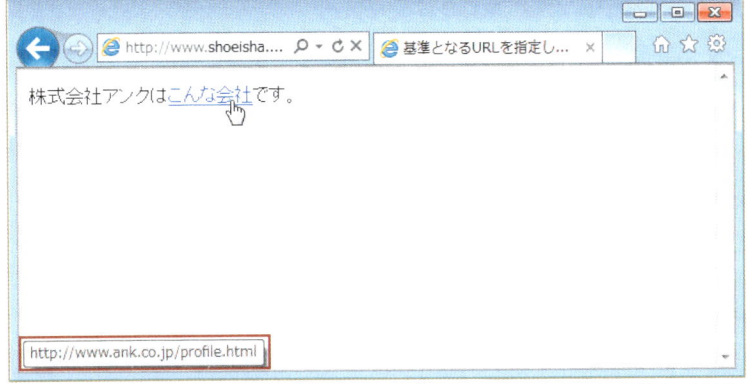

<base>タグのURLを基準に「profile.html」のリンクが「http://www.ank.co.jp/profile.html」として認識されます。なおリンクは別ウィンドウ(タブ)に表示されます。

Firefox

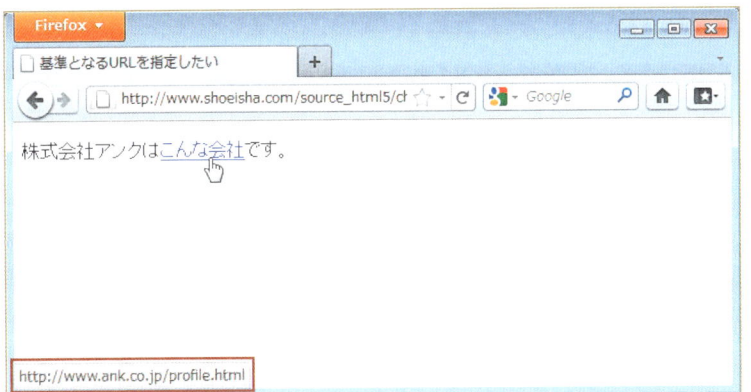

<base>タグのURLを基準に「profile.html」のリンクが「http://www.ank.co.jp/profile.html」として認識されます。なおリンクは別ウィンドウ(タブ)に表示されます。

▶ブラウザ対応表	IE9	IE8	Fx4.0	Fx3.6	Chrome11	Safari5	Opera11
	○	○	○	○	○	○	○

  リンクを設定したい・・・・・・・・・・・・・・・・・・・・・・・・・・ P.084

HTML5 > DOCUMENT 04

文書同士の関係を表したい

<link rel="★" href="◆">

★………キーワード(stylesheet、next、prev、authorなど)
◆………URL

▶要素解説	link
カテゴリー	メタデータ・コンテンツ
利用できる場所	メタデータ・コンテンツが期待される場所／head要素の子要素であるnoscript要素内
コンテンツモデル	空

　HTML文書を別のファイルと関連付け、それがどのような関係であるのかを表すには、link要素を使います。関連付けるファイルのURLをhref属性で指定し、その関係性を表すキーワードをrel属性で指定します。関連付けるファイルのMIMEタイプを指定する場合は、type属性で指定します。

rel属性

　関連付けるファイルがこのHTML文書から見てどのような関係であるのかを、既定のキーワードで指定します。キーワードについては右ページのColumnを参照してください。
　スタイルシート用の外部ファイルを読み込むときにも、link属性を利用します。例えば、style.cssというファイルを読み込む場合は次のようになります。

```
<link rel="stylesheet" href="style.css" type="text/css">
<link rel="stylesheet" href="style.css">
```

Sample Source
```html
<!DOCTYPE html>
<html lang="ja">
<head>
<meta charset="UTF-8">
<title>文書同士の関係を表したい</title>
<link rel="stylesheet" href="style.css" type="text/css">
<link rel="help" href="help.html">
<link rel="prev" href="chapter2.html">
<link rel="next" href="chapter4.html">
<link rel="author" href="profile.html">
</head>
<body>
　：
</body>
</html>
```

Opera

Operaには、文書同士の関係をナビゲーションバーで表示する機能があり、下の表のキーワードのいくつかに対応しています。

Column

[リンクタイプ一覧]

rel属性に指定できるキーワードを「リンクタイプ」といいます。rel属性は、link要素、a要素、area要素に指定できますが、要素によって指定できるリンクタイプが異なります。また、このリンクタイプごとに、href属性で参照できるファイルの性質が決められています。

リンクタイプ	link	a/area	説明	リンクタイプ	link	a/area	説明
alternate	○	○	現在の文書の代替文書	noreferrer	×	○	リファラー禁止
author	○	○	著者	pingback	●	×	ピングバックを受け付ける
bookmark	×	○	パーマリンク	prefetch	●	●	プリ・フェッチ
external	×	○	外部サイトの文書	prev	○	○	一連の文書中の前の文書
help	○	○	ヘルプ	search	○	○	現在の文書やそれに関連する文書を検索するためのページ
icon	●	×	文書のアイコン	sidebar	○	○	ブラウザのサイドバーに表示する文書
license	○	○	現在の文書の著作権を示した文書	stylesheet	●	×	スタイルシートの読み込み
next	○	○	一連の文書中の次の文書	tag	○	○	現在の文書に適用されるタグ
nofollow	×	○	リンク先を保証しない				

○…ハイパーリンク(移動して閲覧するような別の文書へのリンク)
●…外部リソース(現在の文書を補強するような文書へのリンク)
×…利用不可

▶ ブラウザ対応表	IE9	IE8	Fx4.0	Fx3.6	Chrome11	Safari5	Opera11
	○	○	○	○	○	○	○

参照 リンクを設定したい……………………… P.084
スタイルシートを使いたい……………… P.038

HTML5 > DOCUMENT 05

文書情報を表したい

`<meta name="★" content="◆">`

★………メタデータの名前（description、keywordsなど）
◆………name属性に対して指定する値

▶ 要素解説

meta	
カテゴリー	メタデータ・コンテンツ
利用できる場所	charset属性があるか、http-equiv属性の値が「content-type」の場合：head要素内／http-equiv属性があるが、その値が「content-type」ではない場合：head要素内、またはhead要素の子要素であるnoscript要素内／name属性がある場合：メタデータ・コンテンツが期待される場所
コンテンツモデル	空

　meta要素は、さまざまなメタデータ（HTML文書に関する情報）を表すことのできる要素です。
　meta要素にname属性を指定すると、文書の著者、文書の概要、検索用キーワードなどを表せます。name属性でメタデータの名前を、content属性でその値を指定してください。name属性に指定できる名前と意味は次の通りです。

application-name
　文書がWebアプリケーション用に作られている場合、そのWebアプリケーション名を表します。

description
　文書の概要を表します。この名前を指定すると、content属性に指定した値が検索エンジンなどの検索結果として表示されます。文書の概要やWebページの説明文としてわかりやすい文章を入れましょう。

author
　文書の著者を表します。

generator
　文書の作成に利用したソフトウェア名を表します。

keywords
　文書の内容に関連のあるキーワードを表します。この名前を指定すると、検索ロボットに提供するキーワードを指定できます。複数のキーワードを入れたいときは、それぞれをカンマ（,）で区切ってください。

Sample Source

```html
<!DOCTYPE html>
<html lang="ja">
<head>
<meta charset="UTF-8">
<title>文書情報を表したい</title>
<meta name="author" content="Taro ANK">
<meta name="description" content="HTML5のリファンレンスサイトです。">
<meta name="keywords" content="HTML5,要素,属性,値,タグ,リファレンス">
</head>
<body>
    :
</body>
</html>
```

▶ ブラウザ対応表	IE9	IE8	Fx4.0	Fx3.6	Chrome11	Safari5	Opera11
	○	○	○	○	○	○	○

参照

初期情報を表したい ························· P.034
文字エンコーディングを表したい ············ P.036
文字エンコーディングの指定方法 ············ P.008

HTML5 > DOCUMENT 06

初期情報を表したい

```
<meta http-equiv="★" content="◆">
```

★………キーワード（content-language、content-typeなど）
◆………http-equiv属性に対して指定する値

▶ 要素解説　　meta
meta要素についてはp.32参照

　meta要素（p.32）にhttp-equiv属性を指定すると、文書のデフォルトの言語やMIMEタイプ、デフォルトのスタイルシートなどを表せます。http-equiv属性でキーワードを、content属性でその値を指定してください。http-equiv属性に指定できるキーワードと意味は次の通りです。

content-language
　文書のデフォルトの言語を指定します。日本語を指定する場合は右のサンプルソースのようになります。通常はこの属性ではなく、html属性のlang属性を使って言語を指定するようにしてください。

content-type
　文書のMIMEタイプや文字エンコーディングを指定します。MIMEタイプにtext/html、文字エンコーディングにUTF-8を指定する場合は下のサンプルソースのようになります。

```
<meta http-equiv="content-type" content="text/html;charset=UTF-8">
```

　HTML5では、新しく追加されたcharset属性（p.36）で文字エンコーディングを指定できます。

default-style
　デフォルトのスタイルシートを指定します。このキーワードを利用すると、複数の代替スタイルシートを用意してlink要素で読み込む場合に、どのスタイルシートを優先して適用させるのかを指定できます。content属性に、優先するスタイルシートのtitle属性の値を指定してください。
　右ページのサンプルソースでは、meta要素がなければsun.cssとmoon.cssの両方が適用されますが、meta要素の指定により、sun.cssだけがこの文書に適用されます。

refresh
　そのページをリロード（再読み込み）させたり、自動的にほかのページへ移動させます。content属性に数字のみを指定すると同じページをリロードし、数字とセミコロン(;)に続けてURLを指定すると、指定した秒数後に指定のURLへ移動します。

```
<meta http-equiv="refresh" content="10">
<meta http-equiv="refresh" content="10;http://www.example.co.jp/info.html">
```

1行目の例では、10秒後に同じページをリロードします。さらに10秒後に同じページをリロードするため、結果として同じページを繰り返し読み込むことになります。

2行目の例では、10秒後に「http://www.example.co.jp/info.html」へ移動するよう指定しています。WebサイトのURLが変わったときに、ユーザーを自動的に新しいサイトへ誘導する場合などに利用されます。

Sample Source
```html
<!DOCTYPE html>
<html>
<head>
<meta http-equiv="content-language" content="ja">
<meta http-equiv="content-type" content="text/html;charset=UTF-8">
<title>初期情報を表したい</title>
<meta http-equiv="default-style" content="sun">
<link rel="stylesheet" href="sun.css" title="sun">
<link rel="stylesheet" href="moon.css" title="moon">
</head>
<body>
  :
</body>
</html>
```

▶ブラウザ対応表	IE9	IE8	Fx4.0	Fx3.6	Chrome11	Safari5	Opera11
	○	○	○	○	○	○	○

参照
文書情報を表したい・・・・・・・・・・・・・・・・・・・・・・・・P.032
文字エンコーディングを表したい・・・・・・・・・・・P.036
文字エンコーディングの指定方法・・・・・・・・・・P.008

HTML5 > DOCUMENT 07

文字エンコーディングを表したい

新しい属性 charset属性

`<meta charset="★">`

★………文字エンコーディング

▶ **要素解説** **meta**

meta要素についてはp.32参照

　文書の文字エンコーディングはmeta要素のcharset属性で表します。この指定は文書の先頭から512バイト以内に記述します。

　従来のHTMLと同様、meta要素のhttp-equiv属性にcontent-typeを指定して文字エンコーディングを表すこともできますが(p.34)、その場合<meta charset="★">は指定できないので注意してください。

　なお、HTML5では、文書の文字エンコーディングとしてUTF-8を使用することが推奨されています。

Sample Source

```html
<!DOCTYPE html>
<html lang="ja">
<head>
<meta charset="UTF-8">
<title>文字エンコーディングを表したい</title>
</head>
<body>
<p>文書の文字エンコーディングはmeta要素のcharset属性で表します。</p>
</body>
</html>
```

Internet Explorer

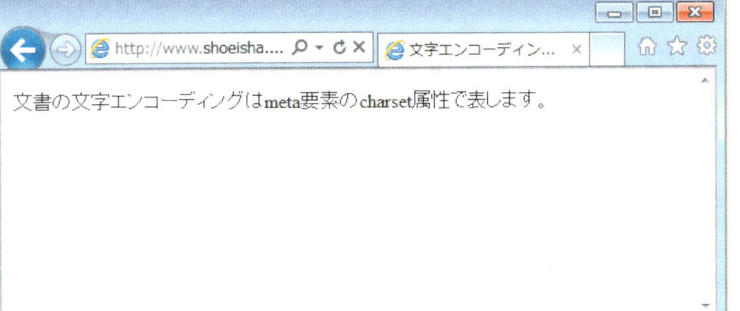

iPhone Safari

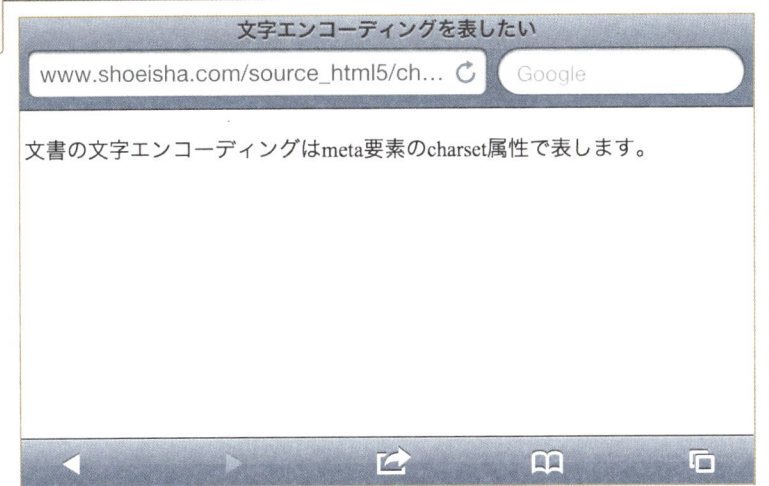

▶ ブラウザ対応表	IE9	IE8	Fx4.0	Fx3.6	Chrome11	Safari5	Opera11
	○	○	○	○	○	○	○

参照　文書情報を表したい・・・・・・・・・・・・・・・・・・・・・・・・ P.032
　　　初期情報を表したい・・・・・・・・・・・・・・・・・・・・・・・・ P.034

HTML5 > DOCUMENT 08

スタイルシートを使いたい

<style ★>〜</style>

★………type="MIMEタイプ"
　　　　media="対象メディア"

▶ 要素解説	style
カテゴリー	メタデータ・コンテンツ／scoped属性が指定されている場合：フロー・コンテンツ
利用できる場所	scoped属性が指定されていない場合：メタデータ・コンテンツが期待される場所、またはhead要素の子要素であるnoscript要素内／scoped属性が指定されている場合：フロー・コンテンツが期待される場所（ただし、style要素とホワイトスペース以外の他のフロー・コンテンツより前）
コンテンツモデル	type属性の値による

　HTML文書でスタイルシートを利用するにはいくつかの方法がありますが、該当のHTML文書全体に適用されるスタイルシートを1箇所にまとめて記述する場合は、style要素を使います。

type属性
　スタイルシート言語のMIMEタイプを指定します。デフォルトの値は「text/css」です。そのため、Webページで一般的なCSSを利用する場合には、type属性を省略することができます。

media属性
　style要素の中に記述されたスタイルシートを、どのメディアに適用するのかを指定します。例えば、PCの画面であれば「screen」、印刷用であれば「print」のように指定します。デフォルトの値は「all」です。そのため、media属性が省略されたときは、すべてのメディアに同じスタイルシートが適用されます。

Sample Source

```html
<!DOCTYPE html>
<html lang="ja">
<head>
<meta charset="UTF-8">
<title>スタイルシートを使いたい</title>
<style media="screen">
    em {
        color: #ff0000;
        font-style: normal;
    }
</style>
<style media="print">
```

```
    em {
        border-bottom-style: double;
        font-style: normal;
    }
</style>
</head>
<body>
<p>一般には、スタイルシート言語の一つである<em>CSS(Cascading Style Sheets)</em>を、スタイルシートと呼ぶことが多いです。</p>
</body>
</html>
```

Column ［適用範囲を限定するscoped属性］

HTML5では、特定の範囲に対してスタイルシートを適用できるscoped属性が追加されています。scoped属性を指定すると、style要素の中に記述されたスタイルシートが、style要素の親要素とその子要素に対してのみ適用されます。ただし、現在のところ対応したブラウザはないようです。

```
<p>スタイルは適用されません。</p>
<div>
<style scoped="scoped">
  p {
    color: #ffffff;
    background-color: #000099;
  }
</style>
<p>スタイルが適用されます。</p>
</div>
```

Internet Explorer

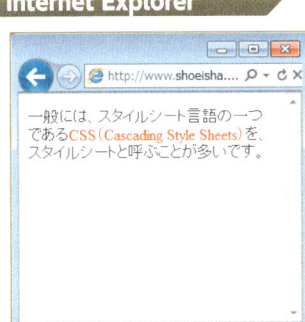

iPhone Safari

▶ ブラウザ対応表	IE9	IE8	Fx4.0	Fx3.6	Chrome11	Safari5	Opera11
	○	○	○	○	○	○	○

参照
文書同士の関係を表したい・・・・・・・・・・・・・P.030
汎用的な領域を設定したい・・・・・・・・・・・・・P.082
汎用的な範囲を設定したい・・・・・・・・・・・・・P.122

スタイルシートを使いたい ｜ 039

HTML5 > DOCUMENT 09

スクリプトを使いたい

`<script ★>`〜`</script>`

★………type="スクリプトのMIMEタイプ"
　　　　src="外部スクリプトのファイル名(URL)"
　　　　charset="外部スクリプト・ファイルの文字エンコーディング"

▶ 要素解説	script
カテゴリー	メタデータ・コンテンツ／フロー・コンテンツ／フレージング・コンテンツ
利用できる場所	メタデータ・コンテンツが期待される場所／フレージング・コンテンツが期待される場所
コンテンツモデル	src属性がない場合：type属性の値による／src属性がある場合：なし、またはスクリプトの説明のみ

　HTML文書でスクリプトを利用するにはscript要素を使います。スクリプトはこの要素の中に直接記述することも、別に用意した外部スクリプト・ファイルを読み込ませることもできます。ただし、直接記述する方法と外部スクリプト・ファイルを読み込む方法とを、1つのscript要素で同時に指定することはできませんので注意してください。

type属性
　スクリプト言語のMIMEタイプ（text/javascript、text/ecmascriptなど）を指定します。デフォルトの値は「text/javascript」です。そのため、WebページでJavaScriptを利用する場合には、type属性を省略することができます。

src属性
　外部のスクリプト・ファイルを読み込んで利用する場合に、スクリプト・ファイルのURLを指定します。

charset属性
　src属性で外部のスクリプト・ファイルを読み込んで利用する場合に、スクリプト・ファイルの文字エンコーディングを指定します。src属性が指定されていない場合には、この属性を指定することはできません。

Sample Source

```
<body>
<script>
    document.write("<p>JavaScriptを使ったサンプルページです。</p>");
</script>
</body>
```

Internet Explorer

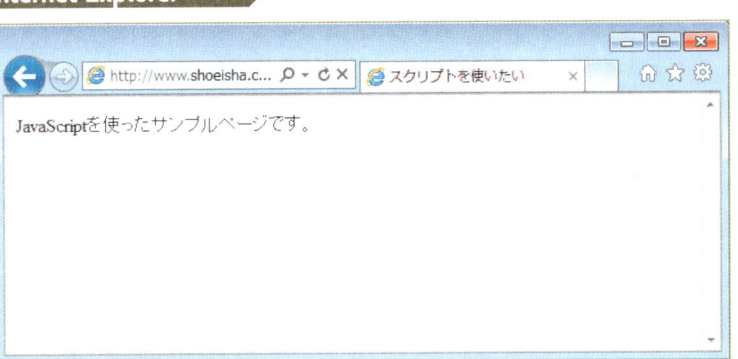

iPhone Safari

▶ ブラウザ対応表	IE9	IE8	Fx4.0	Fx3.6	Chrome11	Safari5	Opera11
	○	○	○	○	○	○	○

 スクリプトが実行されない環境に対応したい… P.042

HTML5 > DOCUMENT 10

スクリプトが実行されない環境に対応したい

`<noscript>`〜`</noscript>`

▶ 要素解説	noscript
カテゴリー	メタデータ・コンテンツ／フロー・コンテンツ／フレージング・コンテンツ
利用できる場所	head要素の中、またはフレージング・コンテンツが期待される場所(ただし、script要素の入れ子は不可)
コンテンツモデル	スクリプトが無効で、head要素の中にある場合：link要素を0個以上、style要素を0個以上、meta要素を0個以上(順不同) スクリプトが無効でhead要素の中にない場合：トランスペアレント (ただし、noscript要素の入れ子は不可) スクリプトが有効の場合：テキスト

　スクリプトを無効にしているブラウザなどで代わりに表示させる内容は、noscript要素で表します。

Sample Source

```
<body>
<script>
    document.write("<p>JavaScriptを使ったサンプルページです。</p>");
</script>
<noscript>
    <p>スクリプトが無効になっているか、またはスクリプトに対応していません。<br>
    <a href="noscript.html">次のページ</a>へどうぞ。</p>
</noscript>
</body>
```

Internet Explorer

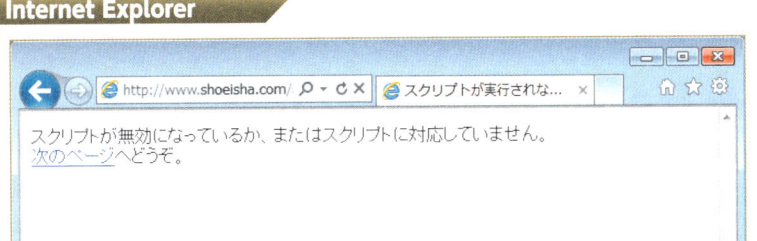

Firefox

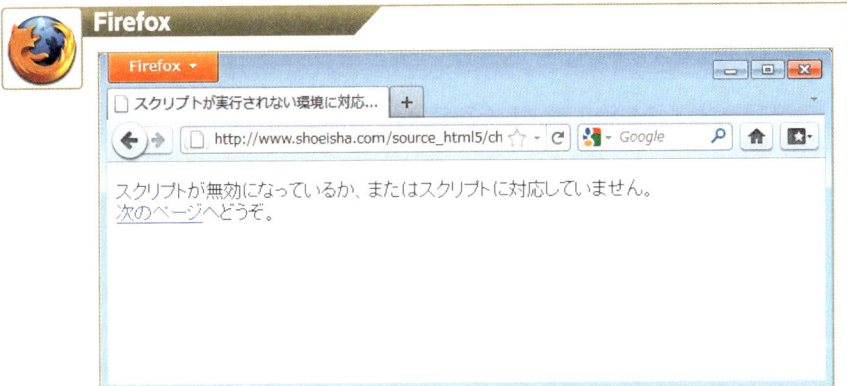

▶ ブラウザ対応表	IE9	IE8	Fx4.0	Fx3.6	Chrome11	Safari5	Opera11
	○	○	○	○	○	○	○

iPhoneではJavaScriptを無効にできません

参照　　スクリプトを使いたい・・・・・・・・・・・・・・・・・・・・・・ P.040

HTML5 > SECTION 01

セクションを表したい

\<section\>〜\</section\>

▶要素解説	section
カテゴリー	フロー・コンテンツ／セクショニング・コンテンツ
利用できる場所	フロー・コンテンツが期待される場所
コンテンツモデル	フロー・コンテンツ

　section要素は、一般的なセクションを表します。文書中の章や節といったまとまりを示すもので、通常は見出し(p.52)を入れて使います。

　HTML5では、セクションを表す要素として、section要素、nav要素(p.46)、article要素(p.48)、aside要素(p.50)が定義されています。この中で、一般的なセクションを表す要素がsection要素です。ナビゲーションであればnav要素、RSSフィードで扱いうる内容であればarticle要素のように、section要素以外に適した要素がある場合はそちらを使用してください。

　また、複数の要素をグループ化してスタイルを適用したり、スクリプトで操作したりするためにsection要素を使うことは、正しい用法ではありません。このような場合はdiv要素を使用します。

Sample Source

```html
<body>
<header>
    <h1>ウィーンのお菓子</h1>
    <p>ウィーン在住10年で甘党の筆者が、ウィーンのお菓子をご紹介します。</p>
</header>
<section>
    <h2>ザッハトルテ</h2>
    <p>みなさんご存知のチョコレートケーキ。ウィーンのホテル・ザッハーのものが有名です…</p>
</section>
<section>
    <h2>シュトゥルーデル</h2>
    <p>薄くのばした生地で、詰め物をぐるぐる巻いて作る菓子です。代表的なのは、りんごを使ったアプフェルシュトゥルーデルです…</p>
</section>
</body>
```

Internet Explorer

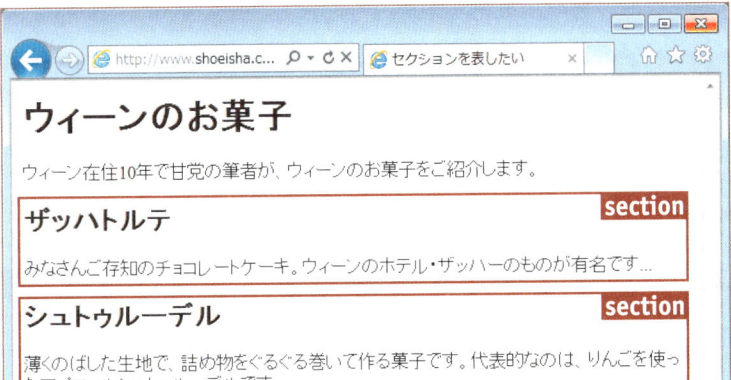

iPhone Safari

Column
[section要素かarticle要素か]

　ニュースサイトの記事やブログの記事のように、RSSフィードの内容になりうるコンテンツをsection要素で表しても、文法的に誤りではありません。ですが、そのコンテンツがどのような性質であるのかをより明確に示すには、一般的なセクションを表すsection要素よりも、article要素のほうが適しています。このように、意味をよく考えて、適した要素を使うようにしてください。

▶ブラウザ対応表	IE9	IE8	Fx4.0	Fx3.6	Chrome11	Safari5	Opera11
	○	×	○	×	○	○	○

ナビゲーションを表したい・・・・・・・・・・・・・・・・・P.046	メイン・コンテンツとは関連の薄い
内容が独立したコンテンツを表したい・・・・・・・P.048	コンテンツを表したい・・・・・・・・・・・・・・・・・・・P.050
	見出しを表したい・・・・・・・・・・・・・・・・・・・・・・P.052

HTML5 > SECTION 02

ナビゲーションを表したい

新しい要素 nav要素

`<nav>～</nav>`

▶ 要素解説	nav
カテゴリー	フロー・コンテンツ／セクショニング・コンテンツ
利用できる場所	フロー・コンテンツが期待される場所
コンテンツモデル	フロー・コンテンツ

　Webサイトのナビゲーションとなる部分は、nav要素で表します。ただし、リンクの集まりである部分すべてにnav要素が使えるわけではありません。サイト内を移動する手段として主要なナビゲーションにのみ、使用するようにしてください。

　例えば、一般的にWebページやブログの上部、左右に表示されるナビゲーションは、nav要素で表す内容として適しています。しかし、フッタにある簡単なナビゲーションについては、通常はnav要素を使わず、footer要素(p.58)の中に入れるだけでよいでしょう。

Sample Source

```html
<body>
<h1>ウィーン旅行ガイド</h1>
<nav>
    <ul>
        <li><a href="index.html">ホーム</a></li>
        <li><a href="wien.html">ウィーンについて</a></li>
        <li><a href="place.html">見どころ</a></li>
        <li><a href="plan.html">旅行計画</a></li>
    </ul>
</nav>
</body>
```

Internet Explorer

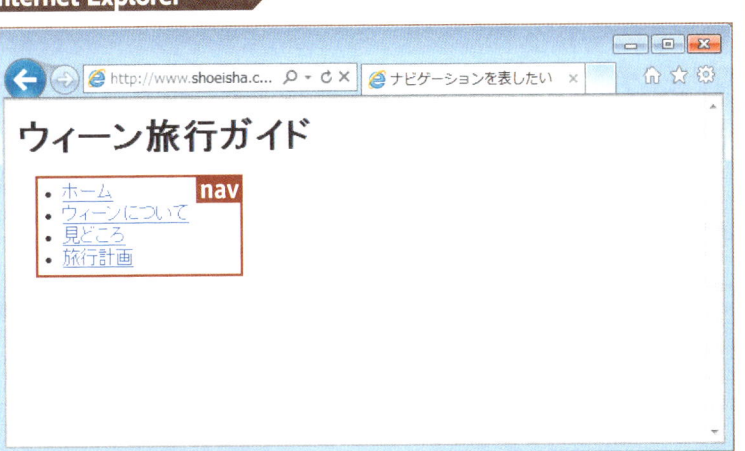

iPhone Safari

ブラウザ対応表	IE9	IE8	Fx4.0	Fx3.6	Chrome11	Safari5	Opera11
	○	×	○	×	○	○	○

参照　セクションを表したい･･････････････････ P.044　メイン・コンテンツとは関連の薄い
　　　内容が独立したコンテンツを表したい･･････ P.048　コンテンツを表したい･･････････････････ P.050
　　　　　　　　　　　　　　　　　　　　　　　　　　見出しを表したい･･････････････････････ P.052

ナビゲーションを表したい 新しい要素 nav要素 | 047

HTML5 > SECTION 03

内容が独立したコンテンツを表したい
新しい要素 article要素

`<article>`～`</article>`

▶ 要素解説	article
カテゴリー	フロー・コンテンツ／セクショニング・コンテンツ
利用できる場所	フロー・コンテンツが期待される場所
コンテンツモデル	フロー・コンテンツ

　article要素は、ニュースサイトの記事やブログの記事(エントリー)のように、独立し、それだけで完結しているコンテンツを表す要素です。ブログ記事へのコメント、掲示板の投稿、ウィジェットやガジェットの領域などにも利用できます。

　コンテンツがarticle要素の内容として適しているかどうかは、RSSフィードで利用される場合を考えるとよいでしょう。そのコンテンツがRSSフィードの内容になりうるとすれば、article要素が適しているといえます。

Sample Source

```html
<body>
<article>
    <header>
        <h1>本場のザッハトルテ</h1>
        <p><time pubdate datetime="2011-04-01T20:30:00+01:00"></time></p>
    </header>
    <p>ご存知のとおり、ザッハトルテはオーストリアの代表的なお菓子です。</p>
    <p>今日は、ウィーンにあるホテル・ザッハーのザッハトルテを紹介します。</p>
    <footer>
        <p><a href="http://exampleblog.jp/abcd/entry-20110401001.html#comment">1件のコメント</a></p>
    </footer>
</article>
</body>
```

Internet Explorer

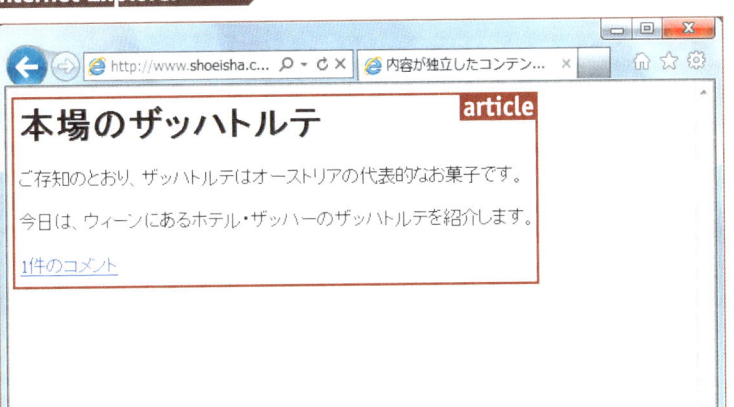

iPhone Safari

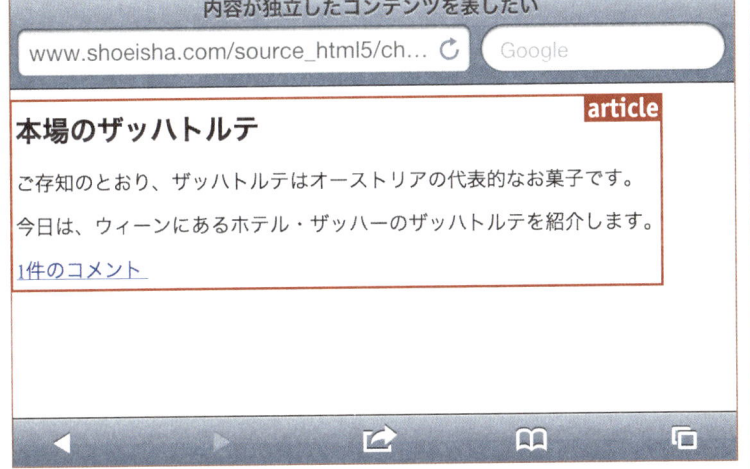

ブログの記事での利用例です。

▶ ブラウザ対応表	IE9	IE8	Fx4.0	Fx3.6	Chrome11	Safari5	Opera11
	○	×	○	×	○	○	○

参照　セクションを表したい……………………… P.044　メイン・コンテンツとは関連の薄い
　　　ナビゲーションを表したい……………… P.046　コンテンツを表したい………………………… P.050
　　　　　　　　　　　　　　　　　　　　　　　　　　　　見出しを表したい……………………………… P.052

内容が独立したコンテンツを表したい　新しい要素　article要素 | 049

HTML5 > SECTION 04

メイン・コンテンツとは関連の薄いコンテンツを表したい

新しい要素 aside要素

`<aside>`～`</aside>`

▶ 要素解説	aside
カテゴリー	フロー・コンテンツ／セクショニング・コンテンツ
利用できる場所	フロー・コンテンツが期待される場所
コンテンツモデル	フロー・コンテンツ

　aside要素は、ページのメイン・コンテンツとは関連性が薄いコンテンツを表す要素です。メインのコンテンツと無関係ではないけれども、仮にそのコンテンツをページから切り離しても、メインのコンテンツには影響がないものに対して使います。

　例えば、新聞や雑誌によくみられるような本文を抜粋したリード文、メイン・コンテンツを補足する記事・情報、ブログのサイドバー、広告などのコンテンツに利用できます。

Sample Source

```html
<body>
<article>
<h1>Bluetooth</h1>
    <p><dfn style="font-weight: bold;">Bluetooth</dfn>は、Ericsson、IBM、Intel、Nokia、東芝の5社が中心となって策定された、近距離無線通信の規格です...</p>
    <p>...現在、パソコン、周辺機器、携帯電話、携帯端末、携帯オーディオプレイヤー、ヘッドセットなどさまざまな機器の間の通信を無線化することに、広く利用されています。</p>
</article>
<aside>
    <h1>名前の由来</h1>
    <p>規格の名前は、10世紀のデンマーク王Harald Blatand（ハーラル・ブラッタン）の英名Harold Bluetoothにちなんだものです。彼がデンマークとノルウェーを平和的に統一したように、乱立する無線通信規格を統合したいという意味がこめられています。</p>
</aside>
</body>
```

Internet Explorer

Bluetooth

Bluetoothは、Ericsson、IBM、Intel、Nokia、東芝の5社が中心となって策定された、近距離無線通信の規格です...

...現在、パソコン、周辺機器、携帯電話、携帯端末、携帯オーディオプレイヤー、ヘッドセットなどさまざまな機器の間の通信を無線化することに、広く利用されています。

名前の由来 `aside`

規格の名前は、10世紀のデンマーク王Harald Blatand（ハーラル・ブラッタン）の英名Harold Bluetoothにちなんだものです。彼がデンマークとノルウェーを平和的に統一したように、乱立する無線通信規格を統合したいという意味がこめられています。

iPhone Safari

▶ ブラウザ対応表	IE9	IE8	Fx4.0	Fx3.6	Chrome11	Safari5	Opera11
	○	×	○	×	○	○	○

参照　セクションを表したい……………………… P.044　内容が独立したコンテンツを表したい……… P.048
　　　　ナビゲーションを表したい……………………… P.046　見出しを表したい……………………………… P.052

メイン・コンテンツとは関連の薄いコンテンツを表したい　**新しい要素** aside要素 ｜ 051

HTML5 > SECTION 05

見出しを表したい

<h★>〜</h★>

★………1〜6

▶ 要素解説	h1〜h6
カテゴリー	フロー・コンテンツ／見出しコンテンツ
利用できる場所	hgroupの子要素として／フロー・コンテンツが期待される場所
コンテンツモデル	フレージング・コンテンツ

　見出しは、h1〜h6要素で表します。数字は見出しのランク（階層）を表すもので、h1が1番上位、以下数字が大きくなるにつれて見出しのランクが下がることを意味します。
　h1〜h6要素が使われると、暗黙的にセクションであるとみなされます。
　なお、明示的にセクションを表すには、section要素（p.44）やarticle要素（p.48）などのセクショニング・コンテンツに属する要素を指定します。
　見出しとセクションの関係については、p.18を参照してください。

Sample Source

```
<body>
<h1>見出しA</h1>
<h2>見出しB</h2>
<h3>見出しC</h3>
<h2>見出しD</h2>
</body>
```

Internet Explorer

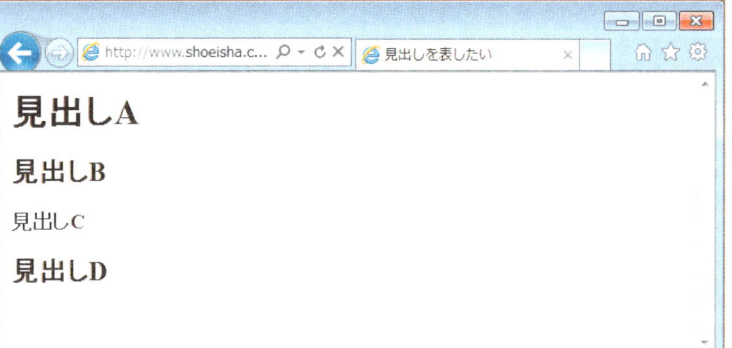

iPhone Safari

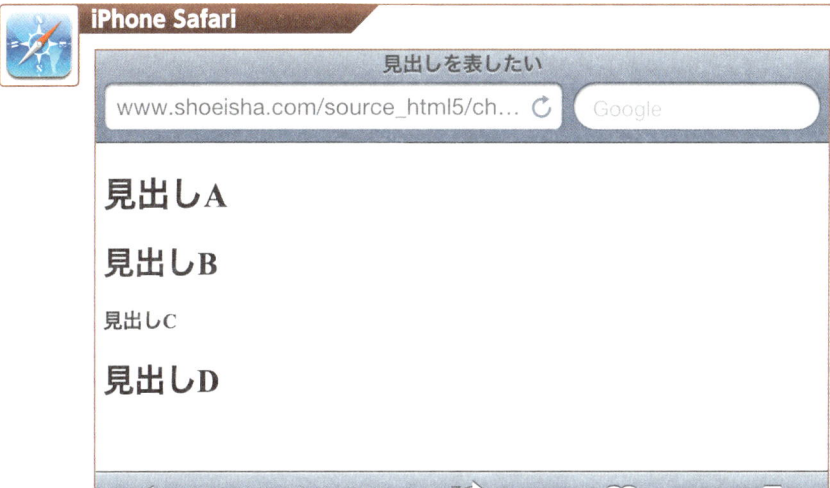

Column　　　　　　　　　　　　　　　　　　［見出しのフォントサイズ］

　一般的には上位の見出しほど大きなフォントで表示されますが、これは見出しのランクを視覚的にわかりやすくするための、ブラウザの動作です。フォントサイズを調整したり、テキストを強調するためにh1～h6要素を使うのは、正しい用法ではありませんので注意してください。このような効果はCSSで指定します。

▶ ブラウザ対応表	IE9	IE8	Fx4.0	Fx3.6	Chrome11	Safari5	Opera11
	○	○	○	○	○	○	○

参照		
セクションを表したい ………………………	P.044	メイン・コンテンツとは関連の薄い
ナビゲーションを表したい …………………	P.046	コンテンツを表したい ……………………… P.050
内容が独立したコンテンツを表したい ……	P.048	見出しをグループ化したい ………………… P.054

HTML5 > SECTION 06

見出しをグループ化したい

新しい要素 hgroup要素

`<hgroup>`～`</hgroup>`

▶ 要素解説	hgroup
カテゴリー	フロー・コンテンツ／見出しコンテンツ
利用できる場所	フロー・コンテンツが期待される場所
コンテンツモデル	h1～h6要素を1個以上

hgroup要素は、見出し(p.52)をグループ化する要素です。この要素の中には、h1～h6要素のみを入れることができます。

HTML5では、h1～h6要素が現れると暗黙的にセクションが生成されることになっています。hgroup要素は、1つのセクション中に大見出し、小見出し、サブタイトル、キャッチフレーズといったレベルの異なる見出しが含まれるとき、各見出しごとにセクションが生成されないよう、まとめる役目を持っています。

このようにグループ化すると、hgroup要素に含まれる見出しのうち一番ランクの高いもののみがアウトライン(p.19)上で見出しとなり、それ以外はアウトラインに現れなくなります。見出し同士の関係や文書構造がより明確になるというメリットがあります。

Sample Source

```html
<body>
<section>
    <hgroup>
        <h1>世紀末ウィーンに関する一考察</h1>
        <h2>人々は何を見、何を考えたのか</h2>
    </hgroup>
    <p>世紀末ウィーンとは、19世紀末、…</p>
</section>
</body>
```

Internet Explorer

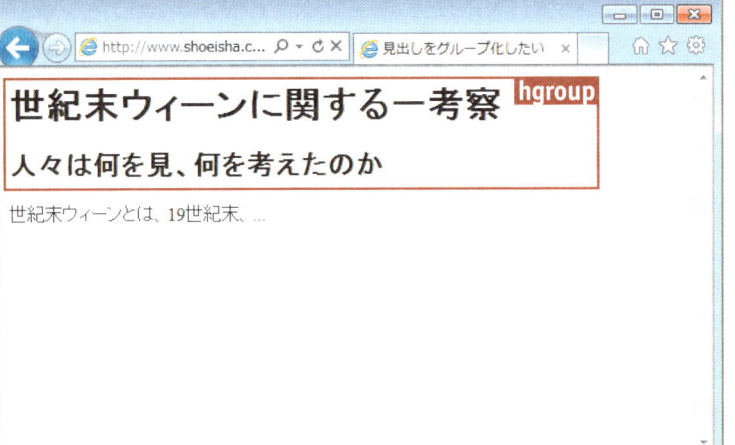

 iPhone Safari

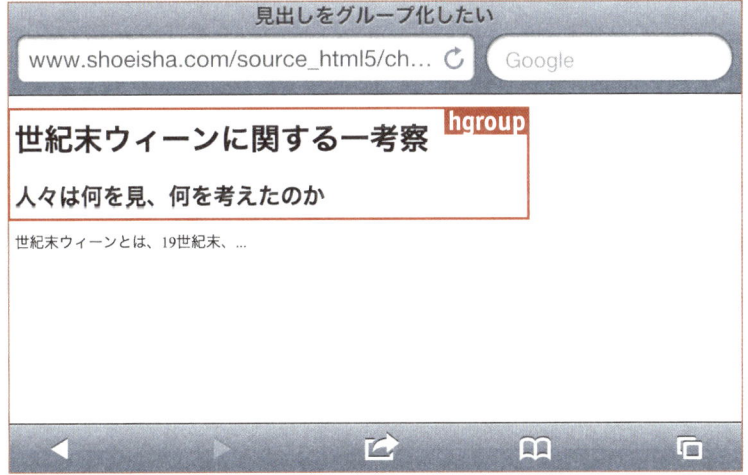

▶ ブラウザ対応表	IE9	IE8	Fx4.0	Fx3.6	Chrome11	Safari5	Opera11
	○	×	○	×	○	○	○

 見出しを表したい ·························· P.052

HTML5 > SECTION 07

ヘッダを表したい

新しい要素 header要素

<header>〜</header>

▶要素解説	header
カテゴリー	フロー・コンテンツ
利用できる場所	フロー・コンテンツが期待される場所
コンテンツモデル	フロー・コンテンツ（ただし、header要素やfooter要素を子要素とすることは不可）

　ページやセクションのヘッダ部分は、header要素で表します。header要素には、h1〜h6要素（p.52）やhgroup要素（p.54）で表される見出しを入れて使うのが一般的ですが、これらは必須ではありません。セクションの目次、検索フォーム、関連するロゴなど、そのセクションの概要やナビゲーションに役立つ内容を入れることもできます。

Sample Source

```html
<body>
<header>
    <h1>ウィーン旅行ガイド</h1>
    <p>見どころやお勧めの旅行計画を、ウィーン在住10年の筆者がご紹介します。</p>
</header>
</body>
```

▶ ブラウザ対応表	IE9	IE8	Fx4.0	Fx3.6	Chrome11	Safari5	Opera11
	○	×	○	×	○	○	○

参照
見出しを表したい ………………………… P.052
見出しをグループ化したい ……………… P.054
フッタを表したい ………………………… P.058

HTML5 > SECTION 08

フッタを表したい

新しい要素 footer要素

<footer>〜</footer>

▶ 要素解説

	footer
カテゴリー	フロー・コンテンツ
利用できる場所	フロー・コンテンツが期待される場所
コンテンツモデル	フロー・コンテンツ（ただし、header要素やfooter要素を子要素とすることは不可）

　ページやセクションのフッタ部分は、footer要素で表します。おもに、ページやセクションの著者についての情報、関連ページへのリンク、著作権表示などに使います。

　footer要素はページやセクションの最後で使われるのが一般的です。しかし、配置位置についての決まりはなく、ページやセクションの途中や最初で使っても問題ありません。また、必要に応じ、1つのセクションの中に複数のfooter要素を入れることもできます。

Sample Source

```html
<body>
<footer>
    <ul>
        <li><a href="tou.html">利用規約</a>｜</li>
        <li><a href="privacy.html">プライバシーポリシー</a>｜</li>
        <li><a href="sitemap.html">サイトマップ</a></li>
    </ul>
    <p><small>Copyright &copy; 2011 ABCD Co.,Ltd. All Rights Reserved.</small></p>
</footer>
</body>
```

Internet Explorer

iPhone Safari

レイアウトはCSSで指定しています。

▶ ブラウザ対応表	IE9	IE8	Fx4.0	Fx3.6	Chrome11	Safari5	Opera11
	○	×	○	×	○	○	○

参照　ヘッダを表したい……………………… P.056

フッタを表したい 新しい要素 footer要素 | 059

HTML5 > SECTION 09

連絡先を示したい

変更された要素 address要素

`<address>～</address>`

▶ 要素解説	address
カテゴリー	フロー・コンテンツ
利用できる場所	フロー・コンテンツが期待される場所
コンテンツモデル	フロー・コンテンツ（ただし、見出しコンテンツ、セクショニング・コンテンツ、およびheader要素とfooter要素を子要素とすることは不可）

個々のコンテンツやサイトに関する連絡先の情報は、address要素で表します。

address要素は使われる場所によって意味が異なります。article要素の中で使われると、そのarticle要素の内容の管理者や著者の連絡先、それ以外の場合はサイト全体の管理者や著者などの連絡先を表すことになります。

この要素の中に、コンテンツやサイトに関する連絡先情報以外の内容を含めることはできません。例えば、単に住所などを掲載したいときは、p要素(p.62)で表します。

Sample Source

```
<body>
    :
<footer>
    <address>当サイトに関するご意見は
    <a href="info@abc.co.jp">総合受付</a>まで。</address>
</footer>
</body>
```

Internet Explorer

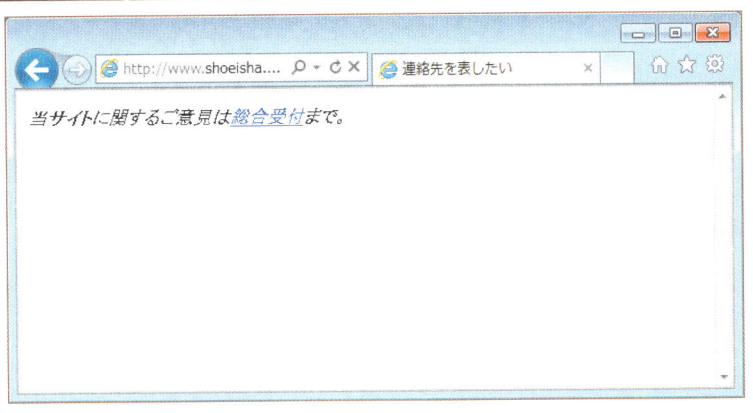

iPhone Safari

▶ ブラウザ対応表	IE9	IE8	Fx4.0	Fx3.6	Chrome11	Safari5	Opera11
	○	○	○	○	○	○	○

連絡先を示したい **変更された要素** address要素 | 061

HTML5 > GROUPING CONTENT 01

段落を表したい

<p>〜</p>

▶ 要素解説	p
カテゴリー	フロー・コンテンツ
利用できる場所	フロー・コンテンツが期待される場所
コンテンツモデル	フレージング・コンテンツ

　段落はp要素で表します。ただし、p要素よりも適した要素がほかにないかを検討し、そうした要素がない場合にのみp要素を使うようにしてください。例えば、連絡先であればaddress要素(p.60)、フッタであればfooter要素(p.58)で表せます。

Sample Source

```
<body>
<p>HTMLとは、HyperTextMarkupLanguageの頭文字をとったもので、Webページ用の文書を記述するために開発されたマークアップ言語のことです。HTMLでマークアップされた文書は、ハイパーリンク機能を持ち、文書のある部分から他の文書へと次々と情報をたどっていくことができます。</p>
<p>しかし、現在話題を集めているHTML5という言葉は、もっと大きな意味を含んでいることが特徴です。これは仕様書のタイトルに「A vocabulary and associated APIs for HTML and XHTML」と記されていることからもわかります。</p>
</body>
```

Internet Explorer

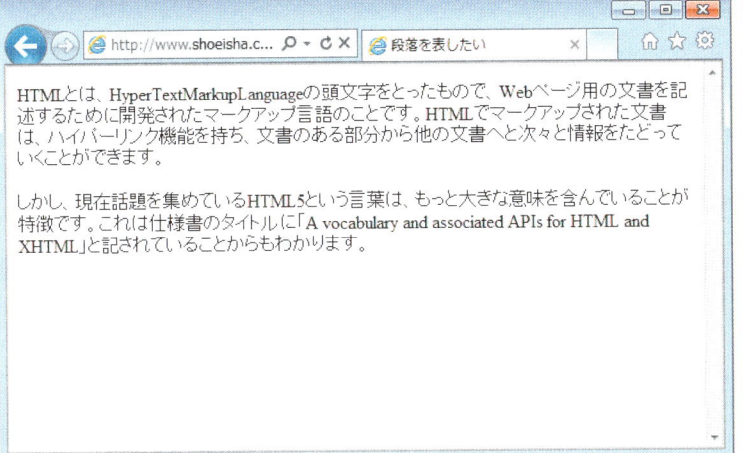

iPhone Safari

▶ ブラウザ対応表	IE9	IE8	Fx4.0	Fx3.6	Chrome11	Safari5	Opera11
	○	○	○	○	○	○	○

参照　テーマの変わり目を表したい・・・・・・・・・・・・・・ P.064

HTML5 > GROUPING CONTENT 02

テーマの変わり目を表したい

変更された要素 hr要素

`<hr>`

▶ 要素解説	hr
カテゴリー	フロー・コンテンツ
利用できる場所	フロー・コンテンツが期待される場所
コンテンツモデル	空

hr要素は、段落単位での意味の変わり目を表します。例えば、物語のシーンが変わるときや、セクション内で別のテーマに変わるときの区切りとして利用されます。

これまでのHTMLでは、横罫線という視覚的な表現を指定する要素でしたが、HTML5で意味が変更されました。ただし、一般的なブラウザでは罫線が表示されるようです。

Sample Source

```html
<body>
<p>HTMLとは、HyperTextMarkupLanguageの頭文字をとったもので、Webページ用の文書を記述するために開発されたマークアップ言語のことです。しかし、現在話題を集めているHTML5という言葉は、もっと大きな意味を含んでいることが特徴です。...</p>
<hr>
<p>では実際に、HTML5でWebページを作成してみましょう。...</p>
</body>
```

Internet Explorer

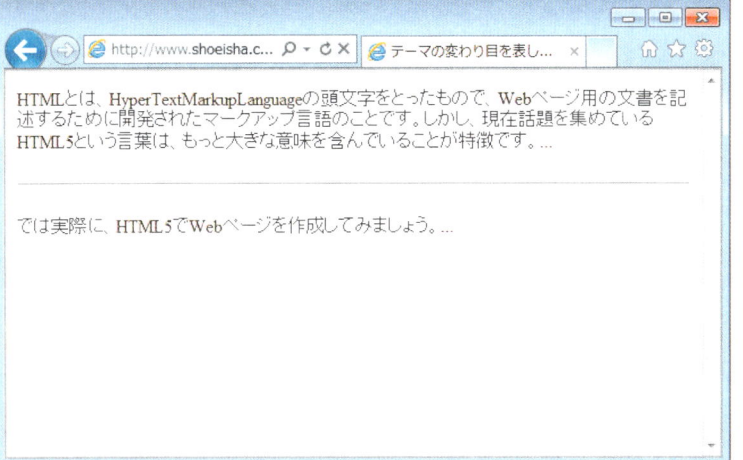

iPhone Safari

▶ ブラウザ対応表	IE9	IE8	Fx4.0	Fx3.6	Chrome11	Safari5	Opera11
	○	○	○	○	○	○	○

参照　段落を表したい……………………… P.062

テーマの変わり目を表したい　変更された要素　hr要素　｜　065

HTML5 > GROUPING CONTENT 03

入力した通りに表示したい

<pre>〜</pre>

▶ 要素解説	pre
カテゴリー	フロー・コンテンツ
利用できる場所	フロー・コンテンツが期待される場所
コンテンツモデル	フレージング・コンテンツ

　HTML文書内の空白文字や改行などを入力した通りにブラウザに反映させたいときは、pre要素で表します。pre要素はその範囲が整形済みのテキストであることを表す要素です。

　プログラム・コード、電子メールの内容、アスキー・アートをそのまま表示させたい場合などに利用できます。

Sample Source

```
<body>
<p>次に、左のメニュー項目として次のようなスタイルを指定します。</p>
<pre><code>
.leftmenu {
    position: absolute;
    top: 120px;
    left: 0;
    width: 170px;
    padding: 0 0 20px 10px;
}
</code></pre>
</body>
```

Internet Explorer

次に、左のメニュー項目として次のようなスタイルを指定します。

```
.leftmenu {
        position: absolute;
        top: 120px;
        left: 0;
        width: 170px;
        padding: 0 0 20px 10px;
}
```

iPhone Safari

入力した通りに表示したい

次に、左のメニュー項目として次のようなスタイルを指定します。

```
.leftmenu {
        position: absolute;
        top: 120px;
        left: 0;
        width: 170px;
        padding: 0 0 20px 10px;
}
```

▶ ブラウザ対応表	IE9	IE8	Fx4.0	Fx3.6	Chrome11	Safari5	Opera11
	○	○	○	○	○	○	○

 コンピュータ関連のテキストを示したい…… P.108

HTML5 > GROUPING CONTENT 04

長い文章を引用したい

`<blockquote cite="★">〜</blockquote>`

★………引用元のURL

▶ 要素解説

	blockquote
カテゴリー	フロー・コンテンツ／セクショニング・ルート
利用できる場所	フロー・コンテンツが期待される場所
コンテンツモデル	フロー・コンテンツ

　blockquote要素は、ほかの情報源からの引用を表します。引用元のURLがある場合はcite属性で指定します。

　この要素は比較的長い文章を引用するときに使用します。短いテキスト（フレージング・コンテンツ）を引用する場合には、q要素（p.100）を使用してください。

　一般的なブラウザでは、左右をインデント（字下げ）して表示されます。

Sample Source

```
<body>
<p>『HTMLタグ辞典 第6版』には、HTTPについて次のような説明があります。</p>
<blockquote cite="http://www.example.com/htmljiten/http.html"><p>HTTP（HyperText Transfer Protocol）は、WebブラウザとWebサーバーとの間でデータをやり取りする際に用いられるプロトコルです。ハイパーテキスト転送プロトコルとも呼ばれ、HTML文書などのハイパーテキストや、文書に関連付けられている画像、音声、動画などのファイルを、表現形式などの情報を含めて送受信できます。</p>
</blockquote>
<p>次の文章は、夏目漱石の代表作の一つである『こころ』の冒頭部分です</p>
<blockquote><p>私はその人を常に先生と呼んでいた。だからここでもただ先生と書くだけで本名は打ち明けない。これは世間を憚かる遠慮というよりも、その方が私にとって自然だからである。私はその人の記憶を呼び起すごとに、すぐ「先生」といいたくなる。筆を執っても心持は同じ事である。よそよそしい頭文字などはとても使う気にならない。</p></blockquote>
</body>
```

Internet Explorer

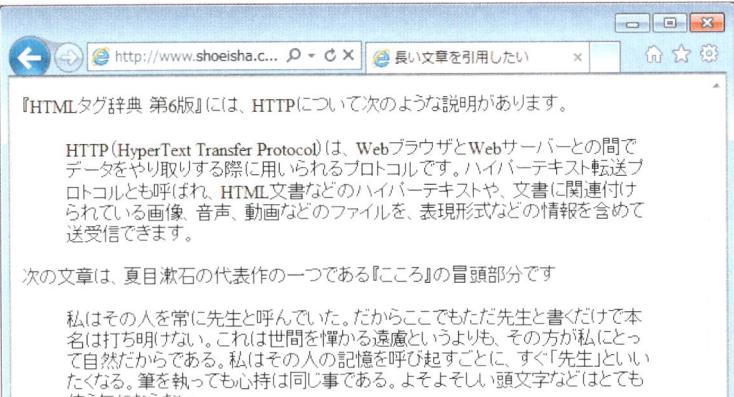

iPhone Safari

▶ ブラウザ対応表	IE9	IE8	Fx4.0	Fx3.6	Chrome11	Safari5	Opera11
	○	○	○	○	○	○	○

引用元のタイトルを表したい・・・・・・・・・・・・・ P.098
短い文章を引用したい・・・・・・・・・・・・・・・・・・・ P.100

長い文章を引用したい | 069

HTML5 > GROUPING CONTENT 05

リストを作りたい

\<ul>\<li>〜\</li>\</ul>

▶ 要素解説

	ul	li
カテゴリー	フロー・コンテンツ	なし
利用できる場所	フロー・コンテンツが期待される場所	ul要素内／ol要素内／menu要素内
コンテンツモデル	li要素を0個以上	フロー・コンテンツ

　項目の順序が重要でない箇条書きは、ul要素とli要素で作成します。
　ul要素は、その範囲が順不同のリストであることを表す要素です。リスト表示される各項目は、li要素で指定します。
　一般的なブラウザでは、各項目の先頭に黒丸（·）が付き、リスト全体がインデント（字下げ）した状態で表示されます。

Sample Source

```
<p>イタリア旅行では、次の4都市を訪れました。</p>
<ul>
    <li>ミラノ</li>
    <li>ヴェネチア</li>
    <li>フィレンツェ</li>
    <li>ローマ</li>
</ul>
```

Internet Explorer

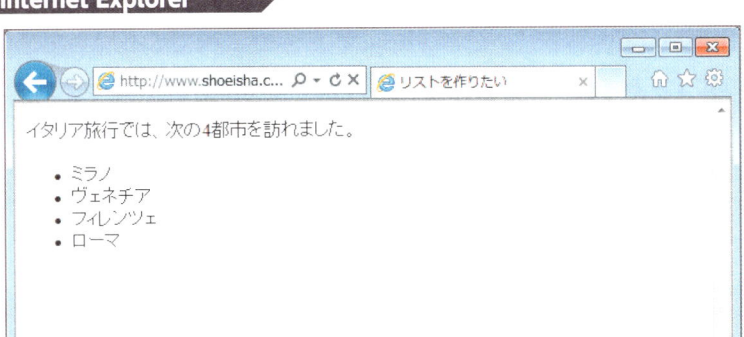

iPhone Safari

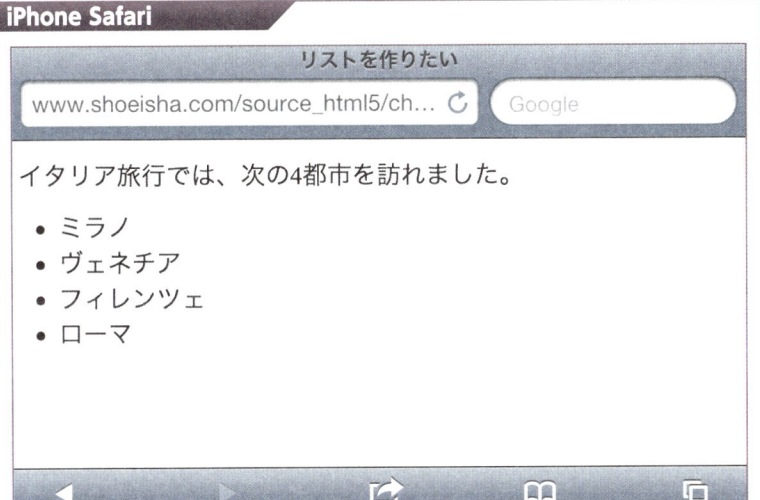

▶ ブラウザ対応表	IE9	IE8	Fx4.0	Fx3.6	Chrome11	Safari5	Opera11
	○	○	○	○	○	○	○

 番号付きのリストを作りたい……………… P.072

HTML5 > GROUPING CONTENT 06

番号付きのリストを作りたい

<ol><li>〜</li></ol>

▶ 要素解説	ol	li
カテゴリー	フロー・コンテンツ	なし
利用できる場所	フロー・コンテンツが期待される場所	ul要素内／ol要素内／menu要素内
コンテンツモデル	li要素を0個以上	フロー・コンテンツ

　項目の順序が重要なリストは、ol要素とli要素で作成します。
　ol要素は、その範囲が番号付きのリストであることを表す要素です。リスト表示される各項目は、li要素で指定します。
　一般的なブラウザでは、各項目の先頭に連番の数字が付き、リスト全体がインデント（字下げ）した状態で表示されます。

Sample Source

```html
<p>イタリア旅行では、次の順で4都市を訪れました。</p>
<ol>
    <li>ミラノ</li>
    <li>ヴェネチア</li>
    <li>フィレンツェ</li>
    <li>ローマ</li>
</ol>
```

Internet Explorer

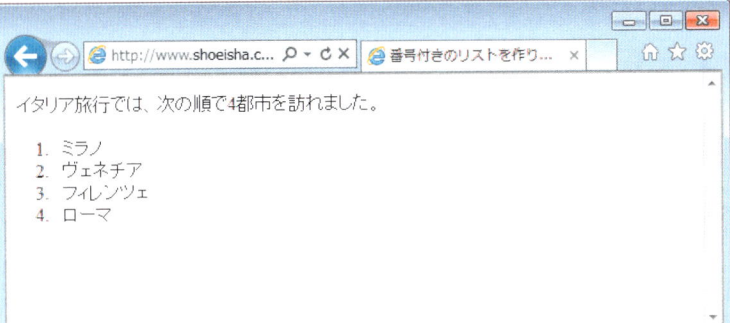

iPhone Safari

▶ブラウザ対応表	IE9	IE8	Fx4.0	Fx3.6	Chrome11	Safari5	Opera11
	○	○	○	○	○	○	○

参照
リストを作りたい……………………… P.070
リストの開始番号を変更したい………… P.074
リストの連番を変更したい……………… P.076

HTML5 > GROUPING CONTENT 07

リストの開始番号を変更したい

`<ol start="★"><li>〜</li></ol>`

★………開始番号（整数）

▶ 要素解説　　ol
ol要素についてはp.72参照

　ol要素のstart属性では、リストの開始番号を指定できます。番号は整数で指定し、0やマイナスの値も指定できます。デフォルトは「1」です。
　start属性は、HTML4.01で非推奨とされていましたが、HTML5では非推奨でなくなりました。

Sample Source
```html
<body>
<ol start="3">
    <li>ミラノ</li>
    <li>ヴェネチア</li>
    <li>フィレンツェ</li>
    <li>ローマ</li>
</ol>
<ol start="-3">
    <li>ミラノ</li>
    <li>ヴェネチア</li>
    <li>フィレンツェ</li>
    <li>ローマ</li>
</ol>
</body>
```

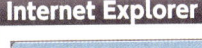

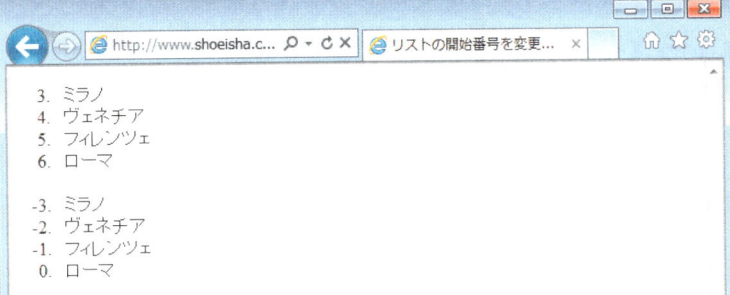

 iPhone Safari

▶ ブラウザ対応表	IE9	IE8	Fx4.0	Fx3.6	Chrome11	Safari5	Opera11
	○	○	○	○	○	○	○

番号付きのリストを作りたい……………… P.072
リストの連番を変更したい……………… P.076

HTML5 > GROUPING CONTENT 08

リストの連番を変更したい

`<ol><li value="★">~</li></ol>`

★………番号（整数）

▶ 要素解説　　ol

ol要素についてはp.72参照

li要素のvalue属性では、その項目の番号を変更できます。変更する項目の番号を整数で指定します。次の項目からは、value属性で指定した番号からの連番になります。

Sample Source
```
<ol>
    <li value="2">ミラノ</li>
    <li>ヴェネチア</li>
    <li value="5">フィレンツェ</li>
    <li>ローマ</li>
    <li>ナポリ</li>
</ol>
```

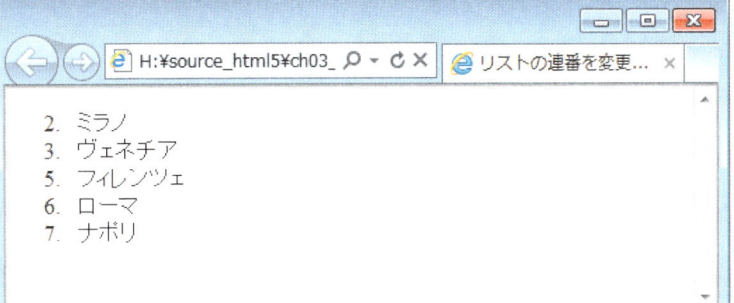

 iPhone Safari

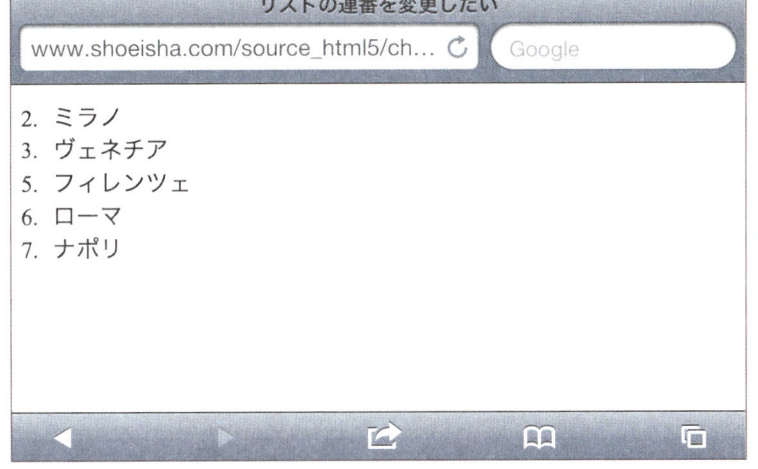

▶ ブラウザ対応表	IE9	IE8	Fx4.0	Fx3.6	Chrome11	Safari5	Opera11
	○	○	○	○	○	○	○

参照　番号付きのリストを作りたい ･････････････ P.072
　　　リストの開始番号を変更したい ･････････････ P.074

リストの連番を変更したい | 077

HTML5 > GROUPING CONTENT 09

記述リストを表示したい

変更された要素 dt要素

`<dl><dt>〜</dt><dd>〜</dd></dl>`

▶ 要素解説	dl	dt	dd
カテゴリー	フロー・コンテンツ	なし	なし
利用できる場所	フロー・コンテンツが期待される場所	dl要素内で、dd要素またはdt要素の前	dl要素内で、dd要素またはdt要素の後
コンテンツモデル	1個以上のdt要素に1個以上のdd要素が続くグループを0個以上	フレージング・コンテンツ	フロー・コンテンツ

　dl要素は、その範囲が用語とその用語に対する説明とで形成された、記述リストであることを表します。

　dt要素で説明したい用語を、dd要素で用語の説明文を表します。dt要素とdd要素はセットで使用しますが、1対1である必要はありません。また、dt要素とdd要素のセットはdl要素の中に複数入れることができます。

Sample Source

```html
<dl>
    <dt>1日目</dt><dd>ミラノ着</dd>
    <dt>2日目</dt><dd>ミラノ市内観光ののち、ヴェネチアへ移動</dd>
    <dt>3日目</dt><dd>ヴェネチア市内観光と自由行動</dd>
</dl>
```

Internet Explorer

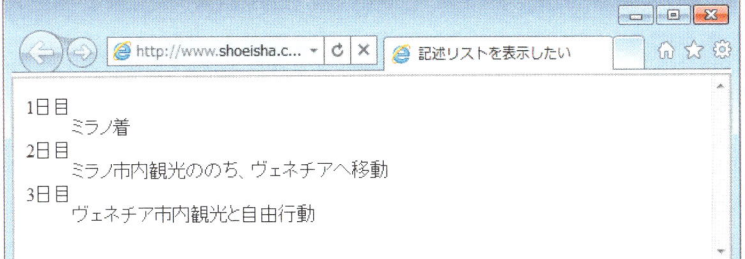

iPhone Safari

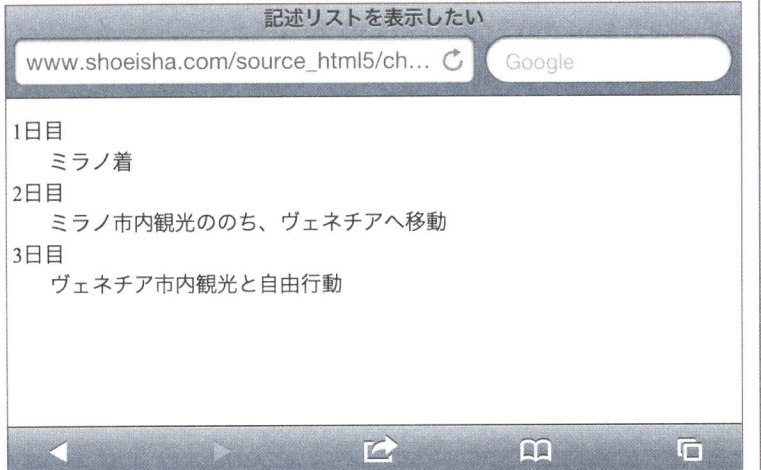

Column [用語を定義したい場合]

　HTML4.01までのdl要素はdefinition lists（定義リスト）の略で、用語の定義をリスト表示する場合などに利用できました。HTML5ではdescription list（記述リスト）の略に変更されています。そのため、dt要素だけではその用語が定義される用語であることを表しません。定義される用語であることを表すには、次のように、dt要素の中でさらにdfn要素（p.102）を使う必要があります。

```
<dl>
<dt><dfn>児童</dfn></dt><dd>学校教育法では、小学校や特別支援学校の小学部に在籍する者をいいます。</dd>
<dt><dfn>生徒</dfn></dt><dd>学校教育法では、中学校、高等学校、中等教育学校、特別支援学校の中学部・高等部などに在籍する者をいいます。</dd>
</dl>
```

▶ ブラウザ対応表	IE9	IE8	Fx4.0	Fx3.6	Chrome11	Safari5	Opera11
	○	○	○	○	○	○	○

 定義される用語を示したい ……………… P.102

HTML5 > GROUPING CONTENT 10

図版とキャプションを表したい

新しい要素 figure要素、figcaption要素

```
<figure>〜</figure>    図版
<figcaption>〜</figcaption>    図版のキャプション
```

▶要素解説	figure	figcaption
カテゴリー	フロー・コンテンツ／セクショニング・ルート	なし
利用できる場所	フロー・コンテンツが期待される場所	figure要素の最初、または最後の子要素として
コンテンツモデル	1個のfigcaption要素の次にフロー・コンテンツ／フロー・コンテンツの後に1個のfigcaption要素／フロー・コンテンツ	フロー・コンテンツ

　figure要素は、文書の本文（メイン・コンテンツ）から参照される図版（イラスト、図表、写真、ソースコードなど）であることを表す要素です。この場合の図版とは、例えば同じページ内の別の場所、専用ページや付録といった別のページなどに移動させても影響のないものを指します。本文から切り離すことのできない図版には利用できません。

　figure要素には、figcaption要素を使ってキャプションを付けることができます。figcaption要素は、figure要素の中の最初か最後に1つだけ使用できます。

Sample Source

```html
<body>
<p>「コピペルナー」は、学生が論文やレポートなどを作成する際に……(中略)……考えております。</p>
<p>新バージョンのコピペ判定支援ソフト「コピペルナーV2」では、コピペ判定スピードを格段に高速化し、またお客様のご要望に応えて機能を拡充しました。</p>
<figure>
    <img src="cpv2_main.png" width="400" alt="コピペルナーV2のメイン画面">
    <figcaption>コピペルナーV2の画面イメージ</figcaption>
</figure>
</body>
```

Internet Explorer

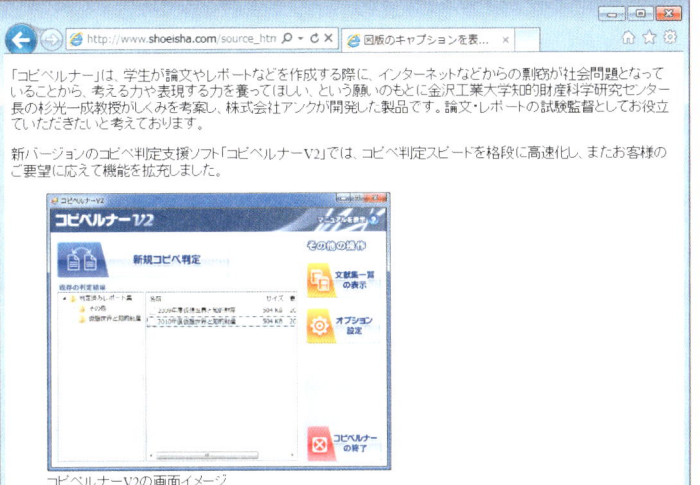

Firefox

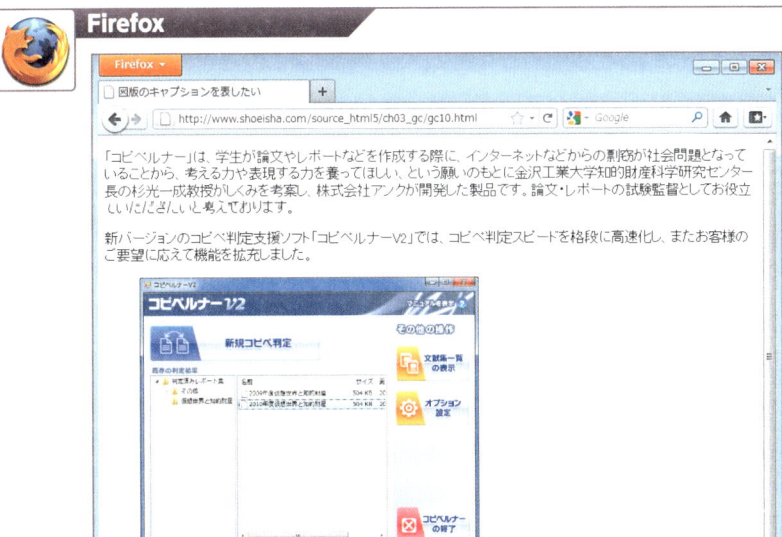

▶ブラウザ対応表	IE9	IE8	Fx4.0	Fx3.6	Chrome11	Safari5	Opera11
figure	○	×	○	×	○	×	○
figcaption	○	×	○	×	○	×	○

　　画像を表示したい・・・・・・・・・・・・・・・・・・・・・・・・・・・P.130

HTML5 > GROUPING CONTENT 11

汎用的な領域を設定したい

<div>〜</div>

▶ 要素解説	div
カテゴリー	フロー・コンテンツ
利用できる場所	フロー・コンテンツが期待される場所
コンテンツモデル	フロー・コンテンツ

　div要素は、特定の意味を持たない汎用的な領域(フロー・コンテンツ)を設定します。この要素を指定しただけでは表示上の変化はありませんが、複数の要素をグループ化し、class属性やid属性を使ってスタイルシートを設定したい場合やlang属性を使って言語情報を付加したい場合などに利用できます。

　ただし、div要素よりも適した要素がほかにないかを検討し、そうした要素がない場合にのみdiv要素を使うようにしてください。

HTML Source

```html
<body>
<div>
<p>The <code>div</code> element has no special meaning at all. It represents its children. It can be used with the <code>class</code>, <code>lang</code>, and <code>title</code> attributes to mark up semantics common to a group of consecutive elements.</p>
<p>Authors are strongly encouraged to view the <code>div</code> element as an element of last resort, for when no other element is suitable. Use of the <code>div</code> element instead of more appropriate elements leads to poor accessibility for readers and poor maintainability for authors.</p>
</div>
</body>
```

CSS Source

```css
div {
    padding: 0 0.5em;
    border: 1px solid #0033ff;
    width: 300px;
    font-family: Helvetica, Arial,sans-serif;
}
code {
    color: #ff0000;
}
```

Internet Explorer

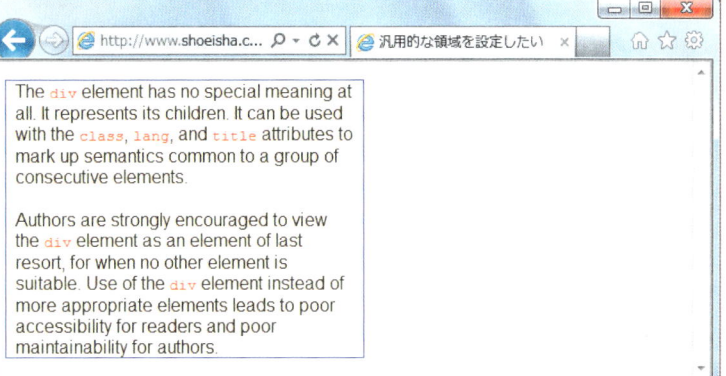

iPhone Safari

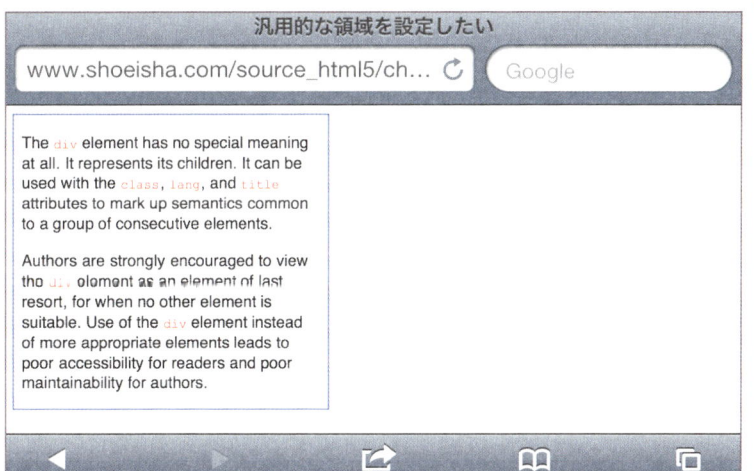

文字色はCSSで指定しています。

▶ ブラウザ対応表	IE9	IE8	Fx4.0	Fx3.6	Chrome11	Safari5	Opera11
	○	○	○	○	○	○	○

参照　スタイルシートを使いたい・・・・・・・・・・・・・・・・ P.038
　　　汎用的な範囲を設定したい・・・・・・・・・・・・・・・・ P.122

汎用的な領域を設定したい | 083

HTML5 > TEXT-LEVEL SEMANTICS 01

リンクを設定したい
変更された要素 a要素

`<a href="★">～</a>`

★………URL

▶ 要素解説	a
カテゴリー	フロー・コンテンツ／フレージング・コンテンツのみを含む場合：フレージング・コンテンツ／インタラクティブ・コンテンツ
利用できる場所	フレージング・コンテンツが期待される場所
コンテンツモデル	トランスペアレント（ただし、インタラクティブ・コンテンツを入れることは不可）

　a要素にhref属性を指定すると、リンク（ハイパーリンク）を設定できます。リンク先のURLは、現在のファイルとの位置関係を考えて、絶対URLにするか相対URLにするかを決めてください。

　これまでのHTMLでは、インライン要素であるa要素の中には、ブロックレベル要素を入れることはできませんでした。HTML5では、a要素の親要素に入れられる要素であれば、従来のブロックレベル要素に相当する要素（div要素など）でも入れることができるようになります。ただし、a、button、embed、iframe、textareaといったインタラクティブ要素を入れることはできません。

Sample Source
```
<body>
<p>
  <a href="http://www.ank.co.jp"><img src="ball.gif" alt="">株式会社アンクのサイト</a>
</p>
<p>
  <a href="http://www.shoeisha.co.jp"><img src="ball.gif" alt="">株式会社翔泳社のサイト</a>
</p>
</body>
```

Internet Explorer

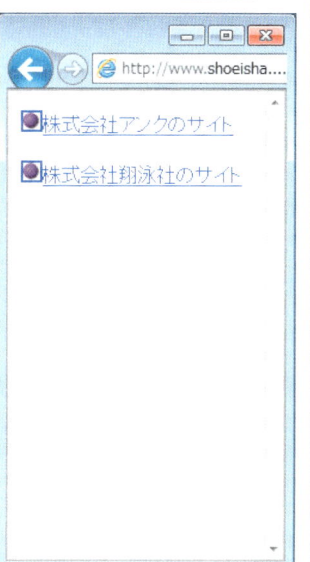

iPhone Safari

‖Column [href属性のないa要素]

HTML5ではこれまで必須だったhref属性が、必須ではなくなりました。href属性が指定されていないa要素は「プレースホルダー」を表します。次のサンプルはプレースホルダーの例です。

```
<nav>
<ul>
  <li><a href="first.html">1級</a></li>
  <li><a href="second.html">2級</a></li>
  <li><a href="third.html">3級</a></li>
  <li><a>4級</a></li>
</ul>
</nav>
```

現在のページが「4級」であったり、あるいはまだ「4級」のページが掲載されていないのであれば、href属性を指定してリンクする必要はありません。
　このように、通常はhref属性を指定する箇所で、何らかの理由によりハイパーリンクが不要の場合、a要素のみを指定しておくことができます。これがプレースホルダーとしての機能です。

▶ブラウザ対応表	IE9	IE8	Fx4.0	Fx3.6	Chrome11	Safari5	Opera11
	○	○	○	○	○	○	○

参照
- 基準となるURLを指定したい ……………… P.028
- リンク先を読み込むウィンドウを指定したい… P.086
- 指定した場所に移動したい ………………… P.088
- イメージマップを作りたい …………………… P.135

HTML5 > TEXT-LEVEL SEMANTICS 02
リンク先を読み込むウィンドウを指定したい

`<a href="★" target="◆">〜</a>`

★………リンク先のURL
◆………ウィンドウ名、または_blank、_self、_parent、_top

▶ 要素解説　　　a
a要素についてはp.84参照

通常、リンク先のコンテンツはリンク元と同じウィンドウに読み込まれますが、target属性で読み込むウィンドウを指定することもできます。指定できる値は次の通りです。

ウィンドウ名	指定した名前のウィンドウに表示
_blank	新しいウィンドウを開いて表示
_self	リンク元と同じウィンドウに表示
_parent	現在のウィンドウに親があれば、その親ウィンドウに表示
_top	最上位のウィンドウ（現在のブラウザ領域全体）に表示

Sample Source

```
<p>
<a href="http://www.seshop.com/" target="_blank">
翔泳社のオンラインショップを別ウィンドウで表示します。</a>
</p>
```

Internet Explorer

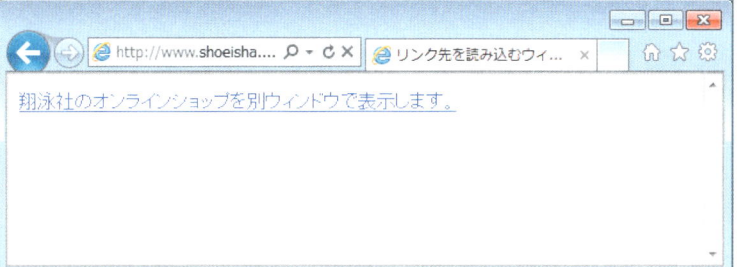

iPhone Safari

▶ ブラウザ対応表	IE9	IE8	Fx4.0	Fx3.6	Chrome11	Safari5	Opera11
	○	○	○	○	○	○	○

参照　リンクを設定したい･･････････････････････ P.084
　　　指定した場所に移動したい･･･････････････ P.088

HTML5 > TEXT-LEVEL SEMANTICS 03

指定した場所に移動したい

```
<a href="#★">〜</a>      同一ページの場合
<a href="◆#★">〜</a>    他のページの場合
<▲ id="★">〜</▲>
```

★………名前
◆………URL
▲………要素名

▶ 要素解説　　a
a要素についてはp.84参照

a要素を使って、特定の位置へ移動するリンクを作成できます。

同一ページ内で移動したい場合は、移動先の要素にid属性で名前を付け、この名前をリンク元の<a href="#★">〜</a>の値に指定します。

他のページの特定の位置に移動したい場合は、<a href="add/link03.html#browser">〜</a>のように、リンク元のhref属性に移動先のURLを追加して指定します。

Sample Source

```html
<h1 id="faq">よくある質問</h1>
<p>ここでは、Webページ作成に関して寄せられる質問のうち、代表的なものを集めてみました。</p>
<ul>
    <li><a href="#html">HTMLって何ですか？</a></li>
    <li><a href="#browser">ブラウザって何ですか？</a></li>
    <li><a href="#editor">HTMLエディタって何ですか？</a></li>
    <li><a href="#tool">Webページを作るには何が必要ですか？</a></li>
    <li><a href="#img">どんな画像が使えますか？</a></li>
    <li><a href="#blog">ブログって何ですか？</a></li>
</ul>
<hr>
<h2 id="html">HTMLって何ですか？</h2>
<p>
HTMLとはHyperText Markup Language……(中略)……仕様の策定が進められている最中です。
</p>
<div class="top"><a href="#faq">【戻る】</a></div>
<hr>
<h2 id="browser">ブラウザって何ですか？</h2>
<p>
```

```
Webページを閲覧するための、ソフトウェアのことです。……(中略)……しましょう。
</p>
<div class="top"><a href="#faq">【戻る】</a></div>
<hr>
<h2 id="editor">HTMLエディタって何ですか？</h2>
<p>
HTMLの編集機能を持ったエディタのことです。……(中略)……のHTMLの知識は必要です。
</p>
<div class="top"><a href="#faq">【戻る】</a></div>
<hr>
<h2 id="tool">Webページを作るには何が必要ですか？</h2>
<p>
基本的にはHTMLファイルを作成・確認するため……(中略)……参照してください。
</p>
<div class="top"><a href="#faq">【戻る】</a></div>
<hr>
<h2 id="img">どんな画像が使えますか？</h2>
<p>
通常のWebページの場合……(中略)……心がけましょう。
</p>
<div class="top"><a href="#faq">【戻る】</a></div>
<hr>
```

Column ［従来の移動の指定方法］

　これまでのHTMLでは、移動先の要素に対しても<h1><a name="chap1">HTML5とは</a></h1>のようにa要素を使い、name属性やid属性で名前を指定していました。HTML5では、a要素は使用せず、要素に直接id属性を指定します。

Internet Explorer

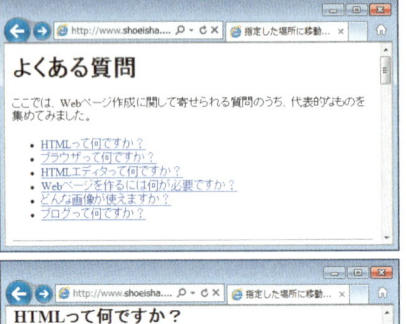

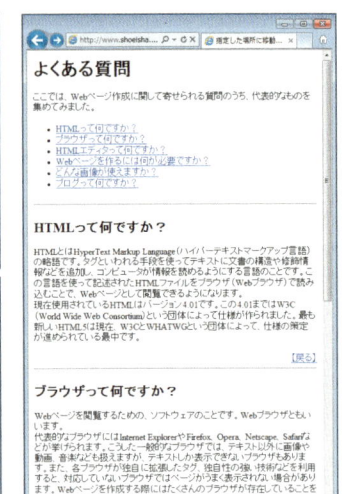

リンクをクリックすると指定箇所へジャンプします。　　このように長いページに有効です。

iPhone Safari

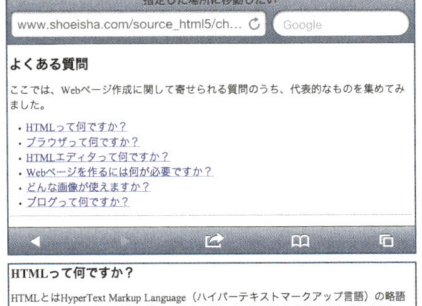

リンクをクリックすると指定箇所へジャンプします。　　このように長いページに有効です。

▶ ブラウザ対応表	IE9	IE8	Fx4.0	Fx3.6	Chrome11	Safari5	Opera11
	○	○	○	○	○	○	○

 リンクを設定したい ･･････････････････ P.084
リンク先を読み込むウィンドウを指定したい･･ P.086

HTML5 > TEXT-LEVEL SEMANTICS 04

強調したい

変更された要素 em要素

`<em>〜</em>`

▶ 要素解説	em
カテゴリー	フロー・コンテンツ／フレージング・コンテンツ
利用できる場所	フレージング・コンテンツが期待される場所
コンテンツモデル	フレージング・コンテンツ

強調する部分は、em要素で表します。強調する部分を変更すると、文章の意味が変わるようなところに使用します。重要性は表さないので、重要であることを示したい場合には、strong要素（p.92）を使用してください。

em要素は入れ子にすることができ、入れ子の数によって強調の度合いが強まります。

Sample Source

```
<p>今年は、母の好きな<em>花</em>の写真集を贈ろう。</p>
<p>今年は、母の好きな花の<em>写真集</em>を贈ろう。</p>
```

Internet Explorer

IPhone Safari

▶ ブラウザ対応表	IE9	IE8	Fx4.0	Fx3.6	Chrome11	Safari5	Opera11
	○	○	○	○	○	○	○

参照 重要であることを示したい ………… P.092

HTML5 > TEXT-LEVEL SEMANTICS 05

重要であることを示したい

変更された要素 strong要素

`<strong>`～`</strong>`

▶ 要素解説	strong
カテゴリー	フロー・コンテンツ／フレージング・コンテンツ
利用できる場所	フレージング・コンテンツが期待される場所
コンテンツモデル	フレージング・コンテンツ

　重要な部分は、strong要素で表します。強調という意味は持たないので、強調する部分であることを示したい場合には、em要素を使用してください。

　またem要素とは異なり、使う場所によって文章の意味が変わるかどうかは問いません。重要性を伝えたいところに使用できます。

　strong要素は入れ子にすることができ、入れ子の数によって重要性の度合いが強まります。

Sample Source

```
<p>
<strong>注意！</strong>:最近、車上狙いの被害が増えています。自動車には<strong>必ず鍵をかけ
</strong>、貴重品をはじめとする<strong>荷物を車内に放置しない</strong>よう、充分な注意をお願
いいたします。
</p>
```

Column　　　　　　　　　　　　　　　　　　　　　　　　　[em要素とstrong要素]

　これまでのHTMLでは、em要素は強調、strong要素はより強い強調を表していました。HTML5では意味が変更され、em要素は強調を、strong要素は重要性を表すものになっています。

Internet Explorer

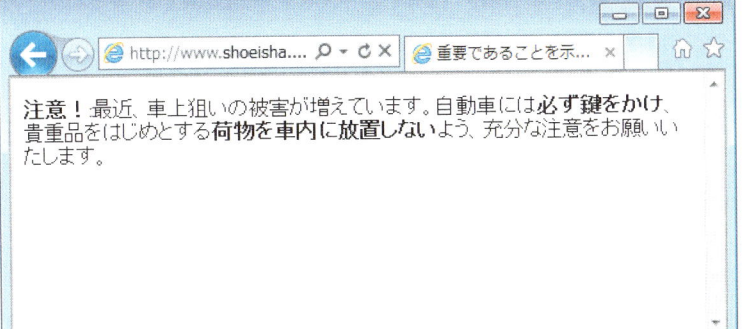

iPhone Safari

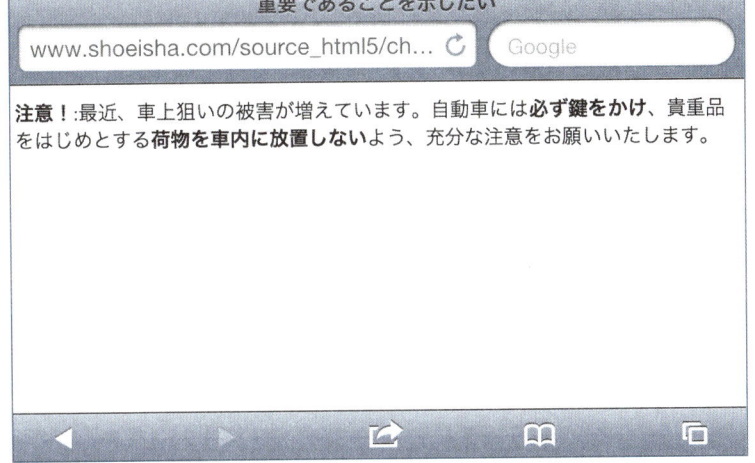

▶ ブラウザ対応表	IE9	IE8	Fx4.0	Fx3.6	Chrome11	Safari5	Opera11
	○	○	○	○	○	○	○

 強調したい・・・・・・・・・・・・・・・・・・・・・・・・・・・・P.091

HTML5 > TEXT-LEVEL SEMANTICS 06

注釈を表したい

変更された要素 small要素

`<small>〜</small>`

▶ 要素解説

small	
カテゴリー	フロー・コンテンツ／フレージング・コンテンツ
利用できる場所	フレージング・コンテンツが期待される場所
コンテンツモデル	フレージング・コンテンツ

　small要素は、細目のような注釈を表します。例えば、免責事項、警告、法的制約、著作権表示など、一般的には小さな文字で表記される部分に使用します。また、帰属やライセンス要件などにも使用できます。注釈という付帯的な情報を表す要素なので、複数の段落にまたがるテキストや広範囲のテキストに対しては、使用するべきではありません。

　一般的なブラウザでは小さな文字で表示されますが、小さな文字で表示することを目的とした要素ではありませんので、注意してください。

Sample Source

```
<footer>
    <address>より詳しい内容については、<a href="mailto:smith@abcd.co.jp">
    担当：スミス</a>までお問い合わせください。</address>
    <p><small>Copyright &copy; 2011 ABCD Co.,Ltd. All Rights Reserved.</small></p>
</footer>
```

‖Column　　　　　　　　　　　　　　　　　　　　　　　　　［small要素とbig要素］

　これまでのHTMLでは、small要素は小さめのフォントという視覚的な表現を指定する要素でした。また、小さめのフォントを指定するsmall要素に対し、大きめのフォントを表すbig要素が定義されていました。HTML5では、big要素は廃止され、small要素は細目を表す要素に意味が変更されています。

Internet Explorer

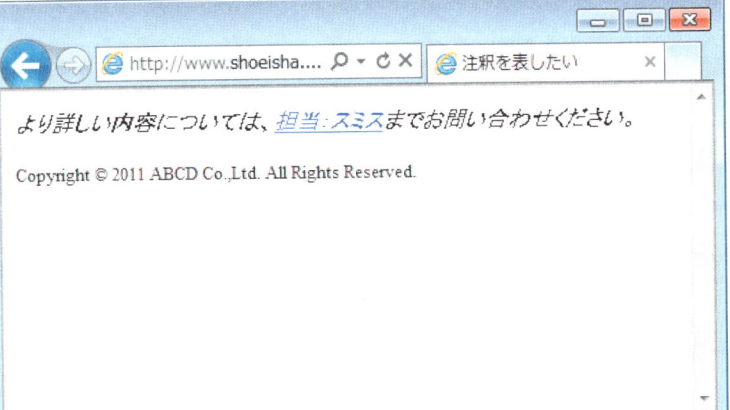

iPhone Safari

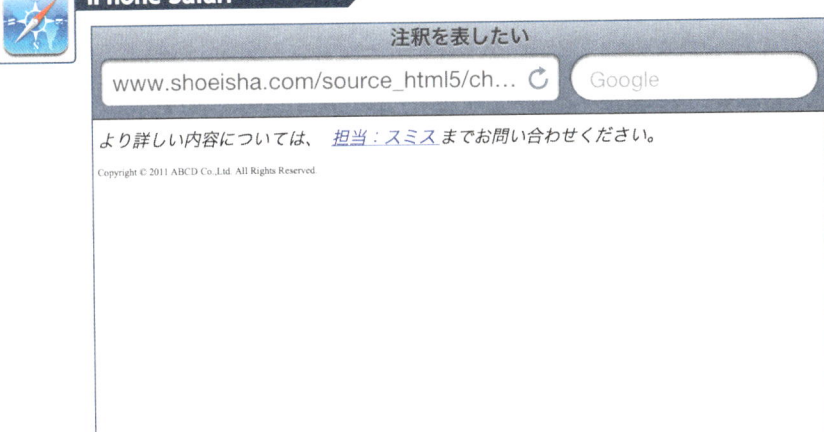

▶ ブラウザ対応表	IE9	IE8	Fx4.0	Fx3.6	Chrome11	Safari5	Opera11
	○	○	○	○	○	○	○

HTML5 > TEXT-LEVEL SEMANTICS 07

正確ではなくなった内容を表したい

変更された要素 s要素

`<s>～</s>`

▶ 要素解説	s
カテゴリー	フロー・コンテンツ／フレージング・コンテンツ
利用できる場所	フレージング・コンテンツが期待される場所
コンテンツモデル	フレージング・コンテンツ

　s要素は、すでに正確ではなくなったり関連がなくなったことを表します。一般的なブラウザでは、取消線付きのフォントで表示されます。

　内容を訂正し「削除された」という意味を表したい場合には、s要素ではなくdel要素(p.128)を使用してください。

Sample Source

```
<p>シャンプーとコンディショナーがお買い得！</p>
<p><s>希望小売価格: 1本598円</s></p>
<p><strong>今なら1本398円のご奉仕価格！</strong></p>
```

Internet Explorer

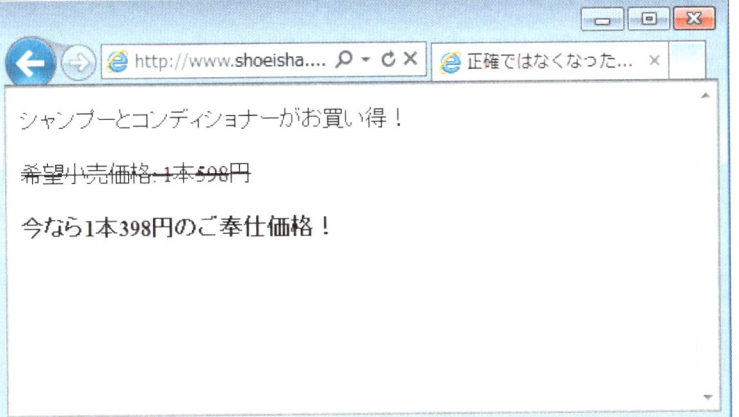

iPhone Safari

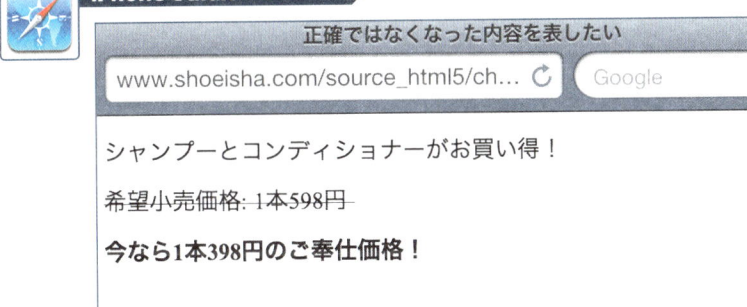

▶ ブラウザ対応表	IE9	IE8	Fx4.0	Fx3.6	Chrome11	Safari5	Opera11
	○	○	○	○	○	○	○

 内容の追加や削除を表したい・・・・・・・・・・・・・・・ P.128

HTML5 > TEXT-LEVEL SEMANTICS 08

引用元のタイトルを表したい

変更された要素 cite要素

`<cite>`〜`</cite>`

▶ 要素解説	cite
カテゴリー	フロー・コンテンツ／フレージング・コンテンツ
利用できる場所	フレージング・コンテンツが期待される場所
コンテンツモデル	フレージング・コンテンツ

　引用元の作品のタイトルは、cite要素で表します。人名や引用した文章には使えませんので注意してください。引用文にはq要素(p.100)を使用します。

Sample Source

```
<p><q>祇園精舎の鐘の声、諸行無常の響きあり。</q>ではじまる<cite>『平家物語』</cite>は、平家一族の栄華と没落を描いた軍記物語です。</p>
```

Internet Explorer

「祇園精舎の鐘の声、諸行無常の響きあり。」ではじまる『平家物語』は、平家一族の栄華と没落を描いた軍記物語です。

iPhone Safari

引用元のタイトルを表したい

"祇園精舎の鐘の声、諸行無常の響きあり。"ではじまる 『平家物語』は、平家一族の栄華と没落を描いた軍記物語です。

▶ ブラウザ対応表	IE9	IE8	Fx4.0	Fx3.6	Chrome11	Safari5	Opera11
	○	○	○	○	○	○	○

長い文章を引用したい ········· P.068
短い文章を引用したい ········· P.100

HTML5 > TEXT-LEVEL SEMANTICS 09

短い文章を引用したい

<q ★>～</q>

★………引用元のURL

▶ 要素解説	q
カテゴリー	フロー・コンテンツ／フレージング・コンテンツ
利用できる場所	フレージング・コンテンツが期待される場所
コンテンツモデル	フレージング・コンテンツ

　q要素は、ほかの情報源からの引用を表します。引用元のURLがある場合はcite属性で指定します。

　この要素は短いテキスト（フレージング・コンテンツ）を引用するときに使用します。複数のフレーズを含むような長い文章を引用する場合には、blockquote要素（p.68）を使用してください。

　一般的なブラウザでは、引用部分の前後に引用符（「"」など）が自動的に挿入されるため、文書中で引用符を付けないよう注意してください。

Sample Source

```
<p><q>地球は青かった</q>とは、人類初の宇宙飛行を行ったユーリイ・ガガーリンの言葉です。</p>
```

Internet Explorer

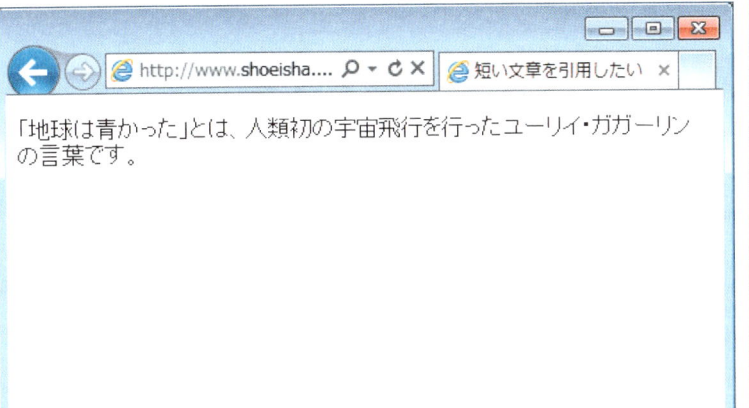

iPhone Safari

▶ブラウザ対応表	IE9	IE8	Fx4.0	Fx3.6	Chrome11	Safari5	Opera11
	○	○	○	○	○	○	○

 長い文章を引用したい･････････････････ P.068
引用元のタイトルを表したい･････････････ P.098

HTML5 > TEXT-LEVEL SEMANTICS 10

定義される用語を示したい

\<dfn\>～\</dfn\>

▶ 要素解説	dfn
カテゴリー	フロー・コンテンツ／フレージング・コンテンツ
利用できる場所	フレージング・コンテンツが期待される場所
コンテンツモデル	フレージング・コンテンツ（ただし、dfn要素の入れ子は不可）

　定義される用語はdfn要素で表します。この要素は、用語の定義や説明をしている文章の中で使用してください。指定方法は次の通りです。

・dfn要素にtitle属性が指定されている場合は、title属性の値が定義される用語になります。
　`<dfn title="HyperText Markup Language">HTML</dfn>`は…
・dfn要素の中に、title属性が指定されたabbr要素だけがある場合は、そのtitle属性の値が定義される用語になります。
　`<dfn><abbr title="HyperText Markup Language">HTML</abbr></dfn>`は…
・上記以外の場合は、dfn要素の中のテキストが定義される用語になります。
　`<dfn>HyperText Markup Language</dfn>`は…

Sample Source

```
<p>本書で<dfn>Fx</dfn>と表記する場合は、おもにMozilla Firefox 4を指します。それ以前のバージョン、および開発中のバージョンは含まないものとします。</p>
```

Internet Explorer

本書でFxと表記する場合は、おもにMozilla Firefox 4を指します。それ以前のバージョン、および開発中のバージョンは含まないものとします。

iPhone Safari

定義される用語を示したい

本書でFxと表記する場合は、おもにMozilla Firefox 4を指します。それ以前のバージョン、および開発中のバージョンは含まないものとします。

▶ ブラウザ対応表	IE9	IE8	Fx4.0	Fx3.6	Chrome11	Safari5	Opera11
	○	○	○	○	○	○	○

参照　　記述リストを表示したい・・・・・・・・・・・・・・・・・・・・P.078

HTML5 > TEXT-LEVEL SEMANTICS 11

略語や頭文字を示したい

`<abbr>`〜`</abbr>`

▶ 要素解説	abbr
カテゴリー	フロー・コンテンツ／フレージング・コンテンツ
利用できる場所	フレージング・コンテンツが期待される場所
コンテンツモデル	フレージング・コンテンツ

略語や頭文字はabbr要素で表します。省略しない状態のテキストは、title属性で指定できます。

Sample Source

```
<p>レイアウトや装飾については<abbr title="Cascading Style Sheets">CSS</abbr>で指定します。
</p>
```

Column ［abbr要素とacronym要素］

これまでのHTMLでは、略語を表す要素としてabbr要素とacronym要素が定義されていました。つまり、1文字ずつ読み、1つの単語として発音できないような略語（WWW、HTTP、URIなど）はabbr要素で指定し、その略語を1つの単語として発音するもの（NATO、UNESCOなど）はacronym要素で指定することになっていました。HTML5では、acronym要素は廃止され、略語はいずれの場合もabbr要素で表すことになっています。

Internet Explorer

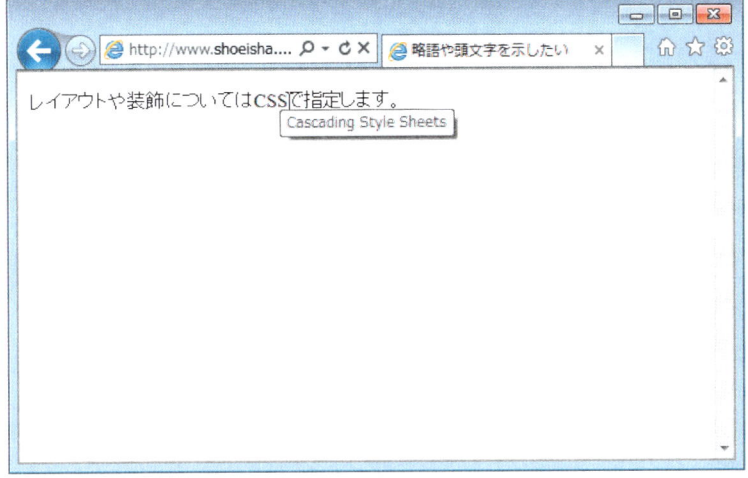

一般的なブラウザでは、カーソルをあてるとtitle属性の値がツールチップに表示されます。

Firefox

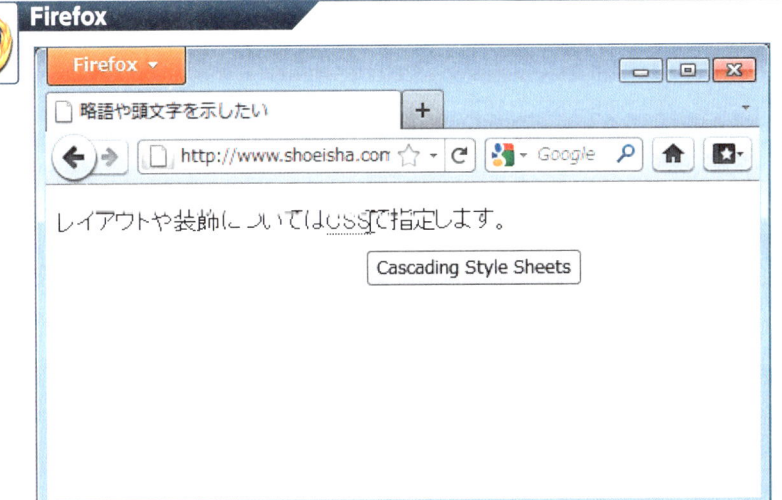

一般的なブラウザでは、カーソルをあてるとtitle属性の値がツールチップに表示されます。

▶ブラウザ対応表	IE9	IE8	Fx4.0	Fx3.6	Chrome11	Safari5	Opera11
	○	○	○	○	○	○	○

iPhoneはtitle属性のツールチップ表示に対応していません

HTML5 > TEXT-LEVEL SEMANTICS 12

日付や時間を示したい

新しい要素 time要素

`<time>`〜`</time>`

▶ 要素解説

time	
カテゴリー	フロー・コンテンツ／フレージング・コンテンツ
利用できる場所	フレージング・コンテンツが期待される場所
コンテンツモデル	フレージング・コンテンツ（ただし、time要素の入れ子は不可）

　time要素は、24時間表記での時刻、またはグレゴリオ暦での正確な日付を表します。日付にはタイムゾーン・オフセット（協定世界時と現地時間との差）を加えることもできます。

　日時はコンピュータが読み取れるよう、規定の形式に準拠する書式で指定します。例えば、次のような書式になります。

```
<time>15:45</time>            15時45分
<time>2011-05-28</time>       2011年5月28日
<time>2011-05-28T21:45:01+09:00</time>
                              日本(+09:00)時間の2011年5月28日21時45分1秒
```

　この要素は、コンピュータが日付や時間を読み取って、活用できるようにすることを想定したものです。この要素を使って、カレンダーや予定表に日付を登録したり、適切な時刻書式に変換して表示するようなことが可能になるかもしれません。そのため、「白亜紀のはじめ」「西暦1800年頃」といった、特定できない時点の表現には使用できません。また、グレゴリオ暦が導入される前の日付にも使用しないほうがよいでしょう。

Sample Source

```
<p>開催日：<time class="day">2011-05-28</time></p>
<p>開始時間：<time class="stime">15:45</time></p>
```

Column　　　　　　　　　　　　[datetime属性で日時を指定する]

　time要素はdatetime属性で日時を指定することもできます。この場合は、datetime属性の日時と対応している任意の内容を、time要素の中に入れることができます。

```
<time datetime="15:45">15時45分</time>
<time datetime="2011-05-28">去年の5月28日</time>
```

Internet Explorer

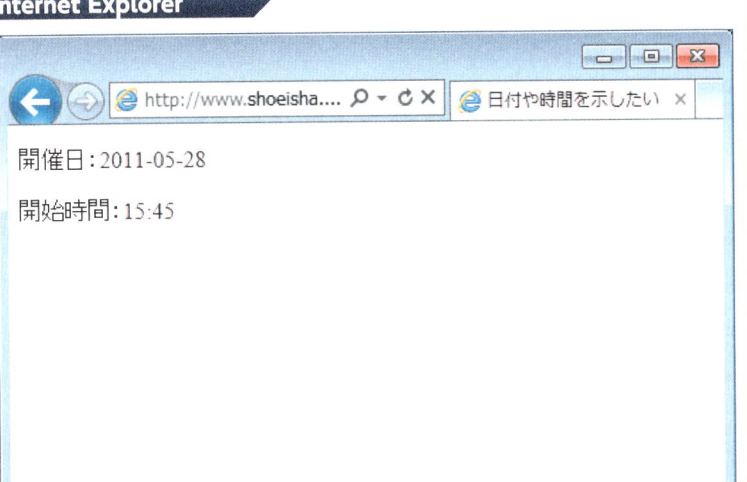

iPhone Safari

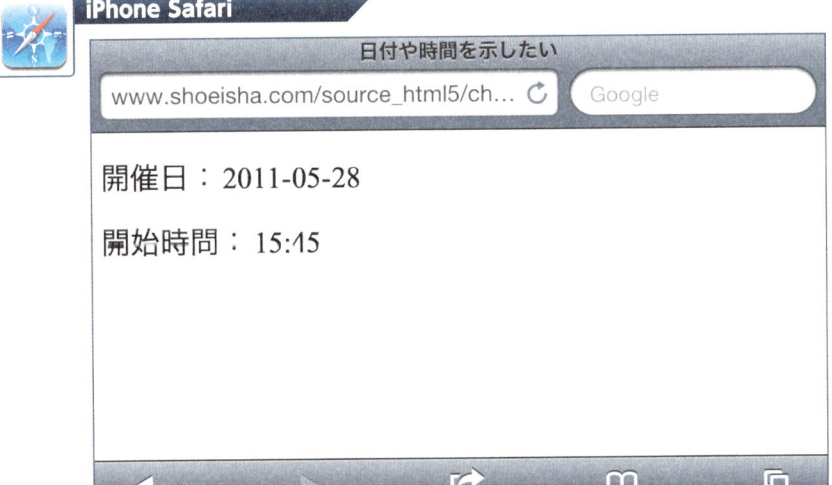

▶ブラウザ対応表	IE9	IE8	Fx4.0	Fx3.6	Chrome11	Safari5	Opera11
	×	×	×	×	×	×	×

HTML5 > TEXT-LEVEL SEMANTICS 13

コンピュータ関連のテキストを示したい

```
<code>~</code>
<var>~</var>
<kbd>~</kbd>
<samp>~</samp>
```

▶ 要素解説	code, var, kbd, samp
カテゴリー	フロー・コンテンツ/フレージング・コンテンツ
利用できる場所	フレージング・コンテンツが期待される場所
コンテンツモデル	フレージング・コンテンツ

これらの要素は、コンピュータのソースコードや出力結果などを表します。

code要素

コンピュータが認識できる文字列の一部であることを表します。例えば、ソースコードの一部、HTMLやXMLの要素名、ファイル名などを表すときに使用します。

var要素

変数を表します。例えば、数式の変数、プログラムの変数などを表すときに使用します

samp要素

コンピュータやコンピュータのプログラムからの出力を表します。

kbd要素

ユーザーがコンピュータに入力する内容を表します。通常、入力にはキーボードを使うことが多いですが、この要素が表す内容はキーボードからの入力に限定されません。例えば、音声コマンドなどにも使用できます。

code要素やsamp要素を使い、ソースコードの一部やコンピュータから出力される内容をそのまま表示させたい場合には、pre要素を併用するとよいでしょう。

Sample Source

```html
<body>
<p>次のように、<code>text-indent</code>プロパティで<code>p</code>要素の一行目にインデントを指定します。</p>
<pre><code>
    p {
        tedt-indent: 2em;
    }
</code></pre>
```

```
<p>値を変数 <var>i</var> に代入します。</p>
<p><kbd>ipconfig /all</kbd>と入力します。</p>
<p><samp>このページへの変更を保存しますか?</samp>という確認のメッセージが表示されます。</p>
</body>
```

Internet Explorer

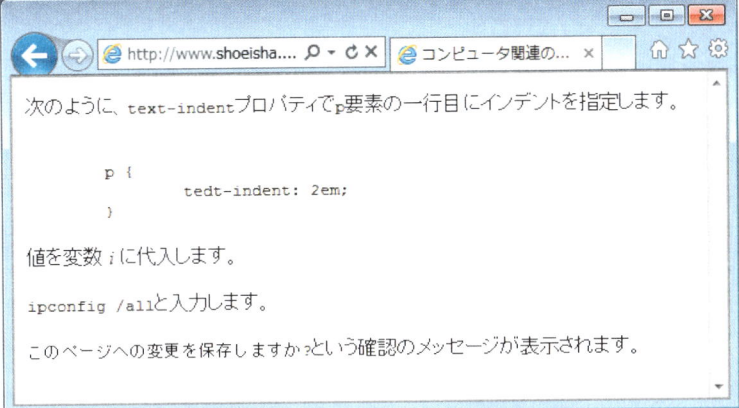

iPhone Safari

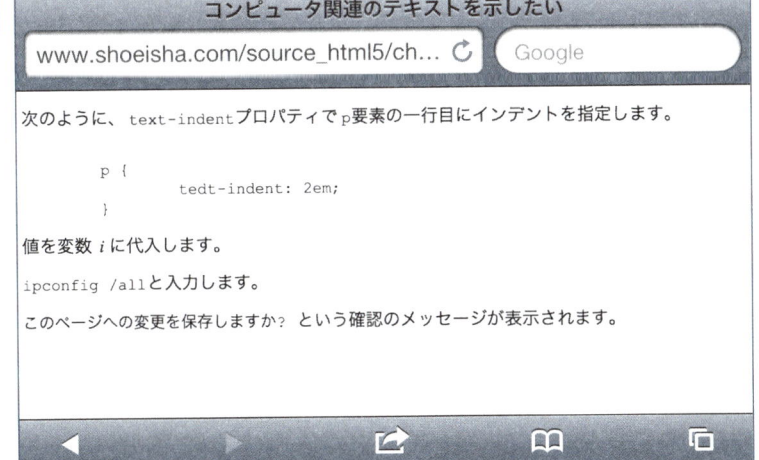

▶ ブラウザ対応表	IE9	IE8	Fx4.0	Fx3.6	Chrome11	Safari5	Opera11
	○	○	○	○	○	○	○

 入力した通りに表示したい ……………… P.066

コンピュータ関連のテキストを示したい | 109

HTML5 > TEXT-LEVEL SEMANTICS 14

上付き文字・下付き文字を指定したい

`<sup>`～`</sup>`
`<sub>`～`</sub>`

▶要素解説	sup,sub
カテゴリー	フロー・コンテンツ／フレージング・コンテンツ
利用できる場所	フレージング・コンテンツが期待される場所
コンテンツモデル	フレージング・コンテンツ

　上付き文字はsup要素、下付き文字はsub要素で表します。公式や化学記号などのように、これらを使って表現しなければ意味が変わってしまうような箇所にのみ使用します。

Sample Source

```
<p>ピタゴラスの定理はa<sup>2</sup>=b<sup>2</sup>+c<sup>2</sup>で表されます。</p>
<p>水はH<sub>2</sub>O、二酸化炭素はCO<sub>2</sub>です。</p>
```

Internet Explorer

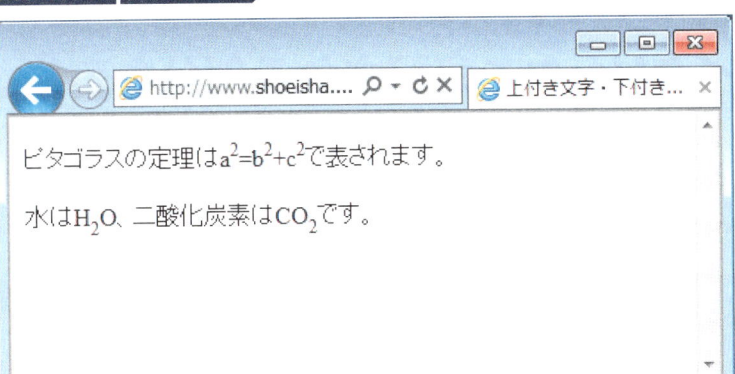

ピタゴラスの定理は$a^2=b^2+c^2$で表されます。

水はH_2O、二酸化炭素はCO_2です。

iPhone Safari

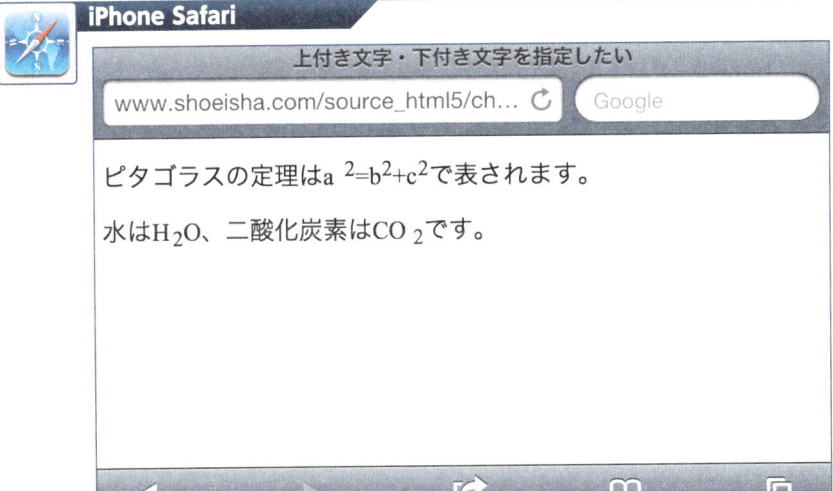

上付き文字・下付き文字を指定したい

ピタゴラスの定理は$a^2=b^2+c^2$で表されます。

水はH_2O、二酸化炭素はCO_2です。

▶ ブラウザ対応表	IE9	IE8	Fx4.0	Fx3.6	Chrome11	Safari5	Opera11
	○	○	○	○	○	○	○

HTML5 > TEXT-LEVEL SEMANTICS 15

イタリックで表記される部分を表したい

変更された要素 i要素

`<i>～</i>`

▶要素解説	i
カテゴリー	フロー・コンテンツ／フレージング・コンテンツ
利用できる場所	フレージング・コンテンツが期待される場所
コンテンツモデル	フレージング・コンテンツ

　i要素は、一般的にイタリック（斜体）で表記される部分であることを表します。これまでのHTMLでは、単にイタリックという視覚的な表現を指定する要素でしたが、HTML5で意味が変更されました。例えば、声や感情を表す部分、学名、特定の専門用語、本文とは異なる言語で表記されている部分、思考、船の名前など、その部分が他の文章とは異なることを示すために使用します。

　こうした表現方法は、英語圏などで印刷物の慣例として行われてきたものですが、日本語ではあまり馴染みのない方法かもしれません。

　なお、他の言語の部分をi要素で表す場合には、lang属性でその言語を示すようにしてください。

Sample Source

```
<p>航行中の<i>マチルダ号</i>の写真の裏には、父の字で<i lang="fr">Ce qui sera, sera</i>と書かれてあった。</p>
```

Internet Explorer

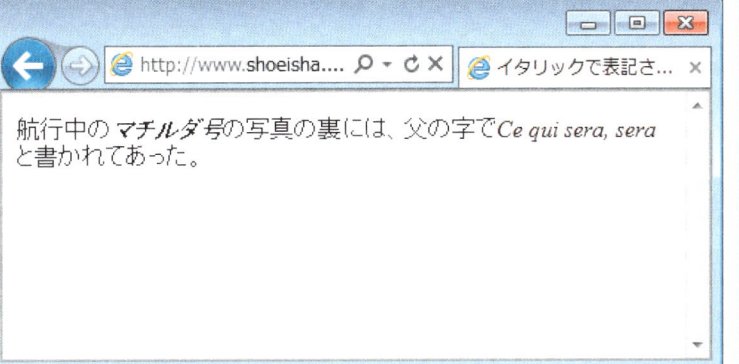

iPhone Safari

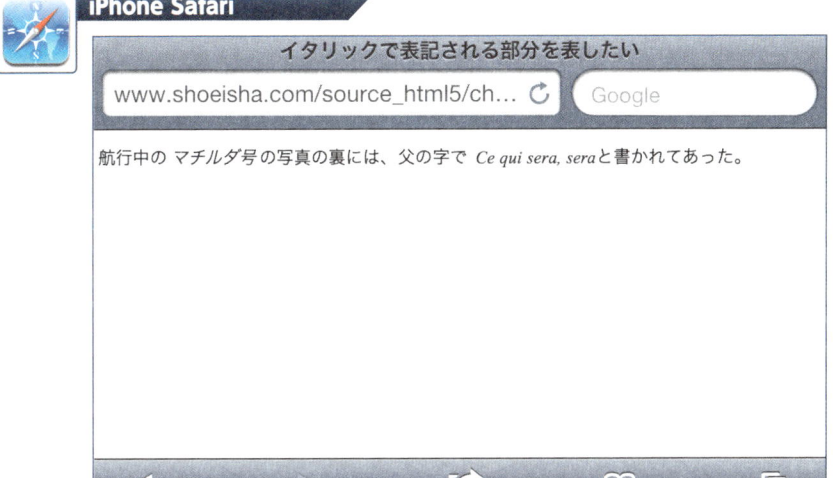

▶ ブラウザ対応表	IE9	IE8	Fx4.0	Fx3.6	Chrome11	Safari5	Opera11
	○	○	○	○	○	○	○

HTML5 > TEXT-LEVEL SEMANTICS 16

太字で表記される部分を表したい

変更された要素 b要素

`<b>`〜`</b>`

▶ 要素解説	b
カテゴリー	フロー・コンテンツ／フレージング・コンテンツ
利用できる場所	フレージング・コンテンツが期待される場所
コンテンツモデル	フレージング・コンテンツ

　b要素は、一般的に太字で表記される部分であることを表します。これまでのHTMLでは、単に太字という視覚的な表現を指定する要素でしたが、HTML5で意味が変更されました。例えば、概要説明におけるキーワード、製品紹介における製品名など、他の文章と区別したいような部分に使用します。強調や重要性は表さないので注意してください。

　一般的に太字で表示される部分であっても、見出しであればh1〜h6要素、強調であればem要素、重要性であればstrong要素、参照のためのハイライト表示であればmark要素が適切です。b要素は、こうした適切な要素がほかにない場合の、最後の手段として使うようにしてください。

Sample Source

```
<p>当社が開発した<b>データ警備保障</b>は、他人に見せたくないデータの保存やパスワードなどの管理をどうするか、といった問題を解決するソフトです。</p>
<p><b>データ警備保障</b>は、登録されたパスワードなどの情報を安全に管理し、必要に応じて自動的に入力欄に反映させることができます。また、フォルダー/ファイルを隠す、お気に入り/ブックマークを隠す等の設定を行うと、<b>データ警備保障</b>からログアウトしている間は、設定したフォルダやお気に入り等を参照できないようにすることが可能です。</p>
```

Internet Explorer

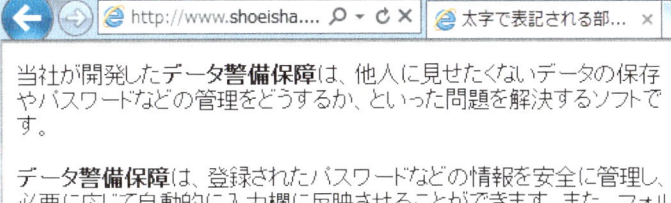

iPhone Safari

ブラウザ対応表	IE9	IE8	Fx4.0	Fx3.6	Chrome11	Safari5	Opera11
	○	○	○	○	○	○	○

参照
- 見出しを表したい P.052
- 重要であることを示したい P.092
- 強調したい P.091
- ハイライト表示をしたい P.116

HTML5 > TEXT-LEVEL SEMANTICS 17

ハイライト表示をしたい

新しい要素 mark要素

<mark>〜</mark>

▶要素解説	mark
カテゴリー	フロー・コンテンツ／フレージング・コンテンツ
利用できる場所	フレージング・コンテンツが期待される場所
コンテンツモデル	フレージング・コンテンツ

　mark要素は、ユーザーが参照しやすいように、特定の範囲のテキストをマークやハイライトを使って表示させるための要素です。例えば、引用文の中で、その原作者ではなく現在の引用者が、ユーザーに特に注目してほしい部分を示す場合などに使用します。したがって、他の部分にその箇所についての説明などがあることになります。単に目立たせるための要素ではないので注意してください。

Sample Source

```
<body>
<p>友人の先日のブログに、次のような記事がありました。</p>
<blockquote cite="http://taro.blogland.jp/entry-01234.html">
<p>私は、通勤途中のほんの5分10分の道のりでも、毎日違った道を歩くようにしている。いくつかのルートを考え、今日は一つ手前の角で曲がってみる、たったそれだけでもよいのだ。
子供っぽいと笑われるかもしれないが、歩いていると、<mark>1本向こうの道に何か大きな楽しみや可能性が潜んでいる気がしてくる</mark>のだ。</p>
</blockquote>
<p>ハイライトの部分は私がつけたものです。この部分を読んで、昔、同じような気持ちだったことを思い出しました。小さい頃、道を歩いていると、視界のずっと先や角を曲がった向こうに違う世界が広がっているような気がして、ワクワクしたものです。</p>
</body>
```

Internet Explorer

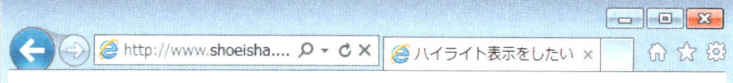

Google Chrome

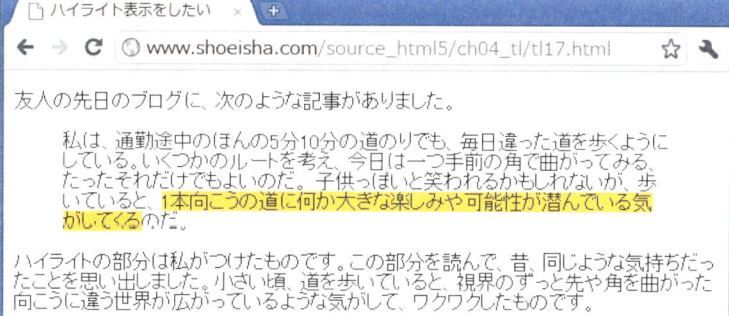

▶ ブラウザ対応表	IE9	IE8	Fx4.0	Fx3.6	Chrome11	Safari5	Opera11
	○	×	○	×	○	×	○

参照　強調したい･･････････････････････････ P.091
　　　重要であることを示したい･･･････････ P.092
　　　太字で表記される部分を表したい･････ P.114

ハイライト表示をしたい 新しい要素 mark要素 | 117

HTML5 > TEXT-LEVEL SEMANTICS 18

ルビをふりたい

新しい要素 ruby要素 rt要素 rp要素

```
<ruby><rt>〜</rt></ruby>
<ruby><rp>〜</rp>
  <rt>〜</rt><rp>〜</rp></ruby>
```

▶要素解説	ruby	rt	rp
カテゴリー	フロー・コンテンツ／フレージング・コンテンツ	なし	なし
利用できる場所	フレージング・コンテンツが期待される場所	ruby要素の子要素として	ruby要素の子要素として、rt要素の直前または直後
コンテンツモデル	フレージング・コンテンツの後に、rt要素1つ、またはrp要素・rt要素・rp要素の順のグループ、いずれかを1つ以上	フレージング・コンテンツ	フレージング・コンテンツ

　ルビ付きのテキストは、ruby要素、rt要素、rp要素で作成します。

　ruby要素は、ルビをふる範囲を表します。ルビとして表示されるテキストはrt要素で示し、ルビを表示したいテキストの直後に配置してください。

　rp要素を指定すると、ルビに対応していないブラウザに対し、ルビ用のテキストを括弧でくくって表示させることができます。ルビに対応しているブラウザでは、この要素で指定した括弧は無視されます。

　いずれもHTML5で新しく追加された要素です。ただし、ルビはInternet Explorer 5からすでに利用できました。これはW3Cが検討している段階で、Internet Explorerが独自に採用したためです。

Sample Source

```
<p>彼は
<ruby>
    小鳥遊<rp>(</rp><rt>たかなし</rt><rp>)</rp>
    大和<rp>(</rp><rt>やまと</rt><rp>)</rp>
</ruby>
さんです。</p>
```

Internet Explorer

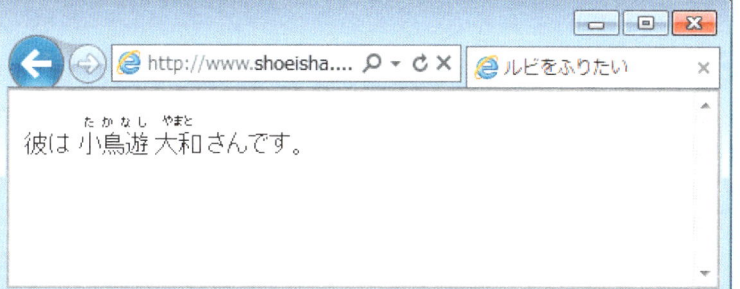

iPhone Safari

▶ ブラウザ対応表	IE9	IE8	Fx4.0	Fx3.6	Chrome11	Safari5	Opera11
	○	○	×	×	○	○	×

ルビをふりたい **新しい要素** ruby要素 rt要素 rp要素

HTML5 > TEXT-LEVEL SEMANTICS 19

テキストの表記方向を指定したい

<bdo dir="★">〜</bdo>

★………ltr（左から右）
　　　　rtl（右から左）

▶ 要素解説	bdo
カテゴリー	フロー・コンテンツ／フレージング・コンテンツ
利用できる場所	フレージング・コンテンツが期待される場所
コンテンツモデル	フレージング・コンテンツ

　bdo要素は、テキストの表記方向を指定します。左から右へ表記する言語の文章中に、右から左へ表記する言語を使いたい場合など、前後のテキストとは異なる表記方向を指定するときに使用します。

Sample Source

```
<body>
<p>英語は左から右、ヘブライ語（<bdo dir="rtl">HEBREW</bdo>）は右から左へ書きます。</p>
</body>
```

Internet Explorer

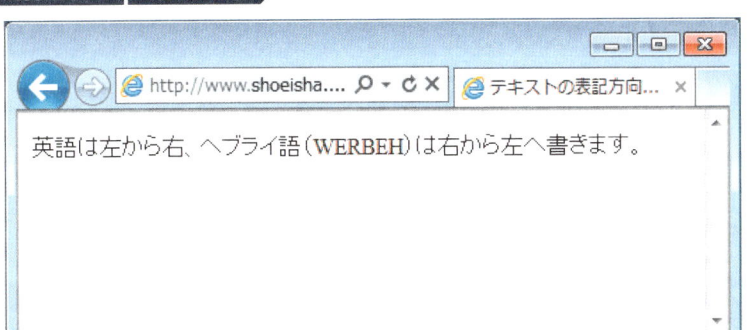

iPhone Safari

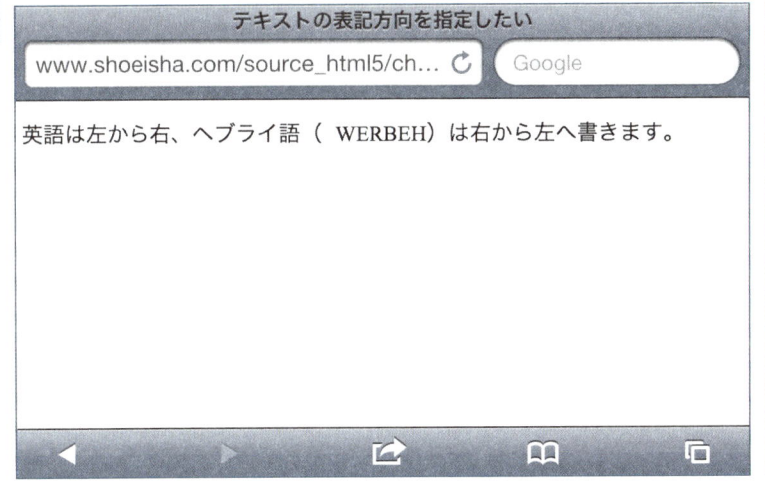

▶ ブラウザ対応表	IE9	IE8	Fx4.0	Fx3.6	Chrome11	Safari5	Opera11
	○	○	○	○	○	○	○

HTML5 > TEXT-LEVEL SEMANTICS 20

汎用的な範囲を設定したい

`<span>`〜`</span>`

▶ 要素解説	span
カテゴリー	フロー・コンテンツ／フレージング・コンテンツ
利用できる場所	フレージング・コンテンツが期待される場所
コンテンツモデル	フレージング・コンテンツ

　span要素は、特定の意味を持たない汎用的な範囲（フレージング・コンテンツ）を設定します。この要素を指定しただけでは表示上の変化はありませんが、class属性やid属性を使ってスタイルシートを設定する場合やlang属性を使って言語情報を付加したい場合などに利用できます。

HTML Source

```html
<p>今回のパスタはコンキリエです。イタリア語では<span lang="it" class="pasta">Conchiglie</span>と表記します。これは「貝殻」という意味で、その名のとおり貝殻の形をしています。</p>
<p>次回は<span lang="it" class="pasta">Farfalle</span>です。どんなパスタかわかりますか？</p>
```

CSS Source

```css
.pasta {
    color: #ff0000;
    font-family: sans-serif;
}
```

Internet Explorer

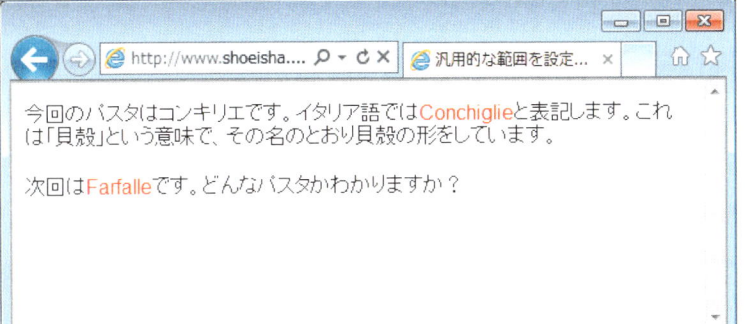

iPhone Safari

文字色はCSSで指定しています。

▶ブラウザ対応表	IE9	IE8	Fx4.0	Fx3.6	Chrome11	Safari5	Opera11
	○	○	○	○	○	○	○

参照　スタイルシートを使いたい･･････････････ P.038
　　　汎用的な領域を設定したい･･････････････ P.082

HTML5 > TEXT-LEVEL SEMANTICS 21

改行させたい

〜</br>

▶要素解説	br
カテゴリー	フロー・コンテンツ／フレージング・コンテンツ
利用できる場所	フレージング・コンテンツが期待される場所
コンテンツモデル	空

　改行はbr要素で表します。HTML文書で改行を入れてもブラウザ上の表示には反映されません。ブラウザ上で実際に改行させるには、改行したい位置をbr要素で指定します。
　br要素は、例えば詩や住所の表記などのように、コンテンツの一部として改行が必要なところに使用してください。

Sample Source

```
<p>
〒170-0000<br>
東京都豊島区中池袋1-2-3<br>
アンクビル 1F
</p>
```

Column　　　　　　　　　　　　　　　［レイアウト目的のbr要素はNG］

段落の区切りや余白などを入れる目的で、br要素を使うことはできません。例えば、以下のように異なる2つの入力欄を配置するとき、br要素で2行に分けるのは、誤った使い方です。

```
<p><label>名前: <input name="name"></label><br>
<label>住所: <input name="address"></label></p>
```

正しくは次のようになります。

```
<p><label>名前: <input name="name"></label></p>
<p><label>住所: <input name="address"></label></p>
```

Internet Explorer

iPhone Safari

▶ ブラウザ対応表	IE9	IE8	Fx4.0	Fx3.6	Chrome11	Safari5	Opera11
	○	○	○	○	○	○	○

改行させたい | 125

HTML5 > TEXT-LEVEL SEMANTICS 22

改行を許可する位置を指定したい

新しい要素 wbr要素

`<wbr>`～`</wbr>`

▶ 要素解説

	wbr
カテゴリー	フロー・コンテンツ／フレージング・コンテンツ
利用できる場所	フレージング・コンテンツが期待される場所
コンテンツモデル	空

　wbr要素は、改行してもよい位置を指定します。
　日本語の文章は基本的に表示領域の幅に合わせてどの部分でも改行できますが、例えば英語などの文章は、通常、改行位置は半角スペースが入っているところなどに限定されます。wbr要素は、そのような改行されない範囲において、改行してもよい箇所を指示するために使用します。
　Netscape Navigatorが独自に拡張した要素をもとに、HTML5で新たに採用されました。

Sample Source

```
<body>
<p>世界で最も長い一語の地名は、イギリスのウェールズ北部のアングルシー島にあるLlanfair<wbr>pwllgwyngyll<wbr>gogerychwyrndrobwll<wbr>llantysiliogogogochです。</p>
<p>これはウェールズ語で、「ランヴァイル・プルグウィンギル・ゴゲリフウィルンドロブル・ランティシリオゴゴゴホ」と読みます。</p>
</body>
```

Internet Explorer

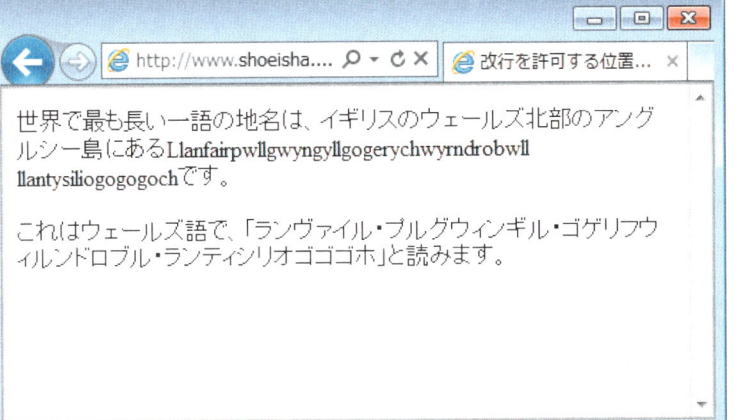

Firefox

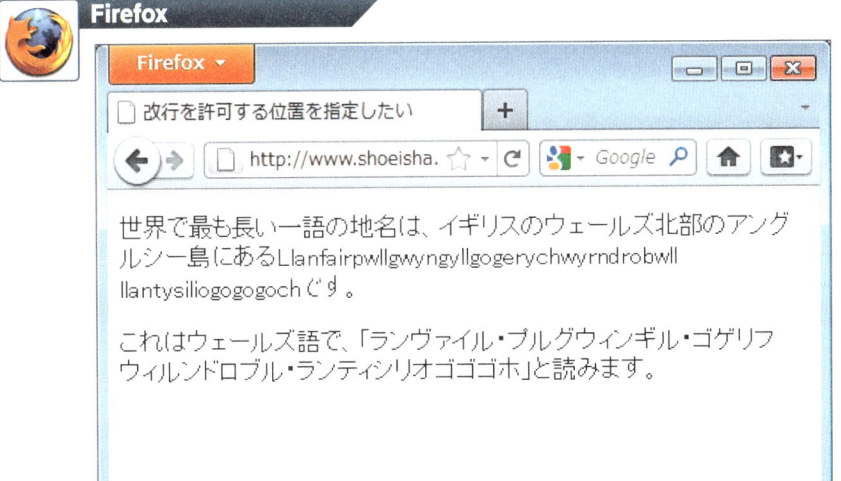

▶ ブラウザ対応表	IE9	IE8	Fx4.0	Fx3.6	Chrome11	Safari5	Opera11
	○	○	○	○	○	○	×

IEの標準モードでは動作しません

HTML5 > TEXT-LEVEL SEMANTICS 23

内容の追加や削除を表したい

`<ins>`～`</ins>`
`<del>`～`</del>`

▶ 要素解説	ins, del
カテゴリー	フロー・コンテンツ／内容にフレージング・コンテンツのみを含む場合：フレージング・コンテンツ
利用できる場所	フレージング・コンテンツが期待される場所
コンテンツモデル	トランスペアレント

　ins要素とdel要素は、HTML文書の変更を表す場合に使用されます。

　ins要素は、その範囲がHTML文書に追加されたことを表します。一般的には下線が引かれて表示されます。

　del要素は、その範囲がHTML文書から削除されたことを表します。一般的には取消線が引かれて表示されます。

Sample Source

```
<ins><p>発表者に変更がありました。</p></ins>
<ul>
    <li>赤坂 あい</li>
    <li>白井 真一郎</li>
    <li><del>青木 厚</del></li>
    <li><ins>黒沢 邦夫</ins></li>
</ul>
```

▌Column　　　　　　　　　　　　［追加や削除の理由と日時を表す属性］

　ins要素とdel要素には、追加／削除理由を記述した文書のURLを指定するcite属性と、追加／削除した日時を表すdatetime属性が定義されています。datetime属性には、「YYYY-MM-DDThh:mm:ssTZD」のように、HTML5で利用できる形式で日時を指定してください。

```
<ins cite="★" datetime="◆"></ins>
★……追加した理由が記述された文書のURL
◆……追加した日時
```

例：
```
<ins cite="http://www.ank.co.jp/work/rule.html"
datetime="2011-01-08T15:20:30"><p>ご好評につき売り切れになりました。</p>
</ins>
```

Internet Explorer

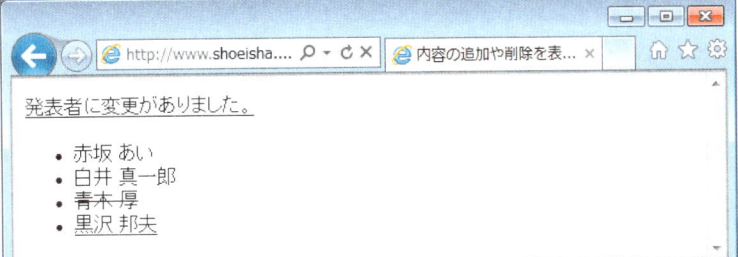

iPhone Safari

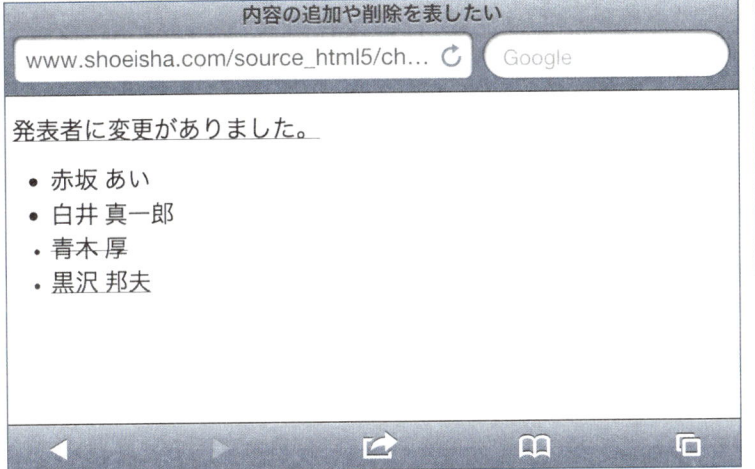

▶ ブラウザ対応表	IE9	IE8	Fx4.0	Fx3.6	Chrome11	Safari5	Opera11
	○	○	○	○	○	○	○

 正確ではなくなった内容を表したい ········· P.096

HTML5 > EMBEDDED CONTENT 01

画像を表示したい

`<img src="★" alt="◆">`

★………画像ファイル名(URL)
◆………画像を表すテキスト

▶ 要素解説	img
カテゴリー	フロー・コンテンツ／フレージング・コンテンツ／埋め込みコンテンツ／usemap属性がある場合：インタラクティブ・コンテンツ
利用できる場所	埋め込みコンテンツが期待される場所
コンテンツモデル	空

文書に画像を埋め込むにはimg要素を使います。

ページの装飾や表示位置の調節など、レイアウトのために画像を利用する場合はCSSで表現するようにしてください。

src属性

画像ファイル名(URL)を指定します。一般的にはGIF、JPG、PNG形式の画像ファイルが使われますが、HTML5の仕様ではSVGファイルやPDFファイルなども指定できることになっています。

alt属性

画像が表す内容をテキストで指定します。このテキストは、画像が表示できない場合や画像で意味を伝えられない場合に使われます。

HTML4.01でのalt属性は、画像を補足する意味合いのものでした。しかしHTML5では、アクセシビリティの向上のため、画像が何を表しているのかを適切に文章化するよう要求されています。そのため、どのようなテキストが適切なのか、画像が使われる状況によって細かくルールが定められています。基本的には、仮にすべての画像をalt属性に指定されたテキストに置き換えても、ページの意味が変わらないようにすることです。スクリーンリーダーや、あえて画像表示をオフにしているブラウザの使用者、また検索ロボットなど、画像を見ることのできないユーザーであっても、画像と同じ意味が伝わる内容を指定してください。

なお、HTML4.01ではalt属性は必須とされていましたが、HTML5では必須ではなくなりました。しかし、省略できる条件も定められています。alt属性に指定できるテキストがある場合は、きちんと指定するようにしてください。

Column
[alt属性の指定例]

●画像を伴ったフレーズや段落のケース

　内容をより伝えやすくするために、本文中に写真や挿絵、グラフなどを入れるのは、よく使われる手法です。

[適切な例]
```
<p>
あなたは家の入口へとつづく、細い道の入口に立っています。
<img src="house.jpg" alt="家の壁は白く、板張りの玄関ドアが取り付けられています。">
ここに小さな看板が立っています。
</p>
```

[不適切な例]
```
<p>
あなたは家の入口へとつづく、細い道の入口に立っています。
<img src="house.jpg" alt="板張りの玄関ドアが取り付けられた、白い壁の家">
ここに小さな看板が立っています。
</p>
```

　下の例では、alt属性に指定されたテキストが画像の代わりに使われたとき、前後の文章が上の例のようにはうまくつながりません。alt属性に指定されたテキストが、単なる画像の説明にすぎず、画像の置き換えにならないために不適切です。

●ロゴを使ったケース

　会社名をロゴで表す場合、alt属性には会社名を指定します。「ロゴ」などのテキストではないことに注意してください。

```
<h1><img src="ank.gif" alt="株式会社アンク"></h1>
```

　しかし、会社名を表すテキストの隣に会社のロゴを使う場合には、画像は補足的なものとなり、alt属性のテキストは不要です（会社名を入れてしまうと、スクリーンリーダーでは会社名が2回読み上げられることになります）。

```
<h1><img src="ank.gif" alt="">株式会社アンク</h1>
```

　また、会社のロゴのデザインを話題としている次の例では、alt属性でロゴの詳細が説明されています。

```
<p>当社のロゴマークをご覧ください。</p>
<p><img src="ank.gif" alt="当社のロゴは白地に赤い文字のデザインです。左側に少し傾き加減で大きくANKの3文字を置き、その右側に2段に分けてANK Softwareと書かれています。"> </p>
<p>シンプルですが、その分社名がわかりやすく、インパクトもあると思います。デザインの原案は…</p>
```

Sample Source
```
<body>
    <p>先月までWebサイトのトップに表示されていた画像です。</p>
    <p><img src="usa_flute.jpg" alt="ピンク色のうさぎが、座ってフルートを奏でています。"></p>
    <p>今までで一番人気でした。</p>
</body>
```

Internet Explorer

iPhone Safari

▶ ブラウザ対応表	IE9	IE8	Fx4.0	Fx3.6	Chrome11	Safari5	Opera11
	○	○	○	○	○	○	○

参照　図版とキャプションを表したい ……………… P.080
　　　画像の表示サイズを指定したい ……………… P.133
　　　イメージマップを作りたい ……………… P.135

HTML5 > EMBEDDED CONTENT 02

画像の表示サイズを指定したい

`<img src="★" width="◆" height="▲">`

★………画像ファイル名(URL)
◆………幅(ピクセル数)
▲………高さ(ピクセル数)

▶ 要素解説　　　img
img要素についてはp.130参照

　画像の表示サイズを指定するには、width属性、height属性を使います。ピクセル単位で0以上の数値を指定してください。実際のサイズと異なる数値を指定した場合は、指定した大きさに拡大／縮小して表示されます。width属性、height属性を指定しない場合は、画像本来のサイズで表示されます。

Sample Source
```html
<p>
<img src="ninjin.gif" width="183" height="114" alt="">
<img src="ninjin.gif" width="100" height="200" alt="">
</p>
```

Internet Explorer

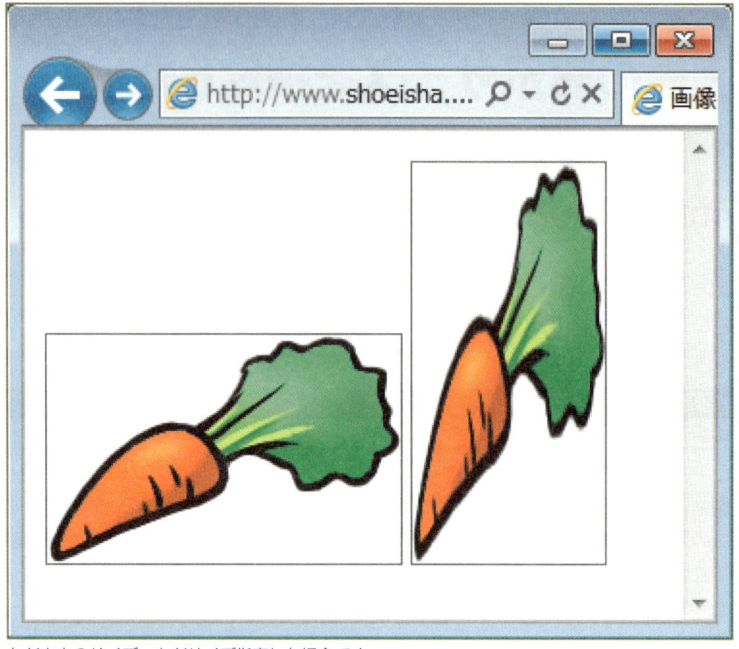

左が本来のサイズ、右がサイズ指定した場合です

iPhone Safari

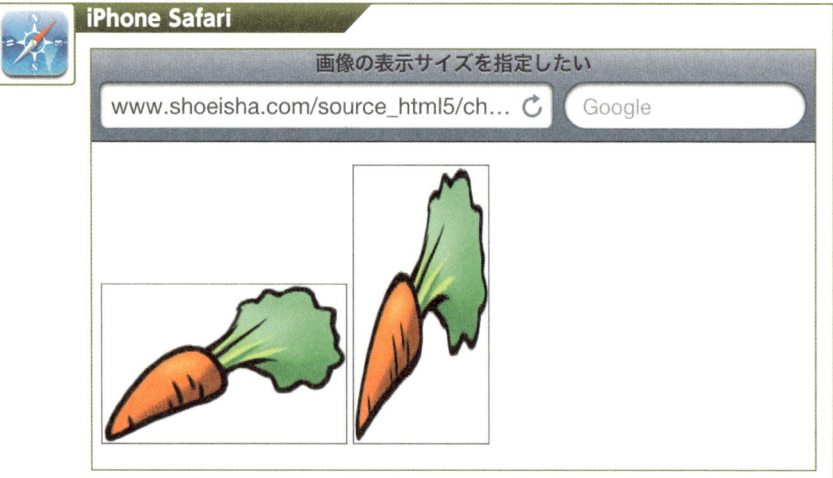

枠線はCSSで指定しています。

▶ ブラウザ対応表	IE9	IE8	Fx4.0	Fx3.6	Chrome11	Safari5	Opera11
	○	○	○	○	○	○	○

 画像を表示したい・・・・・・・・・・・・・・・・・・・・・・・・・・・・・ P.130

HTML5 > EMBEDDED CONTENT 03

イメージマップを作りたい
クライアントサイド・イメージマップ

```
<img src="★" usemap="#◆">
<map name="◆">~</map>
<area shape="▲" coords="●" href="■" alt="▼">
```

- ★………画像ファイル名(URL)
- ◆………マップ名
- ▲………default、rect、circle、poly
- ●………座標,座標,…(ピクセル数)
- ■………リンク先のURL
- ▼………画像を表すテキスト

▶要素解説　img
img要素についてはp.130参照

	map	area
カテゴリー	フロー・コンテンツ／フレージング・コンテンツのみを含む場合：フレージング・コンテンツ	フロー・コンテンツ／フレージング・コンテンツ
利用できる場所	フロー・コンテンツが期待される場所／フレージング・コンテンツのみを含む場合：フレージング・コンテンツが期待される場所	map要素内で、フレージング・コンテンツが期待される場所
コンテンツモデル	トランスペアレント	空

　イメージマップの機能を利用すると、画像の特定の領域にリンクを設定することができます。ここで説明するクライアントサイド・イメージマップはすべての処理をブラウザ側で実行するもので、img、map、area要素だけで作成できます。

img要素とmap要素
　map要素で画像をイメージマップとして定義するとともに、name属性でイメージマップに名前を付けます。そして、img要素のusemap属性にmap要素で付けたイメージマップ名を指定して、画像とイメージマップの定義を関連付けます。

area要素
　area要素は、イメージマップ上のリンク領域を定義します。map要素の中だけで利用できる要素です。
shape属性
　リンクとして定義される領域の形を、次のキーワードで指定します。この属性が省略されたときは、rectが指定されたものとみなされます。

default	全体(coords属性は指定不可)
rect	四角形
circle	円
poly	多角形

coords属性

リンク領域の座標を指定します。指定方法はshape属性で定義した形によって下記のように異なりますが、いずれも画像の端からの位置をピクセル単位で指定し、各座標はカンマ(,)で区切ります(下のColumn参照)。

rectの場合	左上のX座標，左上のY座標，右下のX座標，右下のY座標
circleの場合	中心のX座標，中心のY座標，半径
polyの場合	すべての角の座標を「X座標，Y座標」の順で指定し、最後は最初の座標と同じ値を指定し、多角形を閉じる。最低でも3組の座標(6つの整数)が必要。

shape属性の値にdefaultを指定した場合は、coords属性は指定できません。

href属性

リンク先のURLを指定します。

href属性が指定されていない場合は、リンクの無効領域を表すことになります。これは、他のarea要素でリンクが設定された領域の中に、リンクにならない範囲を設定する場合などに利用します。

alt属性

リンク領域がどのような領域であるのかを表すテキストを指定します。img要素のalt属性と同様に、画像を表示できないユーザーにも、画像を想像してリンク領域を選択できるような文章を入れてください。

area要素には、a要素やlink要素と同様に、rel属性(p.30)やtarget属性(p.86)を指定することもできます。

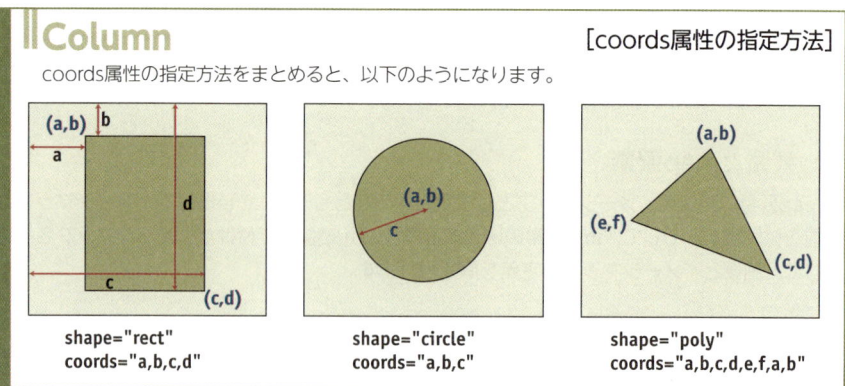

[coords属性の指定方法]

Sample Source

```
<p>
<img src="imagemap.jpg" usemap="#menumap" alt="ジーンズのタグ、黄色い花、空に浮かぶ気球の写真の3つがリンク部分として機能します。" style="border: 0;">
<map name="menumap">
    <area shape="rect" coords="80,30,320,180" href="journey_diary.html" alt="ジーンズのタグ">
    <area shape="circle" coords="115,255,70" href="guide.html" alt="黄色い花">
    <area shape="poly" coords="195,205,380,220,355,445,170,425,195,205" href="photo.html" alt="空に浮かぶ気球の写真">
</map>
</p>
```

Column　　　　　　　　　　　　　　　　　　　　　　　［サンプルソースの意味］

このサンプルソースで指定しているイメージマップは、右のような領域となります。

Column　　　　　　　　　　　　　　　　　　　　　　　［イメージマップの種類］

イメージマップには、処理の仕方によって次の2種類があります。

- **クライアントサイド・イメージマップ**
    ユーザーがクリックした領域に設定されたリンクを、ブラウザが判別し、実行します。
- **サーバーサイド・イメージマップ**
    ユーザーがクリックした領域の座標を、サーバー側に置かれたCGIプログラムに送信し、そこでリンク先の判断などの処理が行なわれます。ismap属性で画像をサーバーサイド・イメージマップとして定義し、リンク先にはサーバーサイド・イメージマップを処理するプログラムのURLを指定します。例えば次のようになります。

```
<a href="/program/map.cgi">
  <img src="map.png" ismap="ismap">
</a>
```

Internet Explorer

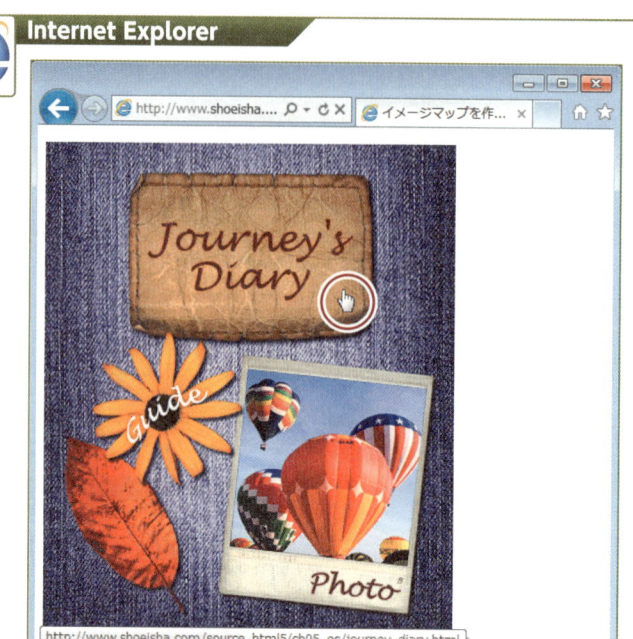

iPhone Safari

▶ ブラウザ対応表	IE9	IE8	Fx4.0	Fx3.6	Chrome11	Safari5	Opera11
	○	○	○	○	○	○	○

参照
リンクを設定したい······················· P.084
画像を表示したい························ P.130

HTML5 > EMBEDDED CONTENT 04

インライン・フレームを作りたい

`<iframe src="★" ◆>〜</iframe>`

- ★………ページのURL
- ◆………必要な属性(下記参照)

▶ 要素解説	iframe
カテゴリー	フロー・コンテンツ／フレージング・コンテンツ／埋め込みコンテンツ／インタラクティブ・コンテンツ
利用できる場所	埋め込みコンテンツが期待される場所
コンテンツモデル	テキスト

　iframe要素でインライン・フレームを作成できます。インライン・フレームとは、ウィンドウ内の特定の領域に、別のページを埋め込む形式のフレームです。

　iframe要素の中にはテキストのみ入れることができます。しかし、HTML5では、src属性で指定したページの読み込みに失敗した場合の対処法(フォールバック機能)が定義されていません。

　これまでのHTMLではiframe要素内に代替のテキストや別ページへのリンクなどを入れ、src属性で指定したページの読み込みに失敗した場合や、インライン・フレームを表示しないユーザー向けのフォールバック・コンテンツとすることができました。しかしHTML5では、iframe要素内に記述したテキストも、そうした場合に表示させるフォールバック・コンテンツとしては扱われないので注意してください。

src属性
　フレーム内に埋め込むページのURLを指定します。

name属性
　フレームの名前を指定します。この名前をa要素のtarget属性で参照すれば、リンクを使って複数のページを読み込ませることができます。

width属性／height属性
　フレームの横幅と高さをピクセル単位で指定します。

Sample Source

```html
<body>
<p>イタリア語で「蝶」という意味のパスタはどれでしょう？</p>
<ul>
    <li><a href="conchiglie.html" target="answer">コンキリエ</a></li>
    <li><a href="linguine.html" target="answer">リングイネ</a></li>
    <li><a href="farfalle.html" target="answer">ファルファッレ</a></li>
    <li><a href="tagliatelle.html" target="answer">タリアテッレ</a></li>
</ul>
<iframe src="a-index.html" name="answer" width="300" height="150"></iframe>
</body>
```

Internet Explorer

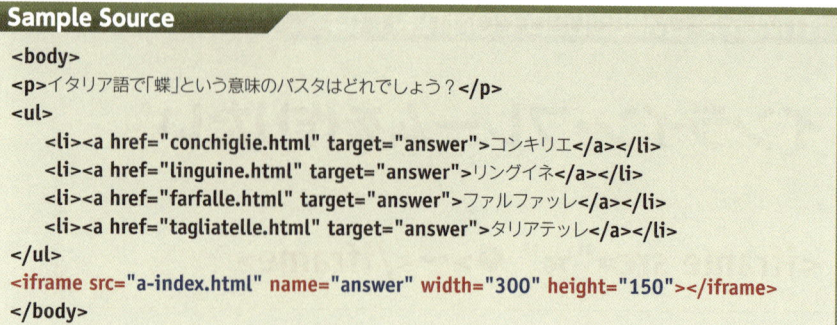

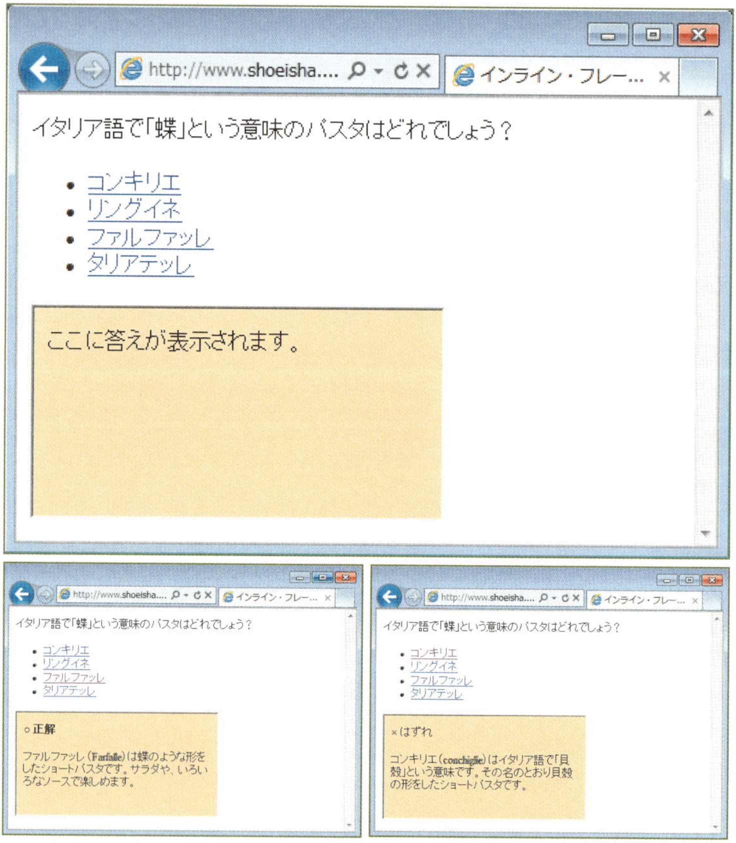

ページを読み込むと、インライン・フレームにはsrc属性で指定したa-index.htmlが表示されます。
各リンクをクリックすると、それぞれhref属性で指定したhtmlファイルがフレームに表示されます。

iPhone Safari

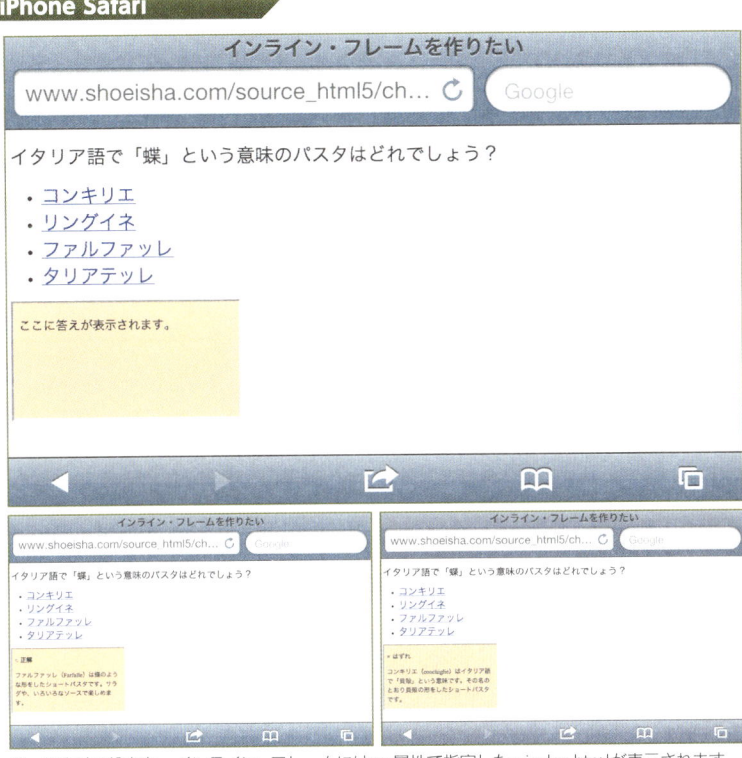

ページを読み込むと、インライン・フレームにはsrc属性で指定したa-index.htmlが表示されます。各リンクをクリックすると、それぞれhref属性で指定したhtmlファイルがフレームに表示されます。

ブラウザ対応表	IE9	IE8	Fx4.0	Fx3.6	Chrome11	Safari5	Opera11
	○	○	○	○	○	○	○

インライン・フレームを作りたい | 141

HTML5 > EMBEDDED CONTENT 05

プラグインを利用したい

新しい要素 embed要素

```
<embed src="★" width="▲"
 height="●" type="◆">
```

- ★………コンテンツのURL
- ▲………プラグイン領域の横幅（ピクセル数）
- ●………プラグイン領域の高さ（ピクセル数）
- ◆………コンテンツのMIMEタイプ

▶要素解説	embed
カテゴリー	フロー・コンテンツ／フレージング・コンテンツ／埋め込みコンテンツ／インタラクティブ・コンテンツ
利用できる場所	埋め込みコンテンツが期待される場所
コンテンツモデル	空

プラグインで再生するコンテンツをHTML文書に埋め込むには、embed要素を使用します。

src属性
　埋め込むコンテンツのURLを指定します。

type属性
　埋め込むコンテンツのMIMEタイプを指定します。

width／height属性
　プラグイン領域の横幅と高さをピクセル単位で指定します。

Sample Source

```
<body>
<embed src="welcome.swf" width="400" height="320"
type="application/x-shockwave-flash">
</body>
```

Internet Explorer

Firefox

Column　　　　　　　　　　　　　[ブラウザの独自拡張要素だったembed要素]

　HTML5で追加されたembed要素は、まったく新しい要素というわけではありません。もともとは、Netscape Navigatorが独自に拡張した要素が、他のブラウザでもサポートされるようになったものです。HTML4.01やXHTML1.0の仕様では、object要素（p.144）でプラグインを埋め込むよう規定されています。しかし、このobject要素には古いブラウザが対応していないという問題があり、実際のWeb制作ではembed要素（またはembed要素とobject要素を併記する手法）が長く使われてきました。このような経緯から、HTML5の仕様では、embed要素が正式に取り入れられることになったのです。
　また、プラグインが利用できない場合に代わりに表示するコンテンツは、noembed要素で指定していましたが、こちらはHTML5仕様には取り入れられていないので注意してください。

▶ブラウザ対応表	IE9	IE8	Fx4.0	Fx3.6	Chrome11	Safari5	Opera11
	○	○	○	○	○	○	○

iPhoneはFlashに対応していません

　さまざまな形式のコンテンツを埋め込みたい‥P.144

HTML5 > EMBEDDED CONTENT 06

さまざまな形式のコンテンツを埋め込みたい

<object ★>〜</object>

★………必要な属性(下記参照)

▶要素解説	object
カテゴリー	フロー・コンテンツ／フレージング・コンテンツ／埋め込みコンテンツ／usemap属性がある場合：インタラクティブ・コンテンツ／フォーム関連要素
利用できる場所	埋め込みコンテンツが期待される場所
コンテンツモデル	0個以上のparam要素に続き、トランスペアレント

　object要素は、画像、動画や音声のようにプラグインで再生するコンテンツ、他のHTML文書など、さまざまな外部コンテンツ(オブジェクト)を文書中に埋め込むことのできる、汎用的な要素です。

　なお、object要素の中に入れたコンテンツは、object要素に対応していないブラウザや、指定されたコンテンツを扱えない場合のフォールバック・コンテンツ(代替のコンテンツ)として機能します。

data属性
埋め込むコンテンツのURLを指定します。

type属性
埋め込むコンテンツのMIMEタイプを指定します。

name属性
　object要素を使って別のHTML文書を埋め込むと、iframe要素のように新たに文書を表示させる領域が作成されます。name属性はこの領域に名前をつけます。この名前をa要素のtarget属性で参照すれば、リンク先のコンテンツがobject要素のコンテンツとして表示されるようになります。

```
<object data="map1.html" type="text/html" name="location"></object>
<p><a href="map2.html" target="location">所在地</a></p>
```

usemap属性 新しい属性
　埋め込むコンテンツがクライアントサイド・イメージマップに関連付けられていることを表します。usemap属性には、map要素で付けたイメージマップ名を指定します。クライアントサイド・イメージマップについては、p.137を参照してください。

form属性 新しい属性
　object要素はフォーム関連要素にもなることができます。form属性に、関連付けるform要素のid属性の値を指定してください。通常、フォームを構成する各コントロール(部品)は、form要素の中に入れる必要があります。しかし、この属性を指定することで、object要素の

中にあるフォームの部品が、関連付けられたform要素の部品として機能するようになります。

width属性／height属性

埋め込むコンテンツの横幅と高さをピクセル単位で指定します。

Sample Source

```html
<body>
<object data="usa.png" type="image/png">
    <img src="usa.gif" alt="ピンクのうさぎが立っています。">
</object>
</body>
```

Internet Explorer

iPhone Safari

▶ ブラウザ対応表	IE9	IE8	Fx4.0	Fx3.6	Chrome11	Safari5	Opera11
	○	○	○	○	○	○	○

参照　プラグインを利用したい･･････････････ P.142
　　　プラグインのパラメータを指定したい･･････ P.146

さまざまな形式のコンテンツを埋め込みたい | 145

HTML5 > EMBEDDED CONTENT 07

プラグインのパラメータを指定したい

`<param name="★" value="◆">`

★………パラメータの名前
◆………パラメータの値

▶ 要素解説	param
カテゴリー	なし
利用できる場所	object要素の子要素として（ただし、どのフロー・コンテンツよりも前）
コンテンツモデル	空

　param要素は、object要素（p.144）で埋め込むプラグインが初期値とするパラメータを定義する要素です。name属性でパラメータの名前を、value属性でその値を指定してください。どちらの属性も必須です。

　param要素はobject要素の中でのみ使用できます。また、object要素の中で最初に配置し、object要素のフォールバック・コンテンツ（代替のコンテンツ）はparam要素の後に配置する必要があります。

Sample Source
```
<body>
<object data="welcome.swf" type="application/x-shockwave-flash" width="400" height="320">
    <param name="allowScriptAccess" value="sameDomain">
    <param name="allowFullScreen" value="false">
    <param name="movie" value="welcome.swf">
    <param name="quality" value="high">
    <param name="bgcolor" value="#ffffff">
    <p>このコンテンツをご覧になるにはFlashプレーヤーが必要です。</p>
</object>
</body>
```

Internet Explorer

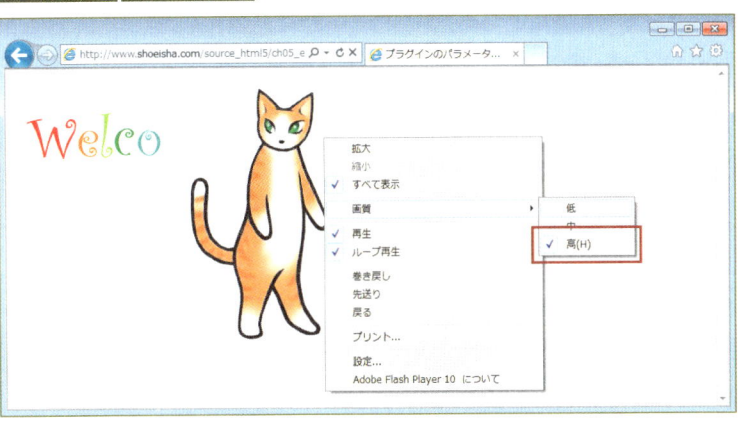

Firefox

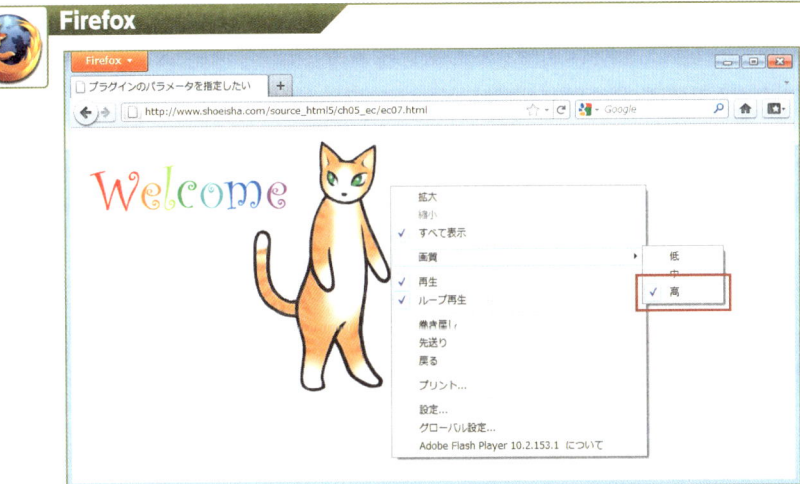

param要素で指定した画質（quality）の値「高（high）」が設定されています。

▶ ブラウザ対応表	IE9	IE8	Fx4.0	Fx3.6	Chrome11	Safari5	Opera11
	○	○	○	○	○	○	○

iPhoneはFlashに対応していません

 さまざまな形式のコンテンツを埋め込みたい… P.144

プラグインのパラメータを指定したい | 147

HTML5 > EMBEDDED CONTENT 08

ビデオを再生したい

新しい要素 video要素

<video ★>〜</video>

★………必要な属性(下記参照)

▶ 要素解説	video
カテゴリー	フロー・コンテンツ／フレージング・コンテンツ／埋め込みコンテンツ／control属性がある場合：インタラクティブ・コンテンツ
利用できる場所	埋め込みコンテンツが期待される場所
コンテンツモデル	src属性がある場合：トランスペアレント(ただし、この要素の中に別のvideo要素やaudio要素を入れることは不可)／src属性がない場合：1個以上のsource属性に続き、トランスペアレント(ただし、この要素の中に別のvideo要素やaudio要素を入れることは不可)

video要素を指定すると、プラグインを使わずにビデオを再生できます。

video要素の中には、古いブラウザのようにvideo要素に対応していないブラウザへの、フォールバック・コンテンツ(代替のコンテンツ)を入れることができます。

src属性

ビデオ・ファイルのURLを指定します。複数のビデオ・ファイルを指定したい場合は、video要素のsrc属性ではなく、source要素(p.154)のsrc属性を使用してください。

poster属性

ビデオが再生可能になるまでの間に表示させたい画像(ポスター・フレーム)のURLを指定します。再生するビデオがどのようなものか、イメージできる画像を使用してください。

preload属性

ブラウザに対し、データを事前にダウンロードしておくべきかどうかの目安を指定します。指定できる値は次の通りです。

none	なし
metadata	メタデータのみ
auto	自動
空文字	preload=""と指定した場合は、autoとして処理される

autoplay属性

この属性を指定すると、ビデオ再生の準備が整い次第、自動的に再生が開始されるようになります。「autoplay」「auto="autoplay"」「autoplay=""」のいずれかの形式で指定します。

loop属性

この属性を指定すると、ビデオがループ(繰り返し)再生されるようになります。「loop」「loop="loop"」「loop=""」のいずれかの形式で指定します。

controls属性

この属性を指定すると、ビデオの再生や停止などのコントロールが表示されるようになります。「controls」「controls="controls"」「controls=""」のいずれかの形式で指定します。コントロールの形状やコントロールを常に表示するか、マウスカーソルなどがビデオの上にある場合に表示するかなどは、ブラウザによって異なります。

width属性/height属性

ビデオが表示される領域の横幅と高さをピクセル単位で指定します。ビデオ・ファイルの縦横の比率と同じ比率で指定してください。比率が異なると、何もない領域ができることになります。これらの属性が指定されていない場合は、ビデオ・ファイル本来のサイズで表示されます。

Sample Source（mp4形式の場合） ※IE、Chrome、Safari用

```
<body>
<video src="sample_video.mp4" autoplay controls>
<p>ご利用のブラウザでは再生できません。
<a href="sample_video.mp4">ファイル</a>をダウンロードしてください。</p>
</video>
</body>
```

Sample Source（ogg形式の場合） ※Firefox、Chrome、Opera用

```
<body>
<video src="sample_video.ogg" autoplay controls>
<p>ご利用のブラウザでは再生できません。
<a href="sample_video.ogg">ファイル</a>をダウンロードしてください。</p>
</video>
</body>
```

Column ［video要素のメリットと問題点］

これまで、Webページ上でビデオを再生するにはAdobe FlashやQuickTimeなどのプラグインが必要でしたが、video要素に対応したブラウザでは、そういったプラグインを使わずにビデオを再生・視聴できるようになります。これにより、ユーザーは、プラグインをインストールしたりアップデートする手間が不要になります。Web制作者にとっては、プラグインに依存しないため、CSSやJavaScriptを利用してビデオを制御できるというメリットが生じます。

しかし、ビデオ・ファイルの形式（ビデオ・コーデック）にはさまざまなものがあり、現在のところHTML5の仕様では標準のビデオ・コーデックが規定されていません。ブラウザによってサポートするビデオ・コーデックも異なるため、Web制作者がvideo要素を使う場合には、各ブラウザ向けに複数のビデオ・ファイルを用意するなどの配慮も必要です。複数のビデオ・ファイルを指定するには、video要素のsrc属性ではなく、source要素（p.154）を使用します。

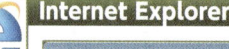

 **Internet Explorer**

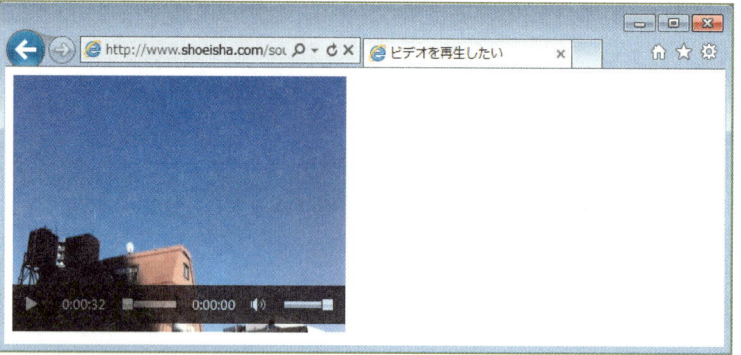

Opera

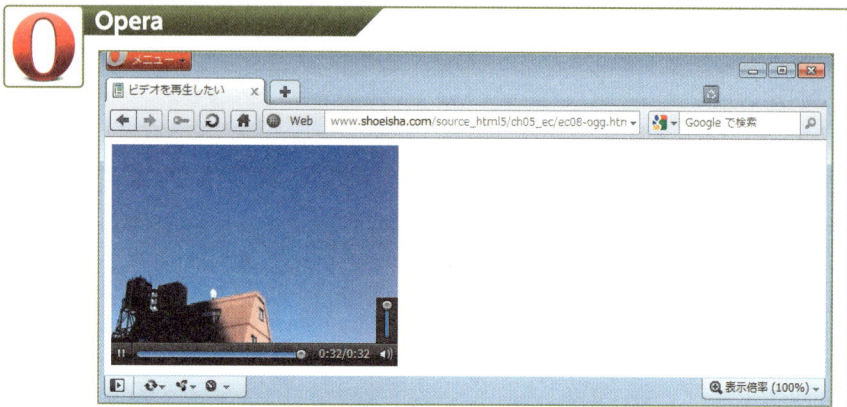

iPhone Safari

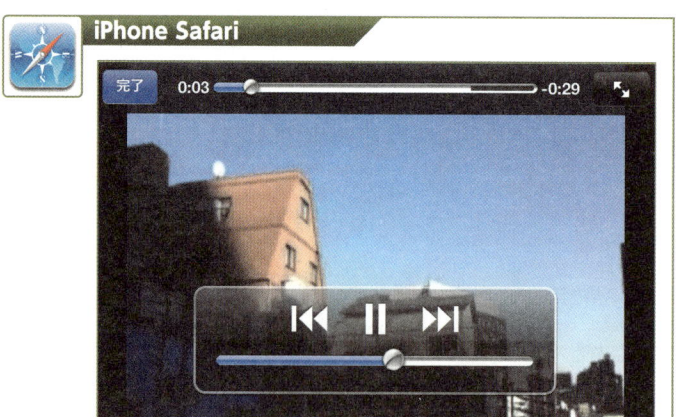

▶ ブラウザ対応表	IE9	IE8	Fx4.0	Fx3.6	Chrome11	Safari5	Opera11
	○	×	○	○	○	○	○

参照　音声ファイルを再生したい・・・・・・・・・・・・・・・・・ P.151
　　　再生するファイルを複数指定したい・・・・・・・・・ P.154

HTML5 > EMBEDDED CONTENT 09

音声ファイルを再生したい

新しい要素 audio要素

<audio ★>〜</audio>

★………必要な属性（下記参照）

▶ 要素解説	audio
カテゴリー	フロー・コンテンツ／フレージング・コンテンツ／埋め込みコンテンツ／controls属性がある場合：インタラクティブ・コンテンツ
利用できる場所	埋め込みコンテンツが期待される場所
コンテンツモデル	src属性がある場合：トランスペアレント（ただし、この要素の中に別のvideo要素やaudio要素を入れることは不可）／src属性がない場合：1個以上のsource属性に続き、トランスペアレント（ただし、この要素の中に別のvideo要素やaudio要素を入れることは不可）

　audio要素を指定すると、プラグインを使わずに音声を再生できます。
　audio要素の中には、古いブラウザのようにaudio要素に対応していないブラウザへのフォールバック・コンテンツ（代替のコンテンツ）を入れることができます。

src属性
　音声ファイルのURLを指定します。複数の音声ファイルを指定したい場合は、audio要素のsrc属性ではなく、source要素（p.154）のsrc属性を使用してください。

preload属性
　ブラウザに対し、データを事前にダウンロードしておくべきかどうかの目安を指定します。指定できる値は次の通りです。

none	なし
metadata	メタデータのみ
auto	自動
空文字	preload=""と指定した場合は、autoとして処理される

autoplay属性
　この属性を指定すると、音声ファイル再生の準備が整い次第、自動的に再生が開始されるようになります。「autoplay」「auto="autoplay"」「autoplay=""」のいずれかの形式で指定します。

loop属性
　この属性を指定すると、音声がループ（繰り返し）再生されるようになります。「loop」「loop="loop"」「loop=""」のいずれかの形式で指定します。

controls属性
　この属性を指定すると、音声ファイルの再生や停止などのコントロールが表示されるようになります。「controls」「controls="controls"」「controls=""」のいずれかの形式で指定します。コントロールの形状は、ブラウザによって異なります。

Sample Source（wav形式の場合） ※Firefox、Safari、Opera用

```
<body>
<audio src="sample_audio.wav" autoplay controls>
<p>ご利用のブラウザでは再生できません。<a href="sample_audio.wav">ファイル</a>をダウンロードしてください。</p>
</audio>
</body>
```

Sample Source（ogg形式の場合） ※Firefox、Chrome、Opera用

```
<body>
<audio src="sample_audio.ogg" autoplay controls>
<p>ご利用のブラウザでは再生できません。<a href="sample_audio.ogg">ファイル</a>をダウンロードしてください。</p>
</audio>
</body>
```

IE9のサポート形式はaacとmp3なので、このサンプルは動作しません

Column ［audio要素のメリットと問題点］

　これまで、Webページ上で音声を再生するにはAdobe Flashなどのプラグインが必要でしたが、audio要素に対応したブラウザでは、そういったプラグインを使わずに音声を再生・視聴できるようになります。これにより生じるメリットや問題点などは、video要素（p.148）とほぼ同様ですので、そちらを参照してください。

Google Chrome

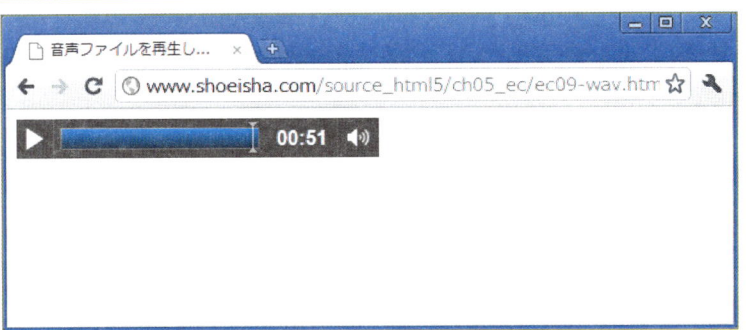

Opera

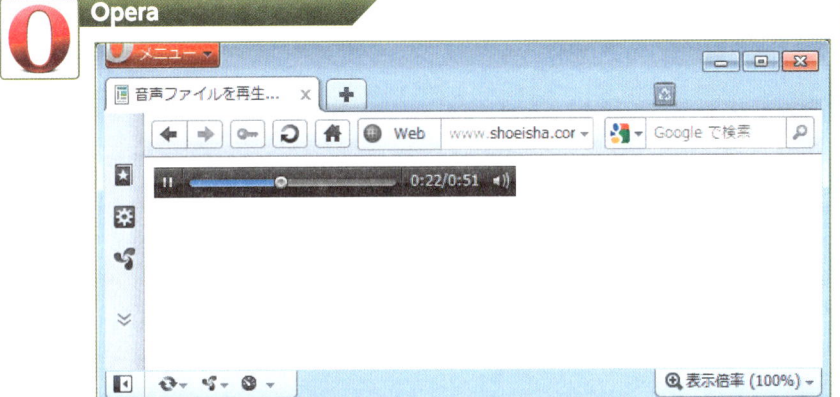

iPhone Safari

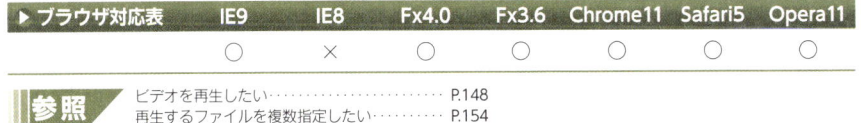

▶ ブラウザ対応表	IE9	IE8	Fx4.0	Fx3.6	Chrome11	Safari5	Opera11
	○	×	○	○	○	○	○

参照　ビデオを再生したい‥‥‥‥‥‥‥‥‥‥‥ P.148
　　　再生するファイルを複数指定したい‥‥‥‥ P.154

HTML5 > EMBEDDED CONTENT 10

再生するファイルを複数指定したい

新しい要素 source要素

```
<source src="★" ◆>
```

★………ファイルのURL
◆………type="ファイルのMIMEタイプ"
　　　　media="対象メディア"

▶ 要素解説	source
カテゴリー	なし
利用できる場所	video要素またはaudio要素の子要素として（ただし、どのフロー・コンテンツよりも前）
コンテンツモデル	空

　source要素は、video要素（p.148）やaudio要素（p.151）で再生するメディア・ファイルを複数指定するための要素です。video要素やaudio要素の中でのみ、使用できます。
　video要素やaudio要素のsrc属性では、ファイルを1つしか指定できませんが、source要素を使用すれば、複数のメディア・ファイルを指定することができるようになります。ブラウザは、指定されたファイルを上から順番にチェックしていき、再生可能なファイルが見つかった時点でファイルを再生します。その場合、それ以降のsource要素は無視されます。
　現在のところ、ブラウザによって対応するメディア・ファイルの形式が異なるため、1つのメディア・ファイルを指定しただけでは、再生できるブラウザが限定されてしまいます。しかし、各ブラウザが対応する形式のファイルを用意し、それぞれをsource要素で指定しておけば、多くのブラウザに対応できるようになります。
　また、video要素やaudio要素に対応していないブラウザへのフォールバック・コンテンツ（代替のコンテンツ）は、source要素の後に記述する必要があります。

src属性
　メディア・ファイルのURLを指定します。この属性は必須です。
type属性
　メディア・ファイルのMIMEタイプを指定します。
media属性
　source要素に指定されたメディア・ファイルを、どのメディアに適用するのかを指定します。例えば、PC画面であれば「screen」、テレビであれば「tv」のように指定します。デフォルトの値は「all」です。そのため、media属性が省略されたときは、すべてのメディアに同じメディア・ファイルが適用されます。

Sample Source

```
<video autoplay controls>
    <source src="sample_video.mp4" type="video/mp4">
    <source src="sample_video.ogg" type="video/ogg">
    <p>ご利用のブラウザでは再生できません。動画ファイルを<a href="sample_video.mp4">ダウンロード</a>してください。</p>
</video>
```

Google Chrome

Internet Explorer

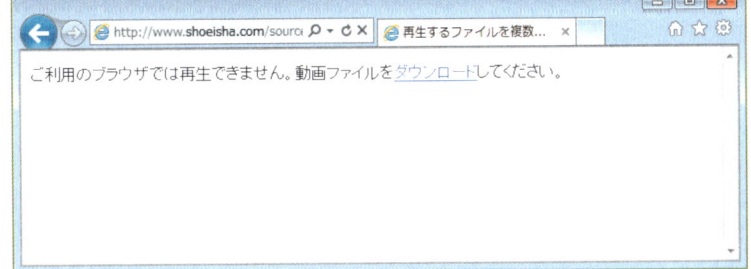

IE8(画面はIE9のIE8表示モード)など、対応していないブラウザでは、フォールバック・コンテンツが表示されます。

ブラウザ対応表	IE9	IE8	Fx4.0	Fx3.6	Chrome11	Safari5	Opera11
	○	×	○	○	○	○	○

ビデオを再生したい・・・・・・・・・・・・・・・・・・・・・・・ P.148
音声ファイルを再生したい・・・・・・・・・・・・・・・・ P.151

HTML5 > EMBEDDED CONTENT 11

スクリプトを使って図を描きたい

新しい要素 canvas要素

`<canvas ★>～</canvas>`

★………width="描画する領域の横幅"(ピクセル数)
　　　　height="描画する領域の高さ"(ピクセル数)

▶ 要素解説	canvas
カテゴリー	フロー・コンテンツ／フレージング・コンテンツ／埋め込みコンテンツ
利用できる場所	埋め込みコンテンツが期待される場所
コンテンツモデル	トランスペアレント

　canvas要素は、スクリプトを使って図を描くための要素です。例えば、グラフ、ゲームの画像、簡単なアニメーションなどをWebページ上で動的に描くことができます。

　ただし、canvas要素はその場所にスクリプトで図を描くよう指定する意味しか持ちません。実際に描く内容は、JavaScriptなどのスクリプトで別途作成します。そのため、canvas要素の中には、canvas要素に対応していないブラウザやスクリプトの実行を無効にしているブラウザへのフォールバック・コンテンツ（代替のコンテンツ）を入れてください。

　これまでWebページ上で動的に図を描くには、Adobe Flashなどのプラグインが必要でしたが、canvas要素に対応したブラウザではスクリプトだけで図が表現できるようになります。

　なお、canvas要素は、動的に図を変化させる必要がある場合に使います。変化させる必要のない図であればimg要素やobject要素、ページの装飾であればCSSが適しています。他に適切な手段がないかを検討したうえで、canvas要素を利用するようにしてください。

width属性／height属性

　描画する領域の横幅と高さをピクセル単位で指定します。これらの属性が指定されていない場合は、横幅300ピクセル、高さ150ピクセルとして処理されます。

Sample Source

```
<head>
<meta charset="UTF-8">
<title>スクリプトを使って図を描きたい</title>
<script type="text/javascript">
var ctx;
var canvasW;
var canvasH;
// 円の進行方向・距離(x)
var x = 3;
// 円の進行方向・距離(y)
```

```
var y = 3;
// 円の半径
var radius = 30;
// 円の中心のx座標
var arcX = radius;
// 円の中心のy座標
var arcY = radius;
// 円の描画色
var colors = new Array("rgb(255, 0, 0)", "rgb(0, 255, 0)", "rgb(0, 0, 255)", "rgb(255, 255, 0)", "rgb(0, 255, 255)");
var currentColor = 0;
onload = function() {
    ctx = document.getElementById("canvas1").getContext("2d");
    canvasW = document.getElementById("canvas1").width;
    canvasH = document.getElementById("canvas1").height;
    exec();
}
function exec() {
    arcX += x;
    arcY += y;
    // canvasをクリアする
    ctx.clearRect(0, 0, canvasW, canvasH);
    // 円を描画する
    ctx.beginPath();
    ctx.fillStyle = colors[currentColor];
    ctx.arc(arcX, arcY, radius, 0, Math.PI * 2, false);
    ctx.fill();
    if (arcX <= radius || arcX > canvasW - radius) {
        // 円の進行方向(x)を変更する
        x = -x;
        // 円の色を変更する
        currentColor++;
        if (currentColor >= colors.length) { currentColor = 0; }
    }
    if (arcY <= radius || arcY > canvasH - radius) {
        // 円の進行方向(y)を変更する
        y = -y;
        // 円の色を変更する
        currentColor++;
        if (currentColor >= colors.length) { currentColor = 0; }
    }
    setTimeout(exec, 10);
}
</script>
</head>
<body>
<canvas id="canvas1" width="800" height="300"></canvas>
</body>
```

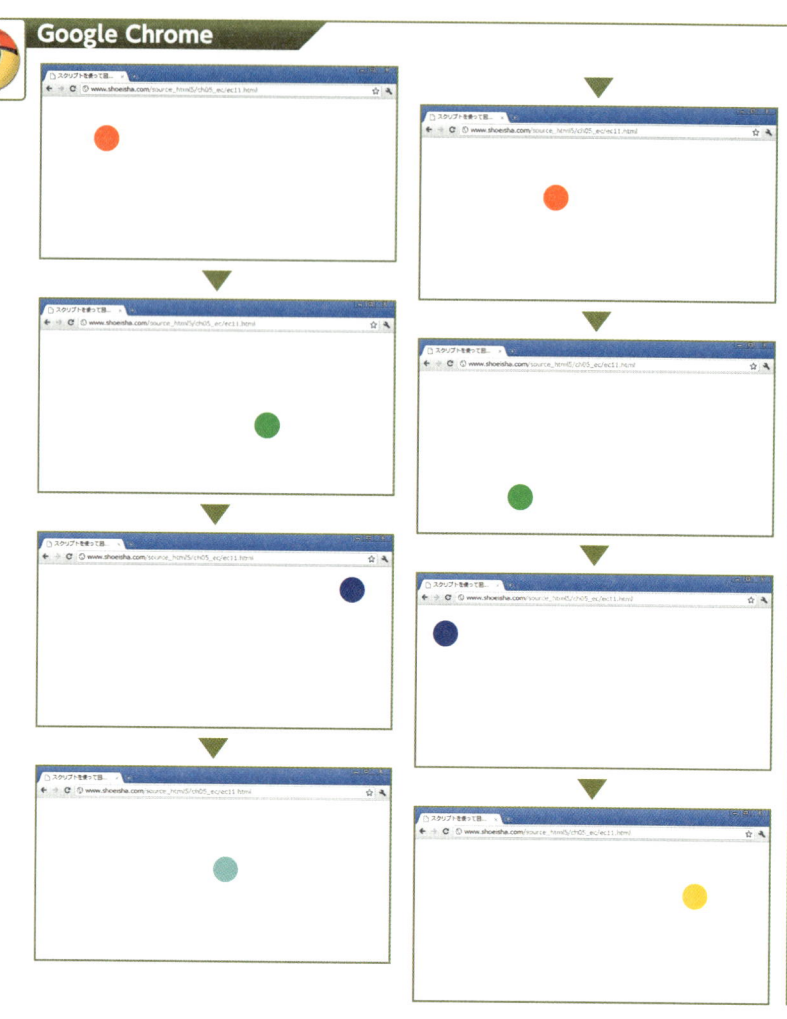

iPhone Safari

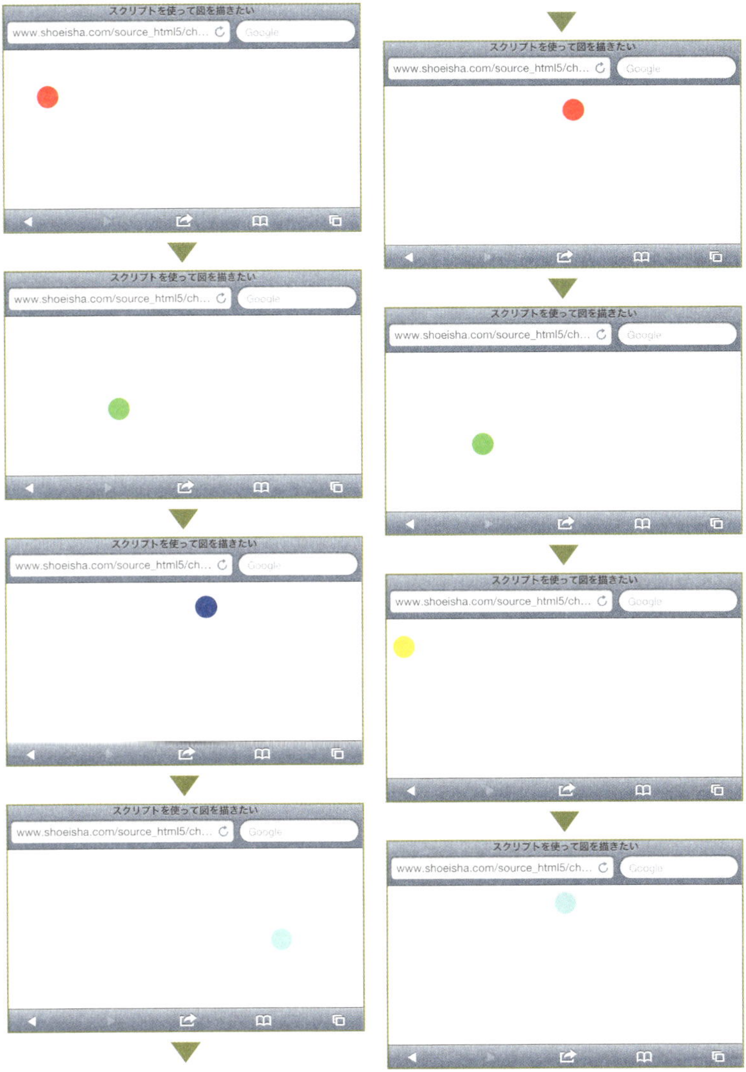

ブラウザ対応表	IE9	IE8	Fx4.0	Fx3.6	Chrome11	Safari5	Opera11
	○	×	○	○	○	○	○

参照　スクリプトを使いたい ……………… P.040

スクリプトを使って図を描きたい 新しい要素 canvas要素 | 159

HTML5 > TABLE 01

表(テーブル)を作りたい

<table>~</table> 表
<tr>~</tr> 行
<td>~</td> セル

▶要素解説	table	tr	td
カテゴリー	フロー・コンテンツ	なし	セクショニング・ルート
利用できる場所	フロー・コンテンツが利用できる場所	thead要素、tbody要素、tfoot要素、table要素の子要素として(ただし、table要素の子要素として配置する場合は、caption要素、colgroup要素、thead要素の後。また、この場合、tbody要素の使用は不可)	tr要素の子要素として
コンテンツモデル	次の順で各要素を入れる ①caption要素を1個(任意)、 ②colgroup要素を0個以上、 ③thead要素を1個(任意)、 ④tfoot要素を1個(任意)、 ⑤tbody要素を1個以上、またはtr要素を1個以上、 ⑥tfoot要素を1個(任意)(ただし、tfoot要素はtable要素内で1つのみ)	親要素がthead要素の場合:th要素を0個以上/そうでない場合:th要素、またはtd要素を0個以上	フロー・コンテンツ

基本的な表(テーブル)は、table要素、tr要素、td要素で作成します。

table要素は、その範囲が表であることを表します。表を構成する要素をはさむように最初と最後に配置します。

tr要素は、行を表します。横1列分のデータの最初と最後に配置します。

td要素は、表に含まれる個々のセルを表します。セルに入るデータをこの要素の中に記述します。

なお、以前は表(テーブル)を利用したコンテンツの配置が、Web制作のテクニックとしてしばしば使われていました。HTML5では、レイアウトのためにテーブルを使用することは認められていません。レイアウトには、CSSを使うようにしてください。

Sample Source

```
<body>
<table>
    <tr><td>右近支店</td><td>右近市右町1-2-3</td><td>10:00-20:00</td></tr>
    <tr><td>左川支店</td><td>左川市左が丘45</td><td>10:00-20:00</td></tr>
```

```
    <tr><td>中尾支店</td><td>中尾市中丸67-8</td><td>10:00-19:00</td></tr>
</table>
</body>
```

Internet Explorer

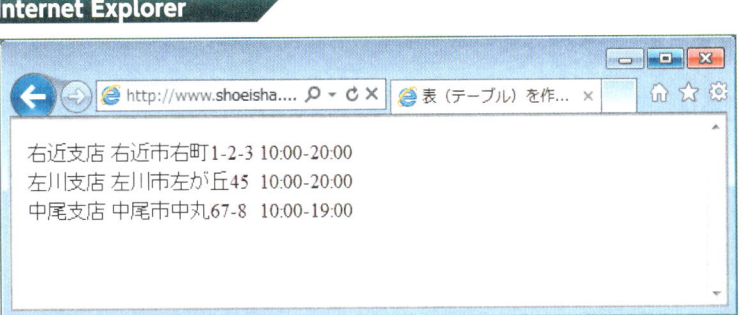

iPhone Safari

▶ブラウザ対応表	IE9	IE8	Fx4.0	Fx3.6	Chrome11	Safari5	Opera11
	○	○	○	○	○	○	○

参照
行や列に見出しを付けたい・・・・・・・・・・・・・・・・・ P.162
キャプションを付けたい・・・・・・・・・・・・・・・・・・・・ P.164
行をグループ化したい・・・・・・・・・・・・・・・・・・・・ P.170

HTML5 > TABLE 02

行や列に見出しを付けたい

<th>〜</th>

▶ 要素解説	th
カテゴリー	なし
利用できる場所	tr要素の子要素として
コンテンツモデル	フレージング・コンテンツ

行や列の見出し（ヘッダ・セル）はth要素で表します。
見出しに指定されたテキストは、一般的には太字で、セル内でセンタリングされて表示されます。

Sample Source

```
<body>
<table>
    <tr><th>店舗</th><th>住所</th><th>営業時間</th></tr>
    <tr><td>右近店</td><td>右近市右町1-2-3</td><td>10:00-20:00</td></tr>
    <tr><td>左川店</td><td>左川市左が丘45</td><td>10:00-20:00</td></tr>
    <tr><td>中尾店</td><td>中尾市中丸67-8</td><td>10:00-19:00</td></tr>
</table>
</body>
```

Internet Explorer

iPhone Safari

枠線はCSSで指定しています。

▶ ブラウザ対応表	IE9	IE8	Fx4.0	Fx3.6	Chrome11	Safari5	Opera11
	○	○	○	○	○	○	○

表(テーブル)を作りたい・・・・・・・・・・・・・・・・・・ P.160

HTML5 > TABLE 03

キャプションを付けたい

`<caption>`〜`</caption>`

▶ 要素解説	caption
カテゴリー	なし
利用できる場所	table要素の最初の子要素として
コンテンツモデル	フロー・コンテンツ（ただし、table要素を入れることは不可）

　表のキャプション（タイトル）や説明文は、caption要素で表します。table要素の直後に1つだけ入れることができます。

　ただし、figure要素の中にtable要素のみを入れた場合は、caption要素ではなくfigcaption要素（p.80）でキャプションを付けてください。

Sample Source
```
<table>
    <caption>店舗のご案内</caption>
        <tr><th>店舗</th><th>住所</th><th>営業時間</th></tr>
        <tr><td>右近店</td><td>右近市右町1-2-3</td><td>10:00-20:00</td></tr>
        <tr><td>左川店</td><td>左川市左が丘45</td><td>10:00-20:00</td></tr>
        <tr><td>中尾店</td><td>中尾市中丸67-8</td><td>10:00-19:00</td></tr>
</table>
```

Internet Explorer

iPhone Safari

▶ ブラウザ対応表	IE9	IE8	Fx4.0	Fx3.6	Chrome11	Safari5	Opera11
	○	○	○	○	○	○	○

 表(テーブル)を作りたい・・・・・・・・・・・・・・・・・・・ P.160

HTML5 > TABLE 04

列をグループ化したい

<colgroup span="★">〜</colgroup>

★………グループ化する列数

▶要素解説	colgroup
カテゴリー	なし
利用できる場所	table要素の子要素として（ただし、caption要素より後で、thead、tbody要素、tfoot要素、tr要素よりも前）
コンテンツモデル	span属性がある場合：空／span属性がない場合：col要素を0個以上

　colgroup要素は、表の縦列をグループ化し、意味的なまとまりを作成する要素です。グループ化する列の数はspan属性で指定します。
　また、colgroup要素の中にはcol要素（p.168）のみを入れることができます。ただし、colgroup要素にspan属性が指定されている場合は、その中にcol要素を入れることはできません。

span属性
　グループ化する列数を1以上の整数で指定します。この要素は、colgroup要素の中にcol要素がない場合にのみ、指定できます。

Sample Source
```html
<body>
<table>
    <colgroup span="1" class="shop"></colgroup>
    <colgroup span="2" class="detail"></colgroup>
        <tr><td>右近店</td><td>右近市右町1-2-3</td><td>10:00-20:00</td></tr>
        <tr><td>左川店</td><td>左川市左が丘45</td><td>10:00-20:00</td></tr>
        <tr><td>中尾店</td><td>中尾市中丸67-8</td><td>10:00-19:00</td></tr>
</table>
</body>
```

Internet Explorer

iPhone Safari

セルの背景色はCSSで指定しています。

▶ブラウザ対応表	IE9	IE8	Fx4.0	Fx3.6	Chrome11	Safari5	Opera11
	○	○	○	○	○	○	○

 列を表したい・・・・・・・・・・・・・・・・・・・・・・・・・・・・・・・・・ P.168

HTML5 > TABLE 05

列を表したい

<col span="★">

★………列数

▶ 要素解説	col
カテゴリー	なし
利用できる場所	span属性が指定されていないcolgroup要素の子要素として
コンテンツモデル	空

　col要素は、colgroup要素に含まれる縦列を表します。span属性で列数を指定します。
　これにより、表内の複数の列数に対してまとめてCSSを適用したり、汎用属性を指定したりできるようになります。
　col要素はcolgroup要素の中でのみ使用できます。ただし、colgroup要素にspan属性が指定されている場合は、その中にcol要素を入れることはできません。

span属性
　まとめる列数を1以上の整数で指定します。

Sample Source

```html
<body>
<table>
  <colgroup span="1" class="shop"></colgroup>
  <colgroup>
    <col span="1" class="address">
    <col span="2" class="time">
  </colgroup>
    <tr><th>店舗</th><th>住所</th><th>営業時間</th><th>定休日</th></tr>
    <tr><td>右近店</td><td>右近市右町1-2-3</td><td>10:00-20:00</td><td>火曜</td></tr>
    <tr><td>左川店</td><td>左川市左が丘45</td><td>10:00-20:00</td><td>不定休</td></tr>
    <tr><td>中尾店</td><td>中尾市中丸67-8</td><td>10:00-19:00</td><td>火曜</td></tr>
</table>
</body>
```

Internet Explorer

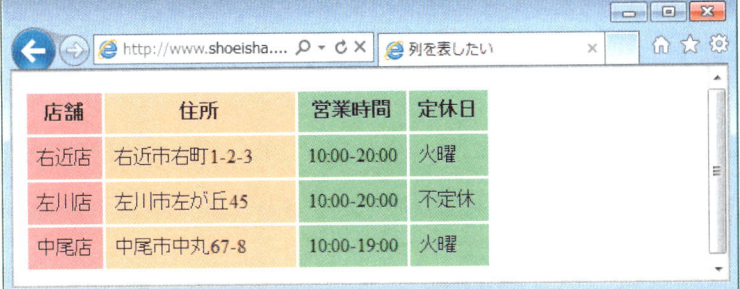

iPhone Safari

セルの背景色はCSSで指定しています。

▶ ブラウザ対応表	IE9	IE8	Fx4.0	Fx3.6	Chrome11	Safari5	Opera11
	○	○	○	○	○	○	○

 列をグループ化したい･････････････････････P.166

HTML5 > TABLE 06

行をグループ化したい

<thead>～</thead> ヘッダ部分
<tbody>～</tbody> 本体部分
<tfoot>～</tfoot> フッタ部分

▶ 要素解説	thead	tbody	tfoot
カテゴリー	なし	なし	なし
利用できる場所	table要素の子要素として1個だけ（ただし、caption要素、colgroup要素の後で、tbody要素、tfoot要素、tr要素の前）	table要素の子要素として（ただし、caption要素、colgroup要素、thead要素の後。また、この要素を使用する場合、tr要素をtable要素の直接の子要素として入れることは不可）	table要素の子要素として1個だけ（ただし、caption要素、colgroup要素、thead要素の後で、tbody要素、tr要素の前／または、caption要素、colgroup要素、thead要素、tbody要素、tr要素の後）
コンテンツモデル	tr要素を0個以上	tr要素を0個以上	tr要素を0個以上

　thead要素、tbody要素、tfoot要素は、表の横方向の並び（行）を、意味的にヘッダ、本体、フッタという構造にグループ化する要素です。
　これまでのHTMLでは、tfoot要素はtbody要素よりも前に配置することになっていましたが、HTML5ではtbody要素の後に配置することも認められています。

Sample Source

```html
<body>
<table>
    <thead>
        <tr><th>店舗</th><th>住所</th><th>営業時間</th></tr>
    </thead>
    <tbody>
        <tr><td>右近店</td><td>右近市右町1-2-3</td><td>10:00-20:00</td></tr>
        <tr><td>左川店</td><td>左川市左が丘45</td><td>10:00-20:00</td></tr>
        <tr><td>中尾店</td><td>中尾市中丸67-8</td><td>10:00-19:00</td></tr>
    </tbody>
    <tfoot>
        <tr><td colspan="3">2011年3月31現在</td></tr>
    </tfoot>
</table>
</body>
```

Internet Explorer

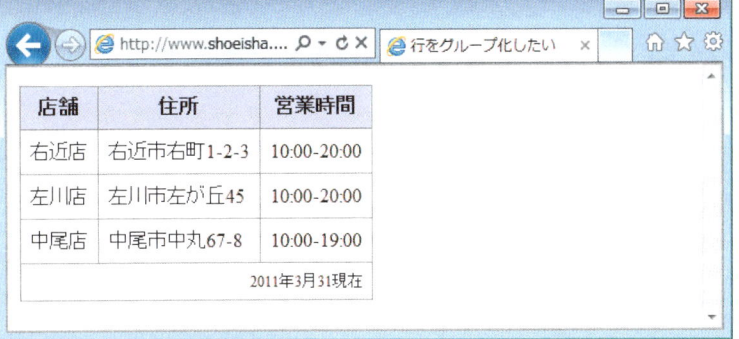

iPhone Safari

行をヘッダ、本体、フッタにグループ化し、ヘッダと本体にはCSSでスタイルを指定しています。

▶ ブラウザ対応表	IE9	IE8	Fx4.0	Fx3.6	Chrome11	Safari5	Opera11
	○	○	○	○	○	○	○

 表（テーブル）を作りたい ･･････････････････････ P.160

HTML5 > TABLE 07

縦方向のセルを連結したい

```
<th rowspan="★">〜</th>
<td rowspan="★">〜</td>
```

★………連結するセル数

▶ 要素解説　　　th, td
th要素、td要素についてはp.160〜162参照

th要素、td要素にrowspan属性を指定すると、そのセルから指定された数だけ下方向のセルを連結し、1つのセルとして表示できるようになります。

Sample Source
```html
<body>
<table>
  <thead>
    <tr><th>店舗</th><th>住所</th><th>営業時間</th></tr>
  </thead>
  <tbody>
    <tr><td>右近店</td><td>右近市右町1-2-3</td><td rowspan="2">10:00-20:00</td></tr>
    <tr><td>左川店</td><td>左川市左が丘45</td></tr>
    <tr><td>中尾店</td><td>中尾市中丸67-8</td><td>10:00-19:00</td></tr>
  </tbody>
</table>
</body>
```

Internet Explorer

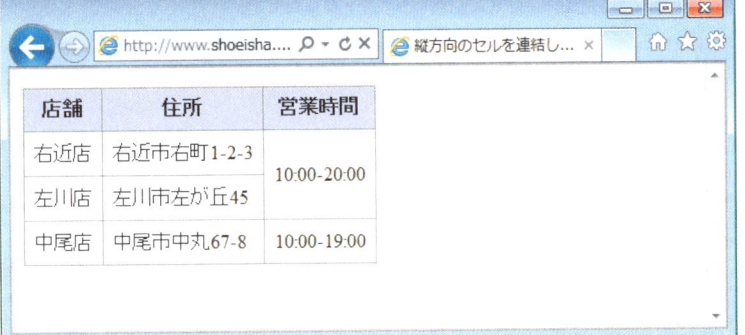

iPhone Safari

ヘッダの背景色はCSSで指定しています。

▶ ブラウザ対応表	IE9	IE8	Fx4.0	Fx3.6	Chrome11	Safari5	Opera11
	○	○	○	○	○	○	○

 横方向のセルを連結したい・・・・・・・・・・・・・・・ P.174

HTML5 > TABLE 08

横方向のセルを連結したい

```
<th colspan="★">〜</th>
<td colspan="★">〜</td>
```

★………連結するセル数

▶ 要素解説　　　th, td

th要素、td要素についてはp.160〜162参照

th要素、td要素にcolspan属性を指定すると、そのセルから指定された数だけ横方向のセルを連結し、1つのセルとして表示できるようになります。

Sample Source
```html
<body>
<table>
    <thead>
        <tr><th>店舗</th><th>住所</th><th>営業時間</th></tr>
    </thead>
    <tbody>
        <tr><td>右近店</td><td>右近市右町1-2-3</td><td>10:00-20:00</td></tr>
        <tr><td>左川店</td><td>左川市左が丘45</td><td>10:00-20:00</td></tr>
        <tr><td>中尾店</td><td>中尾市中丸67-8</td><td>10:00-19:00</td></tr>
    </tbody>
    <tfoot>
        <tr><td colspan="3">2011年3月31現在</td></tr>
    </tfoot>
</table>
</body>
```

Internet Explorer

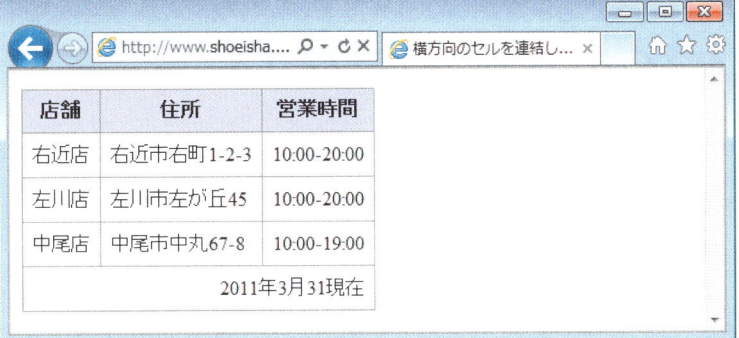

iPhone Safari

ヘッダの背景色はCSSで指定しています。

▶ ブラウザ対応表	IE9	IE8	Fx4.0	Fx3.6	Chrome11	Safari5	Opera11
	○	○	○	○	○	○	○

 縦方向のセルを連結したい ……………… P.172

横方向のセルを連結したい | 175

HTML5 > FORM 01

入力フォームを作りたい

<form action="★" method="◆" ▲>～</form>

★………データの送信先(URL)
◆………get、post(データの送信方法)
▲………必要な属性

▶要素解説	form
カテゴリー	フロー・コンテンツ
利用できる場所	フロー・コンテンツが期待される場所
コンテンツモデル	フロー・コンテンツ(ただし、form要素の入れ子は不可)

　フォームを利用すると、問い合わせやアンケート、注文など、ユーザーがデータを入力して送信する仕組みをWebページに設置できます。

　フォームを作成するには、form要素を使います。form要素はその範囲が入力フォームであることを表す要素です。作成するフォームの性質により、下記の属性の中から必要な属性を指定してください。テキストの入力フィールドや送信ボタンなど、フォームを構成するさまざまなコントロール(部品)は、基本的にはこのform要素の間に配置します。

　なお、フォームに入力されたデータを実際に送信するには、送信されたデータを処理するためのプログラム(CGIやPHP)が必要になります。このプログラムについての詳細は、Webページや専門書を参照してください。

action属性

　フォームに入力されたデータを処理する、CGIなどのプログラムのURLを指定します。データを送信するにはこの属性が必要ですが、送信ボタンを作成するinput要素(「type="submit"」や「type="image"」のとき)やbutton要素にformaction属性が指定されている場合は、そのformaction属性が優先されます。

method属性

　データをどのような形で送信するかを指定します。「get」「post」「put」「delete」のいずれかの値を指定します。この属性がない場合は、「get」として扱われます。

　なお、送信ボタンを作成するinput要素(「type="submit"」や「type="image"」のとき)やbutton要素にformmethod属性が指定されている場合は、そのformmethod属性が優先されます。

accept-charset属性

　データを送信するときの文字エンコーディングを指定します。通常フォームで送信されるデータはページの文字エンコーディングと同じになりますが、accept-charset属性を指定する

ことで、異なる文字エンコーディングに変換して送信できるようになります。

　複数の文字エンコーディングを指定したいときは、それぞれを空白スペースで区切ってください。この場合、指定した順に優先順位が付けられます。

autocomplete属性 新しい属性

　入力フィールドなどで、オートコンプリート機能を有効にするかどうかを指定する属性です。オートコンプリートとは、以前に入力した内容をブラウザが覚えておき、次回同じフォームにアクセスしたときに、入力候補を予想して自動的に表示する機能のことです。ユーザーはこの候補を選択するだけで、入力欄を埋めることができます。指定できる値は次の通りです。

　　on　　オートコンプリートを有効にする（デフォルト）
　　off　　オートコンプリートを無効にする

　なお、送信ボタンを作成するinput要素（「type="text"」のときなど）にautocomplete属性が指定されている場合は、そのautocomplete属性が優先されます。

enctype属性

　データを送信するときに、どのような形式にエンコードするのかを、既定の値（MIMEタイプ）で指定します。指定できる値は次の通りです。

　　application/x-www-form-urlencoded　　（デフォルト）
　　multipart/form-data　　　　　　　　　ファイルを添付するようなフォーム
　　text/plain　　　　　　　　　　　　　　プレイン・テキストのみのフォーム

　この属性がない場合は、「application/x-www-form-urlencoded」として扱われます。

　なお、送信ボタンを作成するinput要素（「type="submit"」や「type="image"」のとき）やbutton要素にformenctype属性が指定されている場合は、そのformenctype属性が優先されます。

name属性

　フォームの名前を指定します。同じ文書中の他のフォームと重複する名前は指定できません。

target属性

　データ送信後の結果を表示させるウィンドウを指定します。指定できる値はa要素と同じですので、p.86を参照してください。

Sample Source

```html
<form action="cgi-bin/formsample.cgi" method="post">
    <p>
        <label>名前：<input type="text" name="username" required></label>
        <label>年齢：<input type="number" name="age" min="0"></label>
    </p>
    <p><label>職業：
        <select name="job">
            <option value="office">会社員</option>
            <option value="public">公務員</option>
            <option value="self">自営業・自由業</option>
            <option value="student">学生</option>
            <option value="house">主婦</option>
            <option value="other">その他</option>
        </select>
    </p>
```

```html
    <p><label>電話番号:<input type="tel" name="tel"></label></p>
    <p><label>E-mail:<input type="email" name="email"></label></p>
    <p><label><input type="checkbox" name="dm" checked>DMの送信を希望する
    </label></p>
    <p><input type="reset"><input type="submit"></p>
</form>
```

▶ブラウザ対応表	IE9	IE8	Fx4.0	Fx3.6	Chrome11	Safari5	Opera11
	○	○	○	○	○	○	○

HTML5 > FORM 02

input要素で入力フォームの部品を作りたい

変更された要素

<input="★" ◆>

- ★………既定の値(submit、text、radioなど)
- ◆………必要な属性(各項目の解説を参照)

▶要素解説	input
カテゴリー	フロー・コンテンツ／フレージング・コンテンツ／「type="hidden"」以外の場合：インタラクティブ・コンテンツ
利用できる場所	フレージング・コンテンツが期待される場所
コンテンツモデル	なし

フォームのコントロール(部品)を表す要素はいくつかありますが、その中でもinput要素はtype属性に指定した値によってさまざまな形状の部品になります。仕様で規定されているtype属性の値と意味は次の通りです。使い方については、次項以降を参照してください。

type属性やその値が指定されていないinput要素は、「type="text"」として扱われます。

値	意味	参照
submit	送信ボタン	p.182
reset	リセットボタン	p.184
button	ボタン	p.186
image	画像ボタン	p.188
hidden	非表示のテキスト	p.190
text(デフォルト)	1行の入力フィールド	p.192
search	検索用の入力フィールド	p.194
tel	電話番号用の入力フィールド	p.196
url	URL用の入力フィールド	p.196
email	メールアドレス用の入力フィールド	p.196
password	パスワード用の入力フィールド	p.198
datetime	UTCにおける日時を入力するコントロール	p.200

値	意味	参照
datetime-local	ローカルの日時を入力するコントロール	p.200
date	日付を入力するコントロール	p.202
month	月を入力するコントロール	p.204
week	週を入力するコントロール	p.206
time	時間を入力するコントロール	p.208
number	数値を入力するコントロール	p.210
range	特定の範囲の数値を入力するコントロール	p.212
color	色を入力するコントロール	p.214
checkbox	チェックボックス	p.216
radio	ラジオボタン	p.218
file	ファイルのアップロード	p.220

input要素には、共通して指定できる属性があります。ただし、type属性の値によって、指定できる属性と指定できない属性とがあるので注意してください。

autocomplete属性 新しい属性

　入力フィールドなどで、オートコンプリート機能を有効にするかどうかを指定します。オートコンプリートとは、以前に入力した内容をブラウザが覚えておき、次回同じフォームにアクセスしたときに、入力候補を予想して自動的に表示する機能のことです。ユーザーはこの候補を選択するだけで、入力欄を埋めることができます。指定できる値は次の通りです。

　　on　　　オートコンプリートを有効にする（デフォルト）
　　off　　　オートコンプリートを無効にする

　この属性がない場合、デフォルトの「on」として処理されますが、form要素のほうに「autocomplete="off"」が指定されているときは、input要素のオートコンプリート機能も「off」（無効）になります。

list属性 新しい属性

　テキスト・フィールドなどで、あらかじめ定義しておいた入力候補の項目を表示させるための属性です。ユーザーは表示された候補から選択するだけでなく、任意の値を入力することもできます。autocomplete属性と似ていますが、list属性は候補の項目をWeb制作者側が用意しておくという点が異なります。

　入力候補の値はdatalist要素(p.234)で定義します。

readonly属性

　読み取り専用にして、ユーザーが入力値を編集できないようにします。「readonly」「readonly="readonly"」「readonly=""」のいずれかの形式で指定します。

size属性

　入力フィールドの幅を表示される文字数（整数）で指定します。

required属性 新しい属性

　そのコントロールへの入力が必須であることを指定します。「required」「required="required"」「required=""」のいずれかの形式で指定します。

multiple属性

　そのコントロールで2つ以上の値を指定、または入力できるようにします。「multiple」「multiple="multiple"」「multiple=""」のいずれかの形式で指定します。

maxlength属性

　コントロールに入力できる最大の文字数を指定します。

pattern属性 新しい属性

　コントロールに入力されたデータのチェックに使うパターン（書式）を、正規表現で指定します。この属性がある場合、入力されたデータが指定された書式と完全に一致しない限り、データを送信できないようになります。

min属性／max属性

　それぞれ、コントロールに入力できるデータの最小値と最大値を指定します。min属性とmax属性に指定できる値は、type属性にの値によって異なります。例えば次のようになります。

　「type="date"」で値を1980年より前に制限したい場合
　　`<input type="date" max="1979-12-31" name=bday>`

　「type="number"」で値を0以上に制限したい場合
　　`<input type="number" value="1" min="1" name=quantity required>`

step属性 新しい属性

コントロールに入力できるデータが、いくつずつ変化するのかを指定します。例えば、min属性の値が5でstep属性に2が指定されている場合は、入力可能なデータは「5、7、9...」と変化します（min属性が指定されていない場合は、最小値は「0」として処理されます）。

ただし、step属性に指定できる値は、type属性の値によって異なり、次のようになります。

ステップの単位

type属性の値	ステップの単位	デフォルトのステップ	type属性の値	ステップの単位	デフォルトのステップ
datetime	秒	60秒	time	秒	60秒
date	日	1日	datetime-local	秒	60秒
week	週	1週間	number	1	1
month	月	1ヶ月	range	1	1

placeholder属性 新しい属性

ユーザーに対して、テキスト・フィールドに何を入力したらよいのか、簡単なヒントとして表示するテキストを指定します。この属性に対応したブラウザでは、placeholder属性に指定した値が、ヒントとしてあらかじめテキスト・フィールドに表示されるようになります。

```
<input type="text" name="fullname" placeholder="山田太郎">
```

以下はinput要素だけでなく、フォームのコントロールに共通して指定できる属性です。

form属性 新しい属性

コントロールを、指定のform要素と結び付けるための属性です。結び付けたいform要素のid属性の値を、この属性の値に指定することで、コントロールがform要素の中になくてもそのフォームの部品として機能するようになります。

name属性

コントロールの名前を指定します。フォームのデータが送信されるときには、この名前とデータがセットになって送られ、サーバー側でコントロールを特定するために使われます。

value属性

コントロールのデフォルトの値、またはボタンに表示するテキストを指定します。

disabled属性

コントロールを無効にします。この属性を指定すると、ユーザーは入力や選択、クリックなどができなくなります。「disabled」「disabled="disabled"」「disabled=""」のいずれかの形式で指定します。

autofocus属性 新しい属性

ページが表示されたら、そのコントロールへ自動的にフォーカスが当たるよう指定します。「autofocus」「autofocus="autofocus"」「autofocus=""」のいずれかの形式で指定します。

HTML5 > FORM 03

送信ボタンを作りたい

`<input type="submit" ★>`

★………value="表示名"

▶ **要素解説**　　input
input要素についてはp.179参照

送信ボタンを作成するには、input要素のtype属性に「submit」を指定します。
value属性
ボタンに表示するテキストを指定します。「送信」「送る」などのテキストはこの属性で指定します。デフォルトの値はブラウザによって異なります。
他に指定できる属性(p.180〜181)
　　formaction、formenctype、formmethod、formnovalidate、formtarget、autofocus、disabled、form、name

Sample Source
```html
<form action="cgi-bin/formsample.cgi" method="post">
    <p>初期状態</p>
    <p><input type="submit"></p>
    <p>ボタンに表示するテキストを指定します</p>
    <p>
        <input type="submit" value="送る">
        <input type="submit" value="確認のうえ送信する">
    </p>
</form>
```

Internet Explorer

iPhone Safari

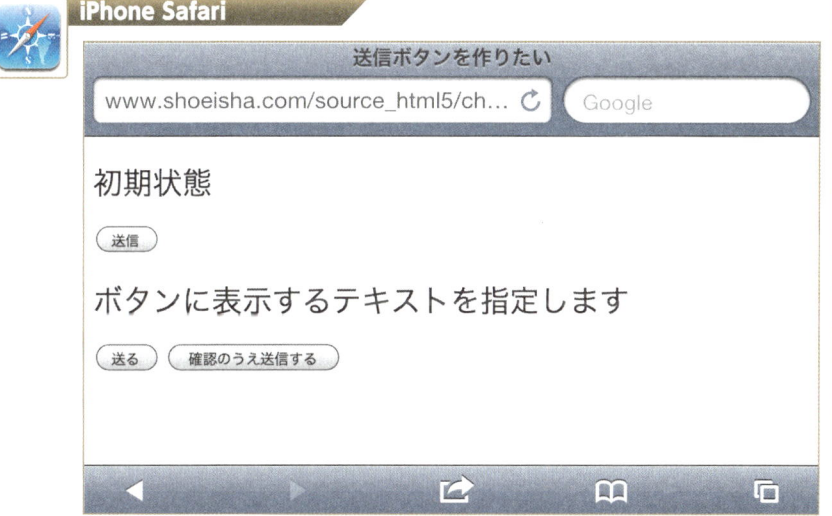

▶ ブラウザ対応表	IE9	IE8	Fx4.0	Fx3.6	Chrome11	Safari5	Opera11
	○	○	○	○	○	○	○

参照　リセットボタンを作りたい･･････････････････ P.184
　　　画像を送信ボタンにしたい･･････････････････ P.188
　　　ボタンを作りたい･･･････････････････････････ P.222

HTML5 > FORM 04

リセットボタンを作りたい

`<input type="reset" ★>`

★………value="表示名"

▶ 要素解説　　　input
input要素についてはp.179参照

　リセットボタンを作成するには、input要素のtype属性に「reset」を指定します。このボタンを押すと、そのフォームに入力したデータやチェックした項目が取り消され、初期状態に戻ります。

value属性
　ボタンに表示するテキストを指定します。「やり直し」「取消」などのテキストはこの属性で指定します。デフォルトの値はブラウザによって異なります。

他に指定できる属性(p.180〜181)
　autofocus、disabled、form、name

Sample Source
```html
<form action="cgi-bin/formsample.cgi" method="post">
    <p>初期状態</p>
    <p><input type="reset"></p>
    <p>ボタンに表示するテキストを指定します</p>
    <p>
        <input type="reset" value="取消">
        <input type="submit" value="入力内容をリセット">
    </p>
</form>
```

Internet Explorer

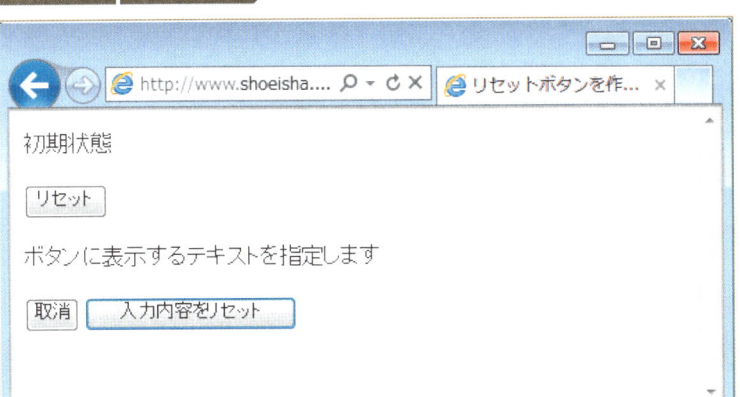

iPhone Safari

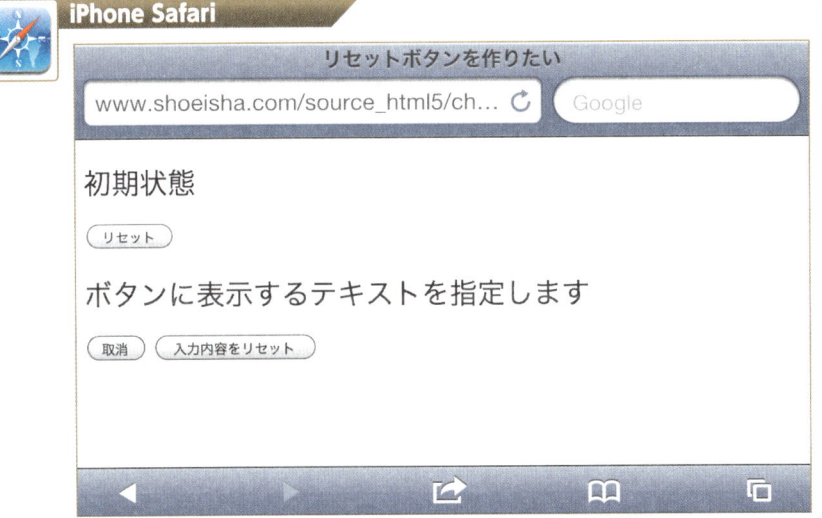

▶ ブラウザ対応表	IE9	IE8	Fx4.0	Fx3.6	Chrome11	Safari5	Opera11
	○	○	○	○	○	○	○

参照　送信ボタンを作りたい・・・・・・・・・・・・・・・・・・・・・ P.182
　　　　ボタンを作りたい・・・・・・・・・・・・・・・・・・・・・・・・・ P.222

HTML5 > FORM 05

汎用ボタンを作りたい

<input type="button" ★>

★………value="表示名"

▶ 要素解説　　　input
input要素についてはp.179参照

input要素のtype属性に「button」を指定すると、汎用的に利用できる押しボタンを作成できます。type="submit"やtype="reset"で作成されたボタンとは異なり、このボタン自体には既定の動作はありません。おもにJavaScriptなどとともに利用されます。

value属性
　ボタンに表示するテキストを指定します。
他に指定できる属性（p.180～181）
　autofocus、disabled、form、name

Sample Source
```html
<form action="cgi-bin/formsample.cgi" method="post">
    <p>
        <input type="button" value="戻る" onClick="history.back()">
        <input type="button" value="進む" onClick="history.forward()">
    </p>
</form>
```

Internet Explorer

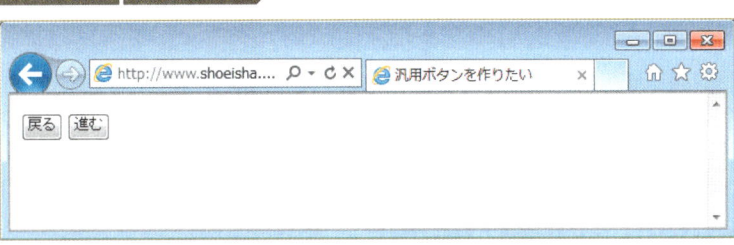

iPhone Safari

▶ ブラウザ対応表	IE9	IE8	Fx4.0	Fx3.6	Chrome11	Safari5	Opera11
	○	○	○	○	○	○	○

参照　ボタンを作りたい・・・・・・・・・・・・・・・・・・・・・・・・・ P.222

HTML5 > FORM 06

画像を送信ボタンにしたい

`<input type="image" ★>`

★………src="画像ファイル名"(URL)
　　　　alt="画像を表すテキスト"

▶ 要素解説　　　**input**
input要素についてはp.179参照

　任意の画像を使った送信ボタンを作成するには、input要素のtype属性に「image」を指定します。画像を使った送信ボタンでは、クリックされた場所のx座標とy座標もデータとともに送られます。

src属性
　画像ファイル名(URL)を指定します。この属性を省略することはできません。

alt属性
　画像が表す内容をテキストで指定します。alt属性についてはp.130も参照してください。この属性を省略することはできません。

他に指定できる属性(p.180～181)
　formaction、formenctype、formmethod、formnovalidate、formtarget、height、width、autofocus、disabled、form、name、value

Sample Source

```
<form action="cgi-bin/formsample.cgi" method="post">
    <p><input type="image" src="bt_submit.png" alt="送信する"></p>
</form>
```

Internet Explorer

iPhone Safari

▶ ブラウザ対応表	IE9	IE8	Fx4.0	Fx3.6	Chrome11	Safari5	Opera11
	○	○	○	○	○	○	○

参照　送信ボタンを作りたい・・・・・・・・・・・・・・・・・・・・・・P.182

HTML5 > FORM 07

表示させずに送信させるテキストを指定したい

`<input type="hidden" ★>`

★………value="任意のテキスト"

▶ 要素解説　　input
input要素についてはp.179参照

　表示させずに送信させるテキストを指定するには、input要素のtype属性に「hidden」を指定します。value属性で指定したテキストが、データ送信時にユーザーに表示されることなくサーバーに送信されます。

value属性
　送信させる任意のテキストを指定します。以下のサンプルでは、ネットショップを特定するためのID番号が画面に表示されることなく送信されます。

他に指定できる属性（p.180～181）
　autofocus、disabled、form、name

Sample Source
```
<form action="cgi-bin/formsample.cgi" method="post">
    <p><input type="hidden" name="gb" value="shopid:00135"></p>
    <p>当店については？</p>
    <p>
        <input type="radio" name="shop" value="a">満足
        <input type="radio" name="shop" value="b">ふつう
        <input type="radio" name="shop" value="c">不満
    </p>
    <p><input type="reset"><input type="submit"></p>
</form>
```

Internet Explorer

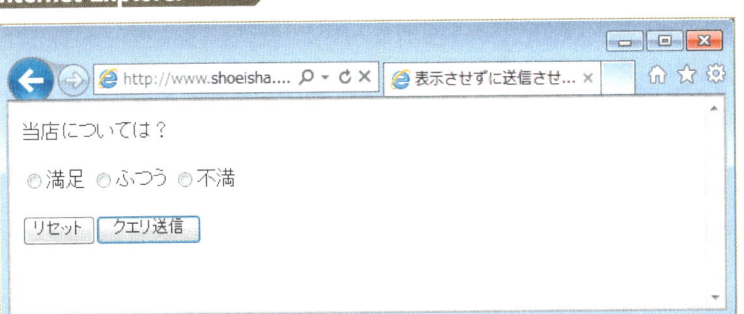

iPhone Safari

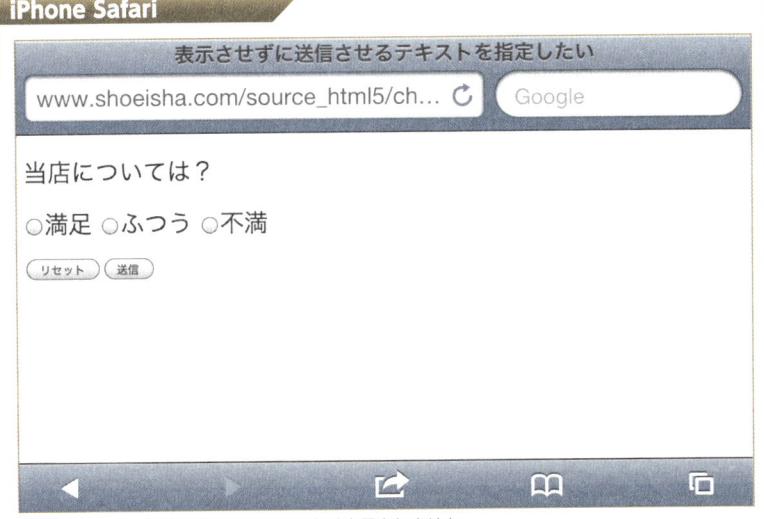

画面には、value属性で指定したテキストは表示されません。

▶ ブラウザ対応表	IE9	IE8	Fx4.0	Fx3.6	Chrome11	Safari5	Opera11
	○	○	○	○	○	○	○

HTML5 > FORM 08

1行の入力フィールドを作りたい

<input type="text" ★>

★………value="あらかじめ表示するテキスト"

▶ 要素解説　　input
input要素についてはp.179参照

　1行のテキスト入力フィールドを作成するには、input要素のtype属性に「text」を指定します。
value属性
　入力フィールドにあらかじめ表示するテキストを指定します。
他に指定できる属性(p.180〜181)
　autocomplete、list、maxlength、pattern、placeholder、readonly、required、size、autofocus、disabled、form、name

Sample Source
```html
<form action="cgi-bin/formsample.cgi" method="post">
    <p>名前：<input type="text" name="username"></p>
    <p>会員番号：<input type="text" name="userid" value="A-"></p>
    <p><input type="reset"><input type="submit"></p>
</form>
```

Internet Explorer

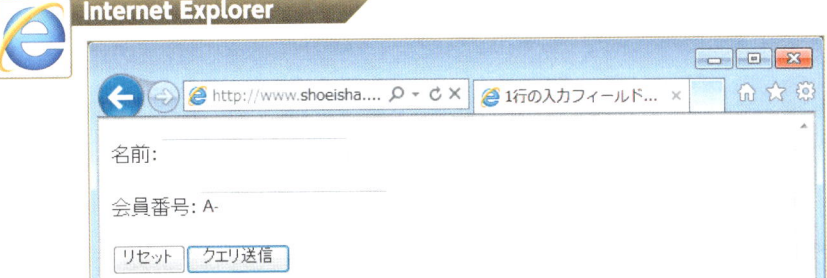

ページの初期状態では、value属性の値(A-)があらかじめ入力されています。

iPhone Safari

ページの初期状態では、value属性の値(A-)があらかじめ入力されています。

▶ ブラウザ対応表	IE9	IE8	Fx4.0	Fx3.6	Chrome11	Safari5	Opera11
	○	○	○	○	○	○	○

複数行の入力フィールドを作りたい......... P.224
パスワード用の入力フィールドを作りたい.... P.198

HTML5 > FORM 09

検索用の入力フィールドを作りたい
新しい値 search

`<input type="search">`

▶要素解説　　　input
input要素についてはp.179参照

検索用の入力フィールドを作成するには、input要素のtype属性に「search」を指定します。
他に指定できる属性（p.180〜181）
　autocomplete、list、maxlength、pattern、placeholder、readonly、required、size、autofocus、disabled、form、name、value

Sample Source

```html
<form action="cgi-bin/formsample.cgi" method="post">
    <p><input type="search" name="search" placeholder="サイト内検索">
    <input type="submit" value="検索"></p>
</form>
```

Opera

iPhone Safari

▶ ブラウザ対応表	IE9	IE8	Fx4.0	Fx3.6	Chrome11	Safari5	Opera11
	×	×	○	×	○	○	○

検索用の入力フィールドを作りたい 新しい値 search | 195

HTML5 > FORM 10

電話番号、URL、メールアドレス用の入力フィールドを作りたい

新しい値 tel, url, email

```
<input type="tel">
<input type="url">
<input type="email">
```
電話番号用
URL用
メールアドレス用

▶ **要素解説**　input
input要素についてはp.179参照

　input要素のtype属性に「tel」を指定すると電話番号用、「url」を指定するとURL用、「email」を指定するとメールアドレス用の入力フィールドを、それぞれ作成できます。

value属性
　入力フィールドにあらかじめ表示されるテキストを指定します。

他に指定できる属性（p.180〜181）
　autocomplete、list（「tel」と「url」の場合）、maxlength、multiple（「email」の場合）、pattern、placeholder、readonly、required、size、autofocus、disabled、form、name

Sample Source

```
<form action="cgi-bin/formsample.cgi" method="post">
    <p>電話番号：<input type="tel" name="tel"></p>
    <p>メールアドレス：<input type="email" name="email"></p>
    <p>URL：<input type="url" name="url" value="http://"></p>
</form>
```

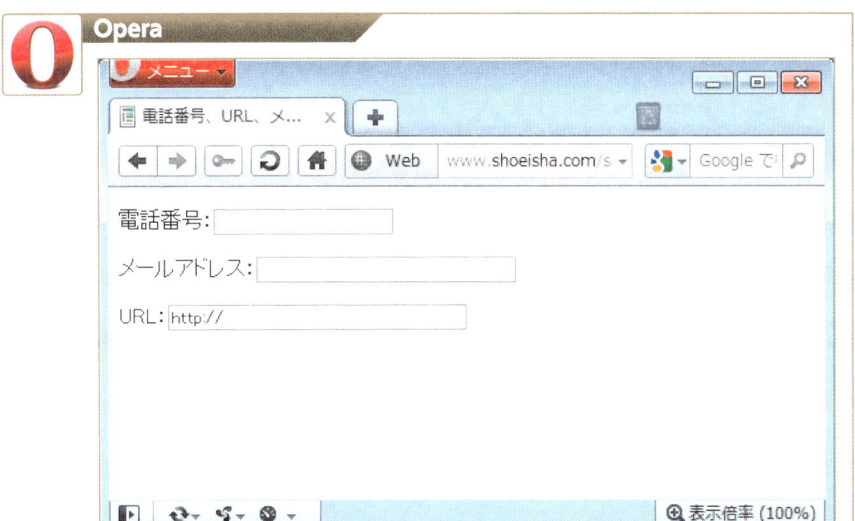

▶ ブラウザ対応表	IE9	IE8	Fx4.0	Fx3.6	Chrome11	Safari5	Opera11
	×	×	○	×	○	○	○

電話番号、URL、メールアドレス用の入力フィールドを作りたい 新しい値 tel, url, email | 197

HTML5 > FORM 11

パスワード用の入力フィールドを作りたい

`<input type="password">`

▶ **要素解説**　　　input
input要素についてはp.179参照

　パスワード用の入力フィールドを作成するには、input要素のtype属性に「password」を指定します。入力した文字が直接には表示されなくなり、一般的には「*」や「●」で置き換えて表示されます。

他に指定できる属性(p.180〜181)
　autocomplete、maxlength、pattern、placeholder、readonly、required、autofocus、disabled、form、size、value

Sample Source

```
<form action="cgi-bin/formsample.cgi" method="post">
    <p><label>名前:<input type="text" name="username"></label></p>
    <p><label>パスワード:<input type="password" name="pass"></label></p>
    <p><input type="reset"><input type="submit"></p>
</form>
```

Internet Explorer

入力例。type="password"のテキストボックスでは入力内容が「●」に置き換えて表示されます。

iPhone Safari

入力例。type="password"のテキストボックスでは入力内容が「●」に置き換えて表示されます。

▶ブラウザ対応表	IE9	IE8	Fx4.0	Fx3.6	Chrome11	Safari5	Opera11
	○	○	○	○	○	○	○

参照 1行の入力フィールドを作りたい ･･･････････ P.192

パスワード用の入力フィールドを 作りたい | 199

HTML5 > FORM 12

日付と時刻を入力したい

新しい値 datetime、datetime-local

`<input type="datetime">` UTCの日時
`<input type="datetime-local">` ローカルの日時

▶ **要素解説**　input
input要素についてはp.179参照

　input要素のtype属性に「datetime」を指定するとUTC（協定世界時）における日時を、「datetime-local」を指定するとローカルの日時を指定するためのコントロールを、それぞれ作成できます。

他に指定できる属性（p.180～181）
　autocomplete、list、max、min、readonly、required、step、autofocus、disabled、form、name、value

Sample Source
```
<form action="cgi-bin/formsample.cgi" method="post">
    <p>UTCの日時：<input type="datetime" name="dt"></p>
    <p>ローカルの日時<input type="datetime-local" name="dtl"></p>
</form>
```

Opera

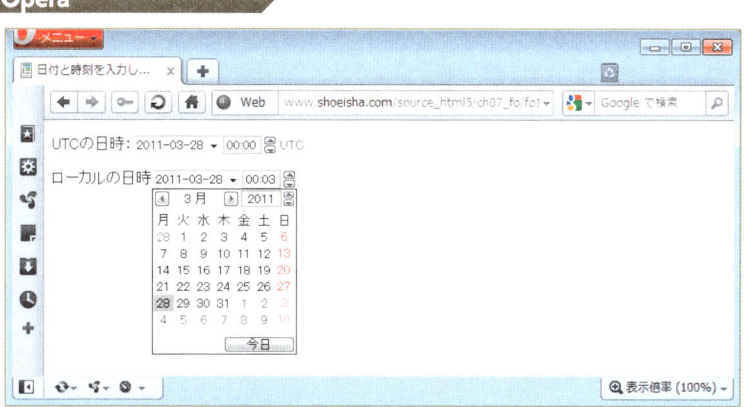

Operaではコントロールの隣に「UTC」の文字が表示されます。
指定された日時は、UTCにおける日時としてサーバーに送信されます。

Google Chrome

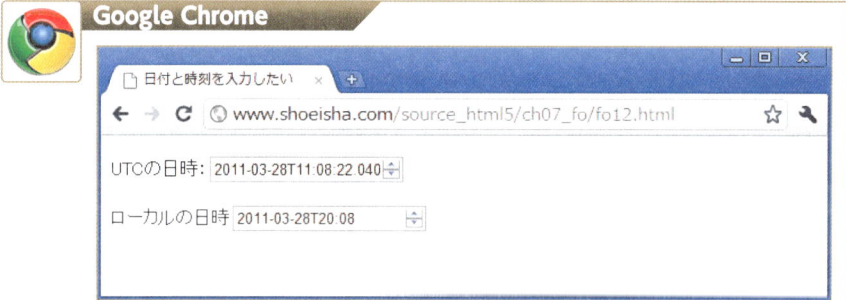

▶ ブラウザ対応表	IE9	IE8	Fx4.0	Fx3.6	Chrome11	Safari5	Opera11
	×	×	×	×	△	△	○

△…一応対応はしているようですが、見た目に大きな変化はありません。
SafariはWindows版とMac版で表示が異なります。

参照
日付を入力したい ………………………… P.202　週を入力したい ………………………… P.206
年月を入力したい ………………………… P.204　時間を入力したい ………………………… P.208

日付と時刻を入力したい 新しい値 datetime、datetime-local | 201

HTML5 > FORM 13

日付を入力したい
新しい値 date

`<input type="date">`

▶ **要素解説**　input

input要素についてはp.179参照

input要素のtype属性に「date」を指定すると、日付を指定するためのコントロールを作成できます。

他に指定できる属性（p.180～181）

autocomplete、list、max、min、readonly、required、step、autofocus、disabled、form、name、value

Sample Source

```html
<form action="cgi-bin/formsample.cgi" method="post">
    <p>希望配達日：<input type="date" name="dd"></p>
</form>
```

Opera

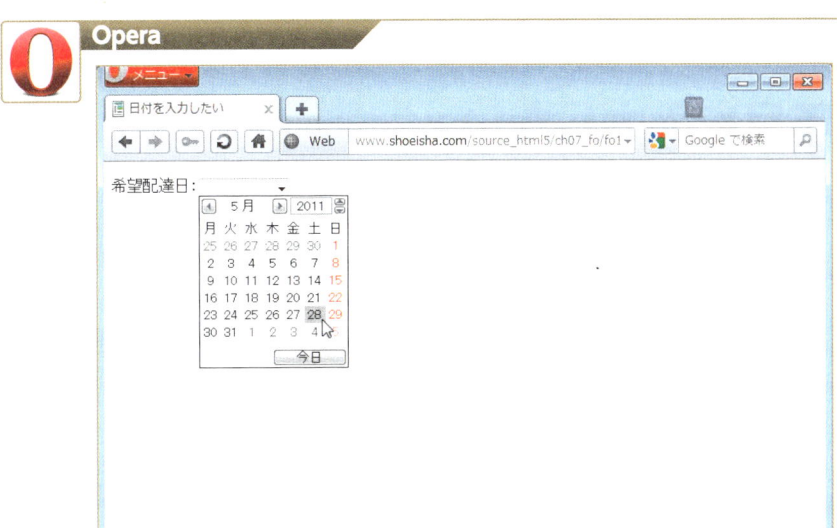

Google Chrome

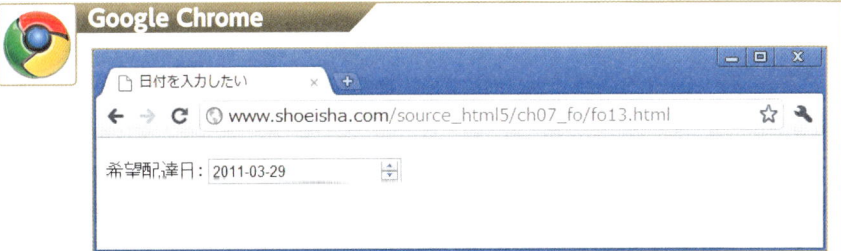

▶ ブラウザ対応表	IE9	IE8	Fx4.0	Fx3.6	Chrome11	Safari5	Opera11
	×	×	×	×	△	△	○

△…一応対応はしているようですが、見た目に大きな変化はありません。
SafariはWindows版とMac版で表示が異なります。

参照
日付と時刻を入力したい ······················ P.200　週を入力したい ························· P.206
年月を入力したい ····························· P.204　時間を入力したい ······················· P.208

HTML5 > FORM 14

年月を入力したい
新しい値 month

`<input type="month">`

▶ **要素解説** input
input要素についてはp.179参照

input要素のtype属性に「month」を指定すると、年月を指定するためのコントロールを作成できます。
他に指定できる属性(p.180～181)
　autocomplete、list、max、min、readonly、required、step、autofocus、disabled、form、name、value

Sample Source　　　　　　　　　　　　　　　　　日付を選択することはできません
```
<form action="cgi-bin/formsample.cgi" method="post">
    <p>希望月：<input type="month" name="mm"></p>
</form>
```

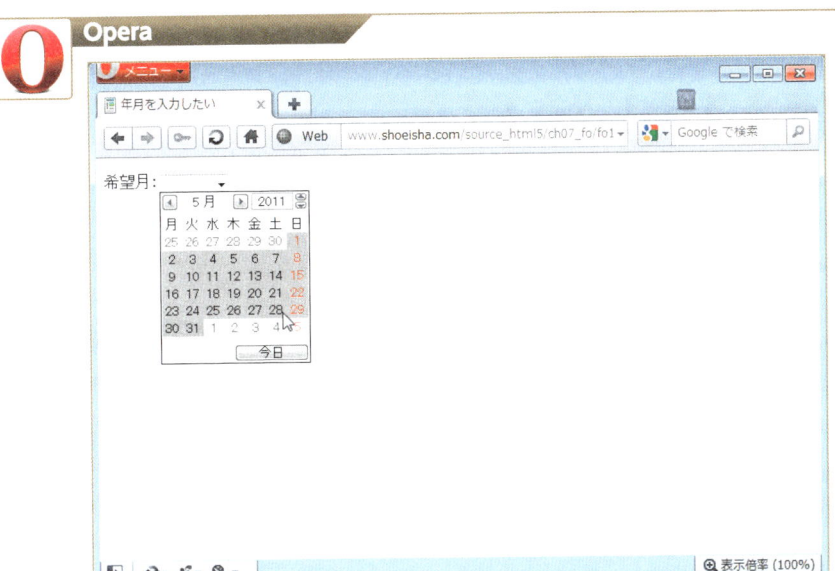

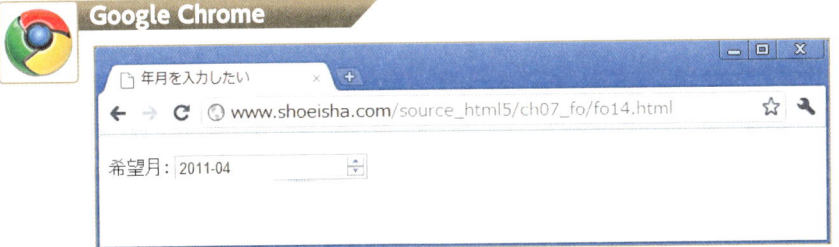

▶ブラウザ対応表	IE9	IE8	Fx4.0	Fx3.6	Chrome11	Safari5	Opera11
	×	×	×	×	△	△	○

△…一応対応はしているようですが、見た目に大きな変化はありません。
SafariはWindows版とMac版で表示が異なります。

日付と時刻を入力したい ················· P.200 週を入力したい ····························· P.206
日付を入力したい ························· P.202 時間を入力したい ··························· P.208

HTML5 > FORM 15

週を入力したい
新しい値 week

`<input type="week">`

▶ 要素解説　　input
input要素についてはp.179参照

　input要素のtype属性に「week」を指定すると、週を指定するためのコントロールを作成できます。
他に指定できる属性(p.180〜181)
　autocomplete、list、max、min、readonly、required、step、autofocus、disabled、form、name、value

Sample Source
```
<form action="cgi-bin/formsample.cgi" method="post">
    <p>希望の週：<input type="week" name="wk"></p>
</form>
```

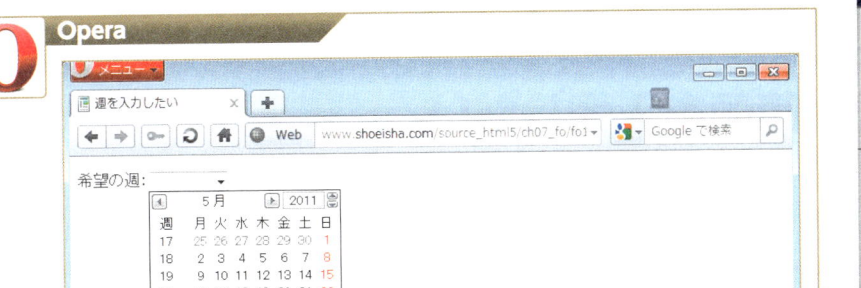

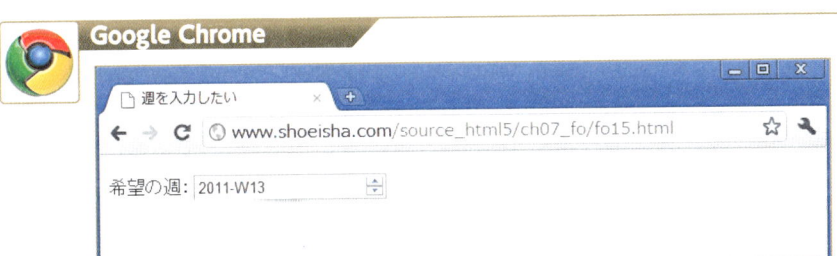

▶ ブラウザ対応表	IE9	IE8	Fx4.0	Fx3.6	Chrome11	Safari5	Opera11
	×	×	×	×	△	△	○

△…一応対応はしているようですが、見た目に大きな変化はありません。
SafariはWindows版とMac版で表示が異なります。

日付と時刻を入力したい ･････････････････ P.200
日付を入力したい ･･･････････････････････ P.202
年月を入力したい ･･･････････････････････ P.204

週を入力したい 新しい値 week | 207

HTML5 > FORM 16

時間を入力したい
新しい値 time

`<input type="time">`

▶ **要素解説**　**input**
input要素についてはp.179参照

　input要素のtype属性に「time」を指定すると、時間を指定するためのコントロールを作成できます。

他に指定できる属性（p.180〜181）
　autocomplete、list、max、min、readonly、required、step、autofocus、disabled、form、name、value

Sample Source
```
<form action="cgi-bin/formsample.cgi" method="post">
    <p>希望時間：<input type="time" name="t" step="900"></p>
</form>
```

Opera

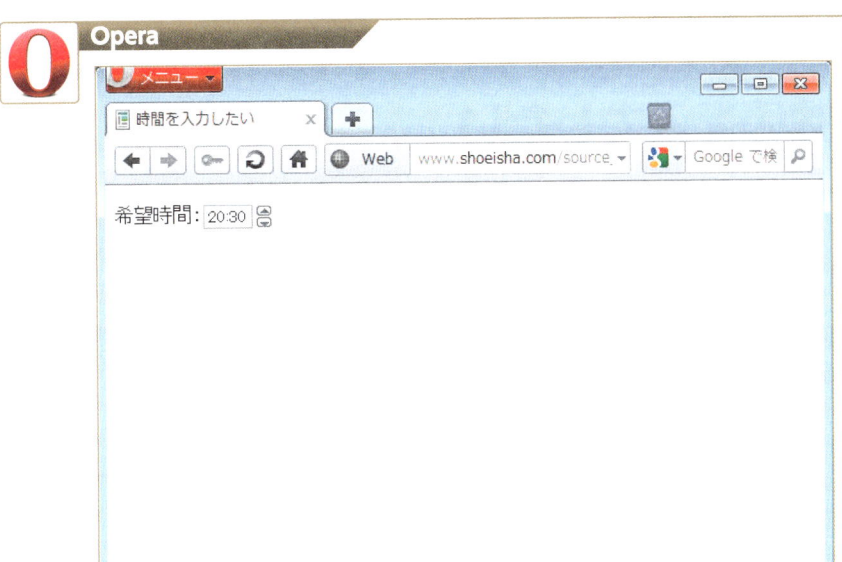

Google Chrome

▶ ブラウザ対応表	IE9	IE8	Fx4.0	Fx3.6	Chrome11	Safari5	Opera11
	×	×	×	×	△	△	○

△…一応対応はしているようですが、見た目に大きな変化はありません。
SafariはWindows版とMac版で表示が異なります。

参照
日付と時刻を入力したい·················· P.200　年月を入力したい························ P.204
日付を入力したい······························ P.202　週を入力したい·························· P.206

時間を入力したい 新しい値 time | 209

HTML5 > FORM 17

数値を入力したい
新しい値 number

`<input type="number">`

▶ 要素解説　　**input**
input要素についてはp.179参照

　input要素のtype属性に「number」を指定すると、数値を指定するためのコントロールを作成できます。
他に指定できる属性（p.180〜181）
　autocomplete、list、max、min、readonly、required、step、autofocus、disabled、form、name、value

Sample Source
```
<form action="cgi-bin/formsample.cgi" method="post">
    <p>個数：<input type="number" name="num" min="1"></p>
</form>
```

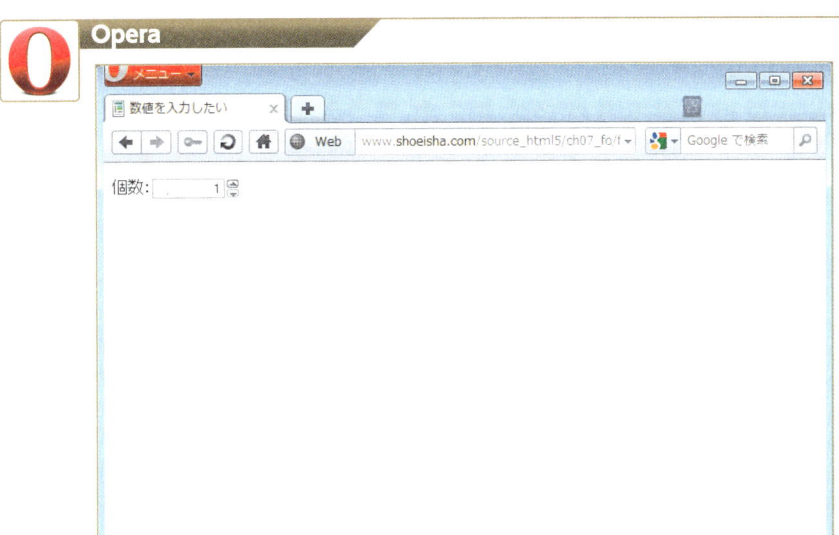

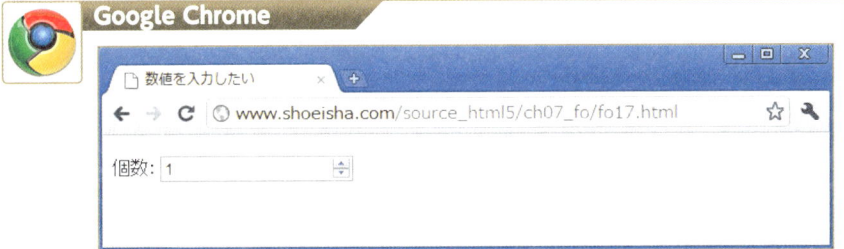

▶ ブラウザ対応表	IE9	IE8	Fx4.0	Fx3.6	Chrome11	Safari5	Opera11
	×	×	×	×	○	△	○

△…一応対応はしているようですが、見た目に大きな変化はありません。
SafariはWindows版とMac版で表示が異なります。

特定の範囲の数値を入力したい……………… P.212

数値を入力したい 新しい値 number | 211

HTML5 > FORM 18

特定の範囲の数値を入力したい
新しい値 range

`<input type="range">`

▶ 要素解説　　　input
input要素についてはp.179参照

input要素のtype属性に「range」を指定すると、数値を指定するためのコントロールを作成できます。`<input type="number">`(p.210)ほど正確な値が必要でない場合に使用します。一般的にはスライダーで表示され、デフォルトでは0〜100(min="0"、max="100")の値を表します。

他に指定できる属性(p.180〜181)
　autocomplete、list、max、min、step、autofocus、disabled、form、name、value

Sample Source
```
<form action="cgi-bin/formsample.cgi" method="post">
    <p>満足度(0〜10)：<input type="range" name="grade" max="10" value="5"></p>
</form>
```

Opera

Google Chrome

▶ブラウザ対応表	IE9	IE8	Fx4.0	Fx3.6	Chrome11	Safari5	Opera11
	×	×	×	×	○	○	○

iPhoneではスライダー表示にはなりません

 数値を入力したい・・・・・・・・・・・・・・・・・・・・・・・・ P.210

HTML5 > FORM 19

色を指定したい
新しい値 color

`<input type="color">`

▶ **要素解説**　　　input
input要素についてはp.179参照

　input属性のtype属性に「color」を指定すると、色を指定するためのコントロールを作成できます。

他に指定できる属性（p.180〜181）
　autocomplete、list、autofocus、disabled、form、name、value

Sample Source
```
<form action="cgi-bin/formsample.cgi" method="post">
    <p>色を指定：<input type="color" name="cl"></p>
</form>
```

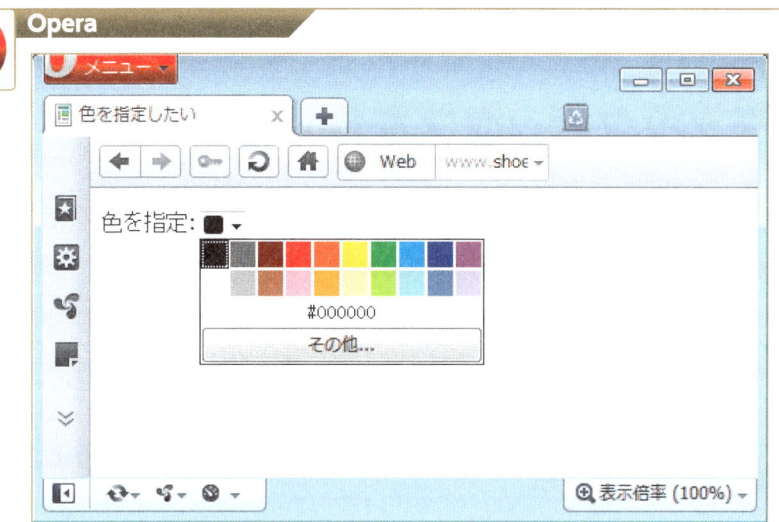

▶ブラウザ対応表	IE9	IE8	Fx4.0	Fx3.6	Chrome11	Safari5	Opera11
	×	×	×	×	×	×	○

HTML5 > FORM 20

チェックボックスを作りたい

<input type="checkbox" ★>

★………name="名前"
　　　　value="送信されるテキスト"
　　　　checked

▶ 要素解説　　　　input
input要素についてはp.179参照

　input要素のtype属性に「checkbox」を指定すると、複数の選択肢が選択可能なチェックボックスを作成できます。

name属性
　コントロールの名前を指定します。この値が同じチェックボックスは同一のグループとして認識されるため、共通の項目に対する選択肢の場合には、name属性に同じ値を指定してください。

value属性
　name属性の値とともに、サーバーへ送られる値を指定します。

checked属性
　この属性を指定しておけば、そのチェックボックスがあらかじめ選択された状態で表示されるようになります。「checked」「checked="checked"」「checked=""」のいずれかの形式で指定します。

他に指定できる属性（p.180〜181）
　required、autofocus、disabled、form

Sample Source

```
<form action="cgi-bin/formsample.cgi" method="post">
    <p>どのようなジャンルのショップをよく利用しますか？</p>
    <p>
        <input type="checkbox" name="category" value="fashion">ファッション
        <input type="checkbox" name="category" value="health">美容・健康
        <input type="checkbox" name="category" value="food">食品・ドリンク
        <input type="checkbox" name="category" value="computer">コンピュータ・家電
        <input type="checkbox" name="category" value="media">CD・DVD・書籍
        <input type="checkbox" name="category" value="other">その他
    </p>
</form>
```

Internet Explorer

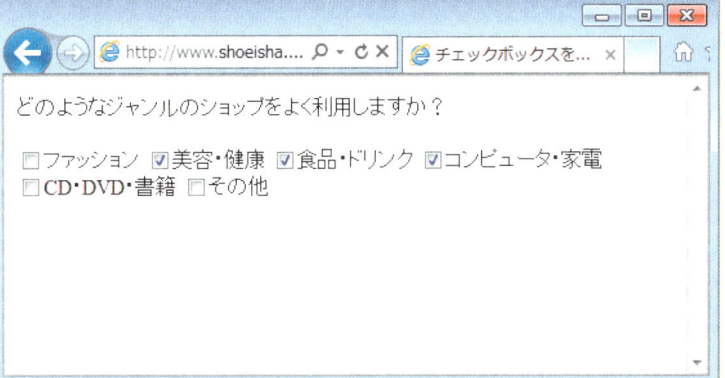

iPhone Safari

▶ ブラウザ対応表	IE9	IE8	Fx4.0	Fx3.6	Chrome11	Safari5	Opera11
	○	○	○	○	○	○	○

参照　ラジオボタンを作りたい･･････････････････P.218

チェックボックスを作りたい | 217

HTML5 > FORM 21

ラジオボタンを作りたい

<input type="radio" ★>

★ ……… name="名前"
　　　　value="送信されるテキスト"
　　　　checked

▶ 要素解説　　　input
input要素についてはp.179参照

input要素のtype属性に「radio」を指定すると、複数の選択肢から1つを選択するラジオボタンを作成できます。

name属性
コントロールの名前を指定します。この値が同じボタンは同一のグループとして認識されるため、共通の項目に対する選択肢の場合には、name属性に同じ値を指定してください。

value属性
name属性の値とともに、サーバーへ送られる値を指定します。

checked属性
この属性を指定しておけば、そのボタンがあらかじめ選択された状態で表示されるようになります。「checked」「checked="checked"」「checked=""」のいずれかの形式で指定します。

他に指定できる属性(p.180～181)
　　required、autofocus、disabled、form

Sample Source
```html
<form action="cgi-bin/formsample.cgi" method="post">
    <p>定期的にチェックするショップはありますか？</p>
    <p>
        <input type="radio" name="shop" value="no" checked>なし
        <input type="radio" name="shop" value="some">1～3店
        <input type="radio" name="shop" value="many">それ以上
    </p>
</form>
```

Internet Explorer

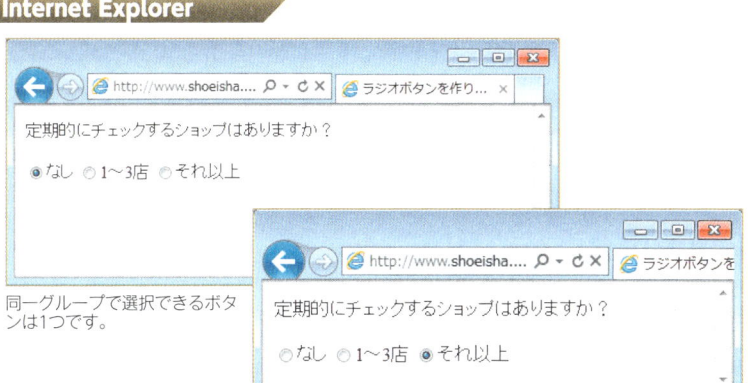

同一グループで選択できるボタンは1つです。

iPhone Safari

同一グループで選択できるボタンは1つです。

▶ブラウザ対応表	IE9	IE8	Fx4.0	Fx3.6	Chrome11	Safari5	Opera11
	◯	◯	◯	◯	◯	◯	◯

参照　チェックボックスを作りたい・・・・・・・・・・・・P.216

HTML5 > FORM 22

ファイルを選択してアップロードしたい

<input type="file" ★>

★………accept="*選択可能なファイルの種類*"（MIMEタイプ）

▶ **要素解説**　　input
input要素についてはp.179参照

input要素のtype属性に「file」を指定すると、ユーザーにファイルを選択してアップロードさせるためのボタンを作成できます。

accept属性
サーバーが受け取ることができるファイルの種類のヒントとして、選択可能なファイルのMIMEタイプを指定できます。この属性を指定しておけば、ファイルを選択するダイアログボックスが開いたときに、特定の種類のファイルだけを表示させることができます。

他に指定できる属性（p.180〜181）
　multiple、required、autofocus、disabled、form、name、value

Sample Source
```
<form action="cgi-bin/formsample.cgi" method="post"
enctype="multipart/form-data">
    <p>レポート：<input type="file" name="report"></p>
    <p><input type="reset"><input type="submit"></p>
</form>
```

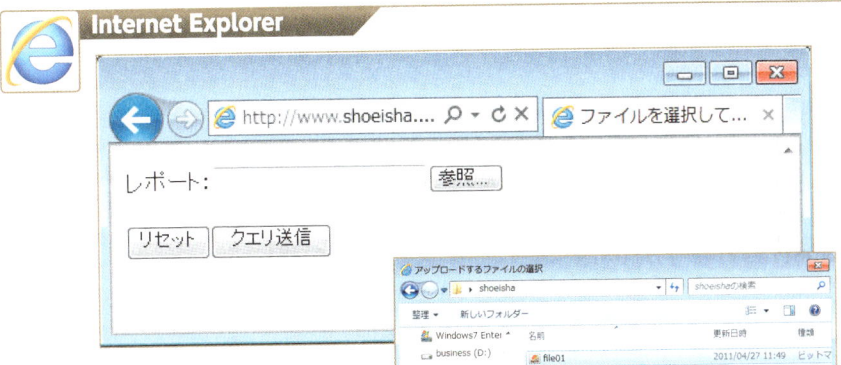

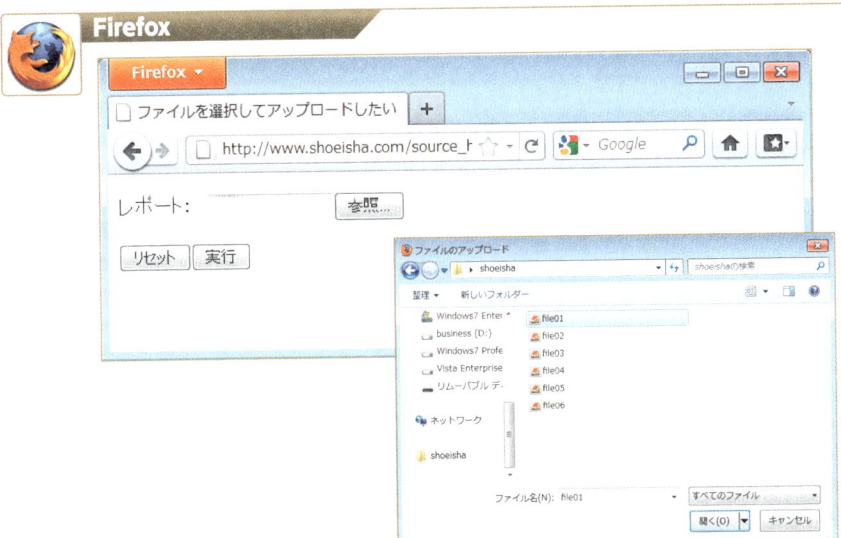

▶ ブラウザ対応表	IE9	IE8	Fx4.0	Fx3.6	Chrome11	Safari5	Opera11
	○	○	○	○	○	○	○

iPhoneではファイルを扱えないため対応していません

ファイルを選択してアップロードしたい | 221

HTML5 > FORM 23

ボタンを作りたい

`<button type="★">〜</button>`

★………submit、reset、button

▶ 要素解説

button	
カテゴリー	フロー・コンテンツ／フレージング・コンテンツ／インタラクティブ・コンテンツ
利用できる場所	フレージング・コンテンツが期待される場所
コンテンツモデル	フレージング・コンテンツ（ただし、インタラクティブコンテンツを子要素とすることは不可）

　button要素は、type属性に指定した値によって役割の変わるボタンになります。 また、button要素の中に入れたテキストや画像をボタンの上に表示することができます。

type属性
　ボタンの役割を指定します。指定できる値は次の通りです。
　　submit　　　送信ボタン（デフォルト）
　　reset　　　　リセットボタン
　　button　　　汎用的な押しボタン

他に指定できる属性（p.180〜181）
　autofocus、disabled、form、formaction、formenctype、formmethod、formnovalidate、formtarget、name、value

Sample Source

```
<form action="cgi-bin/formsample.cgi" method="post">
    <p>
        <button type="reset"><span class="green">り</span>せっと</button>
        <button type="submit"><span class="blue">そ</span>うしん</button>
    </p>
    <p>
        <button type="button" onClick="alert('日本では年末恒例の演奏曲となっています。')">
        ヒントを表示</button>
    </p>
</form>
```

Internet Explorer

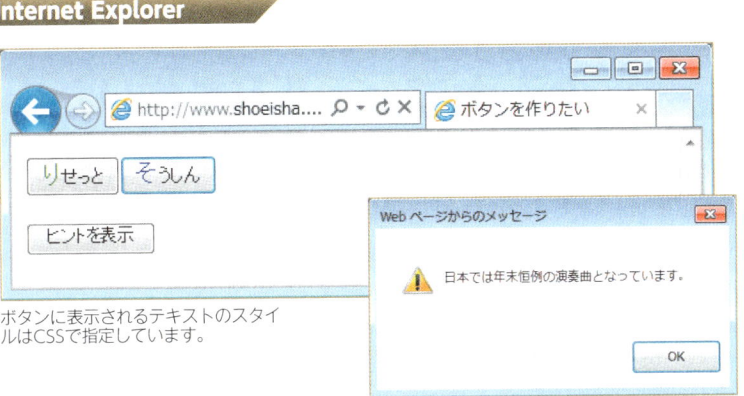

ボタンに表示されるテキストのスタイルはCSSで指定しています。

Firefox

ボタンに表示されるテキストのスタイルはCSSで指定しています。

▶ ブラウザ対応表	IE9	IE8	Fx4.0	Fx3.6	Chrome11	Safari5	Opera11
	○	○	○	○	○	○	○

参照
送信ボタンを作りたい・・・・・・・・・・・・・・・・・・・・・・P.182
リセットボタンを作りたい・・・・・・・・・・・・・・・・・P.184
汎用ボタンを作りたい・・・・・・・・・・・・・・・・・・・・P.186

ボタンを作りたい | 223

HTML5 > FORM 24

複数行の入力フィールドを作りたい

新しい属性 wrap属性

<textarea ★>～</textarea>

★………cols="幅"（文字数）
　　　　rows="行数"
　　　　wrap="改行方法"

▶ 要素解説	textarea
カテゴリー	フロー・コンテンツ／フレージング・コンテンツ／インタラクティブ・コンテンツ
利用できる場所	フレージング・コンテンツが期待される場所
コンテンツモデル	テキスト

　複数行のテキスト入力フィールド（テキスト・ボックス）を作成するには、textarea要素を指定します。また、textarea要素の中にテキストを入れておけば、入力フィールドの中にそのテキストをあらかじめ表示させることができます。

cols属性
　幅（1行に表示する文字数）を指定します。

rows属性
　表示する行数を指定します。

wrap属性 新しい属性
　入力したテキストを送信するときに、改行を入れるかどうかを指定します。指定できる値は次の通りです。

　　soft　　意図的に改行を入力した箇所以外は、改行されずに送信される（デフォルト）
　　hard　　入力フィールド内で折り返された箇所に、改行を入れて送信される。

　このため、値に「hard」を指定したときは、cols属性で入力フィールドの幅を指定しておく必要があります。

他に指定できる属性（p.180～181）
　autofocus、disabled、form、maxlength、name、placeholder、readonly、required

Sample Source

```
<form action="cgi-bin/formsample.cgi" method="post">
    <p>当店についてご意見をお聞かせください。</p>
    <p><textarea name="comment1" cols="40" rows="8"></textarea></p>
    <p><textarea name="comment2" cols="40" rows="8">いろいろな意見をお待ちしています。
    </textarea></p>
</form>
```

Internet Explorer

iPhone Safari

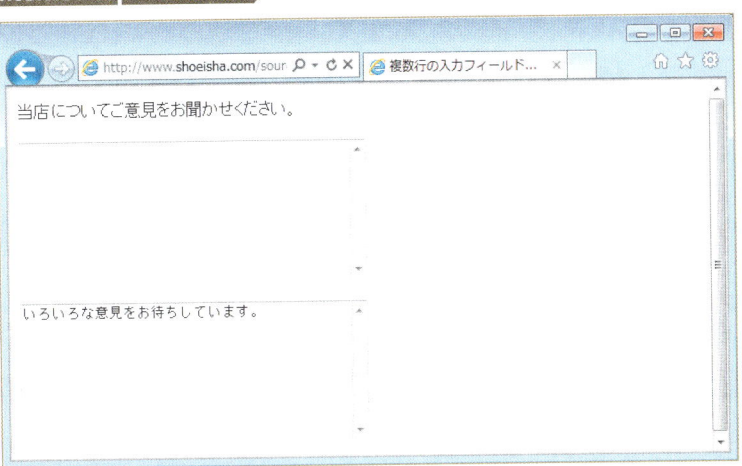

▶ ブラウザ対応表	IE9	IE8	Fx4.0	Fx3.6	Chrome11	Safari5	Opera11
	○	○	○	○	○	○	○

 1行の入力フィールドを作りたい ………… P.192

複数行の入力フィールドを作りたい 新しい属性 wrap属性 | 225

HTML5 > FORM 25

プルダウンメニューを作りたい

`<select><option ★>〜</option></select>`

★………value="送信されるテキスト"
　　　　selected

▶要素解説	select	option
カテゴリー	フロー・コンテンツ／フレージング・コンテンツ／インタラクティブ・コンテンツ	なし
利用できる場所	フレージング・コンテンツが期待される場所	select要素の子要素として／datalist要素の子要素として／optgroup要素の子要素として
コンテンツモデル	option要素、またはoptgroup要素を0個以上	テキスト

　一般的に、プルダウンメニューはselect要素とoption要素で作成できます。select要素は選択肢の中から項目を選択するためのコントロールを表します。個々の選択項目はoption要素で表します。

value属性
　サーバーへ送られる値を指定します。この属性が指定されていないときは、option要素の内容（選択肢として表示されるテキスト）が送信されます。

selected属性
　この属性を指定しておけば、その項目があらかじめ選択された状態で表示されるようになります。「selected」「selected="selected"」「selected=""」のいずれかの形式で指定します。

他に指定できる属性（p.180〜181）
　select要素：autofocus、disabled、form、name
　option要素：disabled、label

Sample Source

```
<form action="cgi-bin/formsample.cgi" method="post">
    <p>当店を選んだ理由は？</p>
    <select name="good1">
        <option value="1">知名度</option>
        <option value="2">オリジナリティ</option>
        <option value="3">品質</option>
        <option value="4">品揃え</option>
        <option value="5">価格</option>
        <option value="6">その他</option>
    </select>
```

```html
        <p>当店を選んだ理由は?<br>(最初に選択されている項目を指定)</p>
    <select name="good2">
        <option value="1">知名度</option>
        <option value="2">オリジナリティ</option>
        <option value="3">品質</option>
        <option value="4">品揃え</option>
        <option value="5">価格</option>
        <option value="6" selected>その他</option>
    </select>
</form>
```

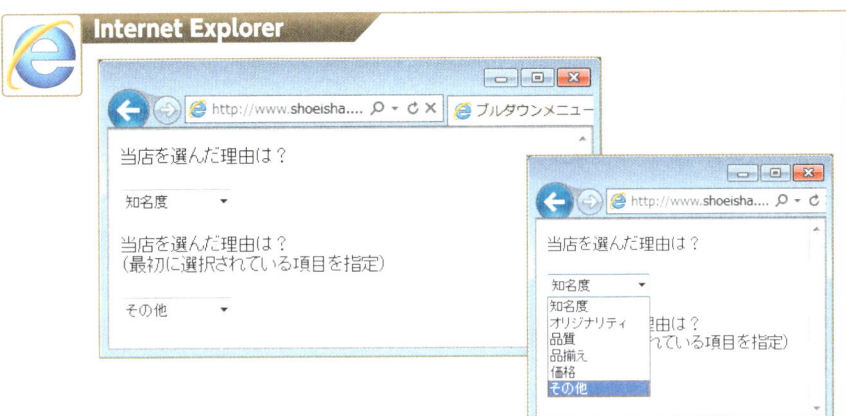

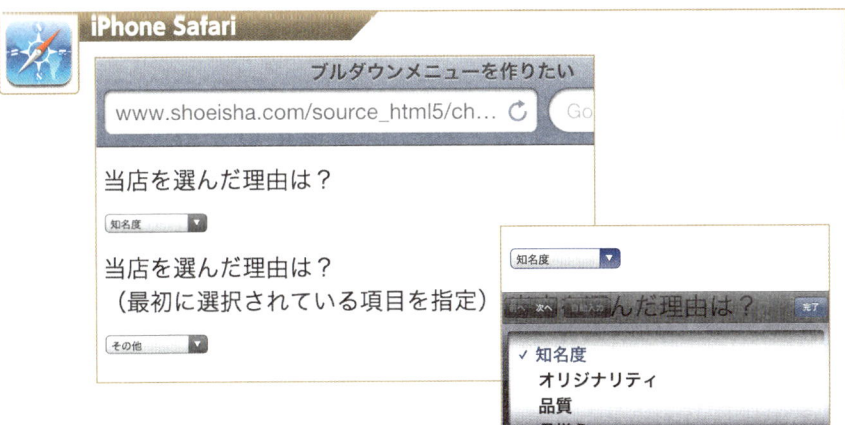

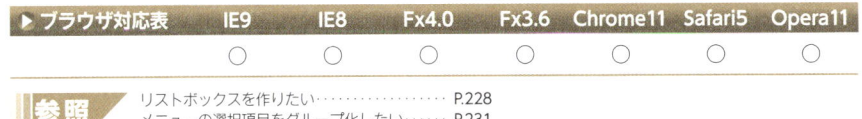

▶ ブラウザ対応表	IE9	IE8	Fx4.0	Fx3.6	Chrome11	Safari5	Opera11
	○	○	○	○	○	○	○

参照　リストボックスを作りたい・・・・・・・・・・・・・・・・・ P.228
　　　メニューの選択項目をグループ化したい・・・・・・ P.231

プルダウンメニューを作りたい | 227

HTML5 > FORM 26

リストボックスを作りたい

```
<select size="★" ◆><option ▲>～
</option></selected>
```

★………表示行数
◆………multiple
▲………value="送信されるテキスト"
　　　　selected

▶ **要素解説**　　　**select，option**
select要素、option要素についてはp.226参照

select要素（p.226）に表示行数を表すsize属性（p.180）を指定すると、リストボックス形式のメニューを作成できます。

value属性
サーバーへ送られる値を指定します。この属性が指定されていないときは、option要素の内容（選択肢として表示されるテキスト）が送信されます。

multiple属性
複数の項目を選択できるようにする場合に指定します。「multiple」「multiple="multiple"」「multiple=""」のいずれかの形式で指定します。

selected属性
この属性を指定しておけば、その項目があらかじめ選択された状態で表示されるようになります。「selected」「selected="selected"」「selected=""」のいずれかの形式で指定します。

他に指定できる属性（p.180～181）
　select要素：autofocus、disabled、form、name
　option要素：disabled、label

Sample Source

```html
<form action="cgi-bin/formsample.cgi" method="post">
    <p>当店を選んだ理由は？<br>（3行だけ表示）</p>
    <select name="good1" size="3">
        <option value="1">知名度</option>
        <option value="2">オリジナリティ</option>
        <option value="3">品質</option>
        <option value="4">品揃え</option>
        <option value="5">価格</option>
        <option value="6">その他</option>
    </select>
    <p>当店を選んだ理由は？<br>（最初に選択されている項目を指定。複数選択も可能）</p>
    <select name="good2" size="6" multiple>
        <option value="1">知名度</option>
        <option value="2">オリジナリティ</option>
        <option value="3">品質</option>
        <option value="4">品揃え</option>
        <option value="5">価格</option>
        <option value="6" selected>その他</option>
    </select>
</form>
```

Internet Explorer

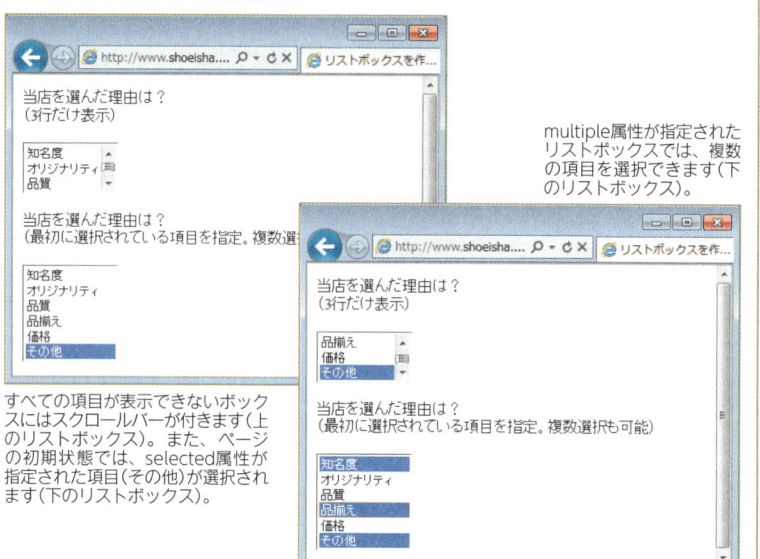

multiple属性が指定されたリストボックスでは、複数の項目を選択できます（下のリストボックス）。

すべての項目が表示できないボックスにはスクロールバーが付きます（上のリストボックス）。また、ページの初期状態では、selected属性が指定された項目（その他）が選択されます（下のリストボックス）。

iPhone Safari

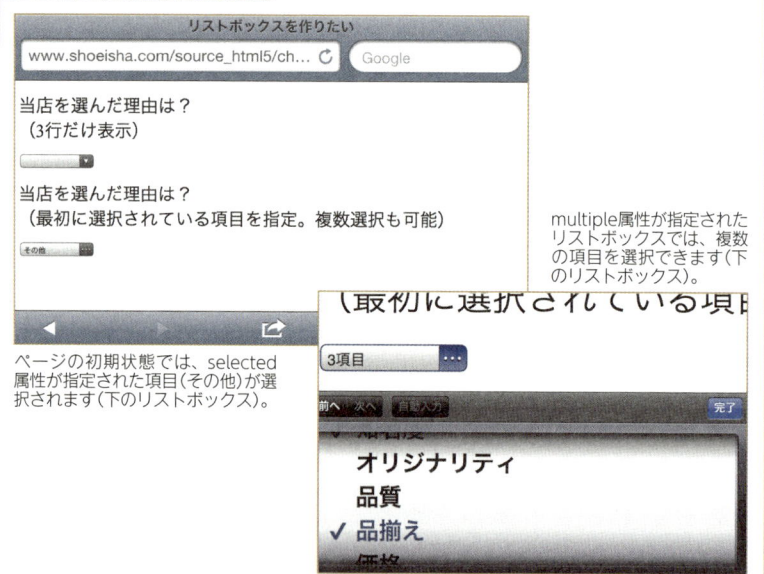

ページの初期状態では、selected属性が指定された項目（その他）が選択されます（下のリストボックス）。

multiple属性が指定されたリストボックスでは、複数の項目を選択できます（下のリストボックス）。

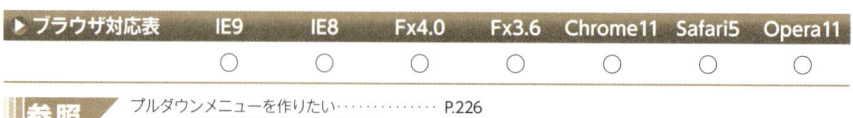

▶ ブラウザ対応表	IE9	IE8	Fx4.0	Fx3.6	Chrome11	Safari5	Opera11
	○	○	○	○	○	○	○

参照　プルダウンメニューを作りたい……………… P.226
　　　メニューの選択項目をグループ化したい…… P.231

230 | HTML5 > FORM 26

HTML5 > FORM 27

メニューの選択項目をグループ化したい

`<optgroup label="★"><option label="◆" ▲>~</option></optgroup>`

- ★………グループ名
- ◆………項目名
- ▲………value="送信されるテキスト"

▶ 要素解説	optgroup
カテゴリー	なし
利用できる場所	select要素の子要素として
コンテンツモデル	option要素を0個以上
▶ 要素解説	option
option要素についてはp.226参照	

　optgroup要素で、select要素とoption要素で表されたメニュー(p.226～227)の選択項目をグループ化できます。対応したブラウザでは、メニューが階層化されて表示されます。リストの選択項目の数が多いときなどに便利な機能です。

optgroup要素のlabel属性
　選択項目をグループ化したときの、グループ名を指定します。この属性で指定したグループ名が、個々の選択項目とともにメニューに表示されます。

option要素のlabel属性
　選択項目として表示するテキストを指定します。対応したブラウザでは、この属性で指定されたテキストが、option要素の内容(本来、選択肢として表示されるテキスト)よりも優先して表示されます。

value属性
　サーバーへ送られる値を指定します。この属性が指定されていないときは、option要素の内容(選択肢として表示されるテキスト)が送信されます。

他に指定できる属性(p.180～181)
　optgroup要素：disabled

Sample Source

```html
<form action="cgi-bin/formsample.cgi" method="post">
    <p>メインでお使いのブラウザは？</p>
    <select name="browser">
        <optgroup label="Internet Explorer">
            <option label="IE9" value="ie9">Internet Explorer 9</option>
            <option label="IE8" value="ie8">Internet Explorer 8</option>
            <option label="IE7" value="ie7">Internet Explorer 7</option>
        </optgroup>
        <optgroup label="Firefox">
            <option label="Fx4" value="fx4">Firefox 4</option>
            <option label="Fx3.6" value="fx3.6">Firefox 3.6</option>
        </optgroup>
        <optgroup label="Google Chrome">
            <option label="Chrome8" value="Ch8">Google Chrome 8.0</option>
        </optgroup>
            <optgroup label="その他">
            <option label="その他" value="other">その他</option>
        </optgroup>
    </select>
</form>
```

Internet Explorer

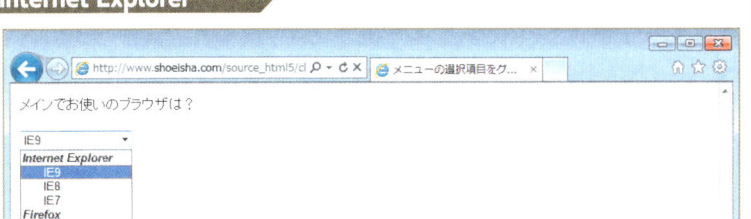

<optgroup label>の値でメニューが階層化され、<option label>の値が項目として表示されます。

iPhone Safari

<optgroup label>の値でメニューが階層化され、
<option label>の値が項目として表示されます。

▶ ブラウザ対応表	IE9	IE8	Fx4.0	Fx3.6	Chrome11	Safari5	Opera11
optgroup label	○	○	○	○	○	○	○
option label	○	○	○	○	○	○	○

参照
プルダウンメニューを作りたい ・・・・・・・・・・・・・ P.226
リストボックスを作りたい ・・・・・・・・・・・・・・・・・ P.228

HTML5 > FORM 28

入力候補のリストを作りたい

新しい要素 datalist要素

```
<datalist id="★"><option ◆>〜</option>
  </datalist>
<input type="▲" list="★">
```

- ★………値
- ◆………value="送信されるテキスト"
- ▲………既定の値

▶ 要素解説	datalist
カテゴリー	フロー・コンテンツ／フレージング・コンテンツ
利用できる場所	フレージング・コンテンツが期待される場所
コンテンツモデル	フレージング・コンテンツ、または0個以上のoption要素
▶ 要素解説	option

option要素についてはp.226参照

　datalist要素とoption要素で、テキストを入力するフィールドにおいて入力候補として表示するリストを作成できます。datalist要素は入力候補となる項目の集まりを表す要素です。個々の入力項目はdatalist要素の中に入れたoption要素で表します。

　datalist要素にid属性を指定し、この値をinput要素のlist属性（p.180）で参照すれば、該当のフィールドに入力候補が表示されるようになります。ただし、ユーザーは表示された候補から選択するだけでなく、任意の値を入力することもできます。

Sample Source

```html
<form action="cgi-bin/formsample.cgi" method="post">
  <p>
    <input type="search" name="search" list="item" placeholder="サイト内検索">
    <input type="submit" value="検索">
  </p>
  <datalist id="item">
    <option value="コピペルナーV2"></option>
    <option value="コピペルナー"></option>
    <option value="コピペルナーサーバー"></option>
    <option value="SP改"></option>
    <option value="データ警備保障"></option>
  </datalist>
</form>
```

Opera

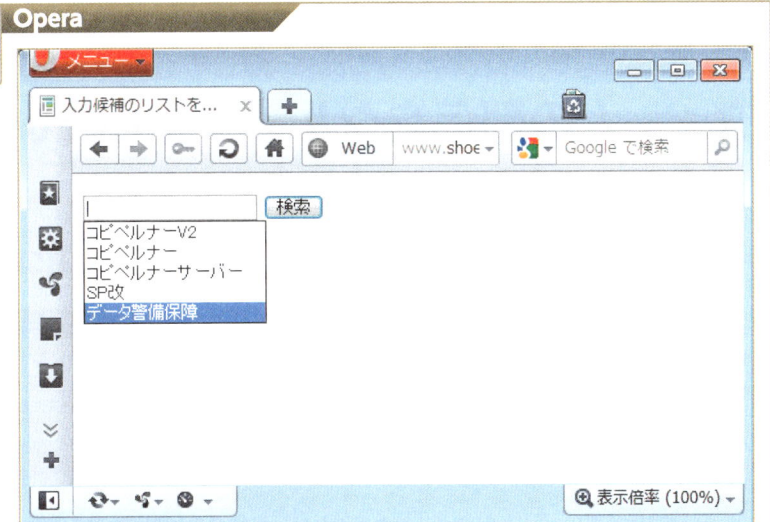

Firefox

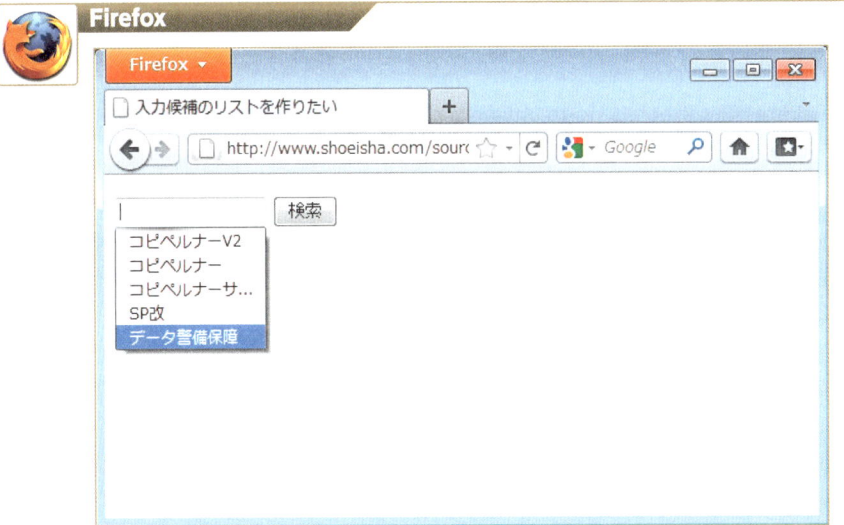

▶ ブラウザ対応表	IE9	IE8	Fx4.0	Fx3.6	Chrome11	Safari5	Opera11
	×	×	○	×	×	×	○

入力候補のリストを作りたい 新しい要素 datalist要素 | 235

HTML5 > FORM 29

フォームの部品をグループ化したい

`<fieldset><legend>`～`</legend></fieldset>`

▶ 要素解説	fieldset	legend
カテゴリー	フロー・コンテンツ／セクショニング・ルート	なし
利用できる場所	フロー・コンテンツが期待される場所	fieldset要素の最初の子要素として
コンテンツモデル	1個のlegend要素（任意）に続き、フロー・コンテンツ	フレージング・コンテンツ

　fieldset要素で、フォームを構成するさまざまなコントロール（部品）をグループ化できます。legend要素は、グループ化されたコントロールのキャプション（タイトルや説明）を表す要素で、fieldset要素内の一番最初に配置します。

他に指定できる属性（p.180～181）
　fieldset要素：disabled、form、name

Sample Source

```html
<form action="cgi-bin/formsample.cgi" method="post">
    <fieldset>
        <legend>お客様の情報</legend>
        <p>
            <label>名前：<input type="text" name="username" required></label>
            <label>年齢：<input type="number" name="age" min="0"></label>
        </p>
        <p><label>職業：
        <select name="job">
            <option value="office">会社員</option>
            <option value="public">公務員</option>
            <option value="self">自営業・自由業</option>
            <option value="student">学生</option>
            <option value="house">主婦</option>
            <option value="other">その他</option>
        </select>
        </p>
        <p><label>電話番号：<input type="tel" name="tel"></label></p>
        <p><label>E-mail：<input type="email" name="email"></label></p>
        <p><label><input type="checkbox" name="dm" checked>DMの送信を希望する
        </label></p>
        <p><input type="reset"><input type="submit"></p>
    </fieldset>
```

```
</form>
```

Internet Explorer

お客様の情報

名前:　　　　　　　　年齢:

職業: 会社員　▼

電話番号:

E-mail:

☑ DMの送信を希望する

[リセット] [クエリ送信]

iPhone Safari

お客様の情報

名前:　　　　年齢:

職業: 会社員

電話番号:

E-mail:

☑ DMの送信を希望する

[リセット] [送信]

▶ブラウザ対応表	IE9	IE8	Fx4.0	Fx3.6	Chrome11	Safari5	Opera11
	○	○	○	○	○	○	○

HTML5 > FORM 30

部品にキャプションを付けたい

```
<label>～</label>
<label for="★">～</label>
```

★………参照する部品のid属性と同じ値

▶要素解説	label
カテゴリー	フロー・コンテンツ／フレージング・コンテンツ／インタラクティブ・コンテンツ
利用できる場所	フレージング・コンテンツが期待される場所
コンテンツモデル	フレージング・コンテンツ（ただし、キャプションの対象となっていない、button要素、input要素、keygen要素、meter要素、output要素、progress要素、select要素、textarea要素を入れることは不可／label要素の入れ子は不可）

　フォームのコントロール（部品）のキャプションは、label要素で表します。これにより、入力フィールドやチェックボックス、ラジオボタン、メニューなど、value属性によってラベルを付けられないコントロールにキャプションを付け、また一般的には、そのコントロールとキャプションを連動させることが可能になります。例えばチェックボックスの場合は、キャプションであるテキスト部分をクリックしても、チェックできるようになります。
　指定には、label要素のみを使用する方法と、for属性を使用する方法とがあります。label要素のみで指定する場合は、キャプションとなるテキストと関連付けたいコントロールをlabel要素内に配置します。

for属性
　この属性を使用する場合、label要素の中にはキャプションとなるテキストのみを記述します。関連付けたいコントロールにid属性を指定し、この値をfor属性の値に指定すれば、キャプションとコントロールが連動するようになります。

Sample Source

```html
<form action="cgi-bin/formsample.cgi" method="post">
    <p>メールマガジンの購読：</p>
    <p>
        <input type="radio" name="magazine" value="yes" id="ok">
        <label for="ok">希望する</label>
    </p>
    <p>
        <input type="radio" name="magazine" value="no" id="no">
        <label for="no">希望しない</label>
    </p>
    <p>
```

```
        <label>E-mail: <input type="email" name="email"></label>
    </p>
</form>
```

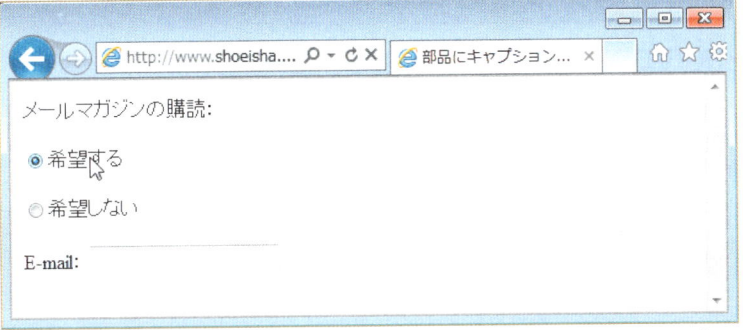

「希望する」「希望しない」「E-mail:」がラジオボタンやテキストボックス(部品)に連動したキャプションとなり、テキストをクリックすることで部品を選択できます。

「希望する」「希望しない」「E-mail:」がラジオボタンやテキストボックス(部品)に連動したキャプションとなり、テキストをクリックすることで部品を選択できます。

▶ ブラウザ対応表	IE9	IE8	Fx4.0	Fx3.6	Chrome11	Safari5	Opera11
label for	○	○	○	○	○	○	○
label	○	○	○	○	○	○	○

iPhoneでは動作しません

HTML5 > FORM 31

鍵ペアを生成したい

<keygen keytype="★" ◆>

★………rsa
◆………challenge="チャレンジ情報"

▶ 要素解説	keygen
カテゴリー	フロー・コンテンツ／フレージング・コンテンツ／インタラクティブ・コンテンツ
利用できる場所	フレージング・コンテンツが期待される場所
コンテンツモデル	空

　keygen要素を使うと、フォームを送信する際に公開鍵暗号方式における秘密鍵と公開鍵の鍵ペアを生成できます。秘密鍵はブラウザ側で保存され、公開鍵がサーバーへ送信されます。
　もともとは、Netscape Navigatorが独自に拡張した要素で、HTML5で新たに採用されました。

keytype属性
　生成する鍵のタイプを指定します。HTML5で指定できるのは「rsa」のみです。そのため、この属性が省略されたときは、rsaが指定されたものとみなされます。

challenge属性
　公開鍵と一緒に送信するチャレンジ情報を指定します。

他に指定できる属性(p.180〜181)
　autofocus、disabled、form、name

Sample Source
```
<form action="cgi-bin/formsample.cgi" method="post">
    <p>
        <keygen keytype="rsa" name="key">
        <input type="submit" value="キーを送信">
    </p>
</form>
```

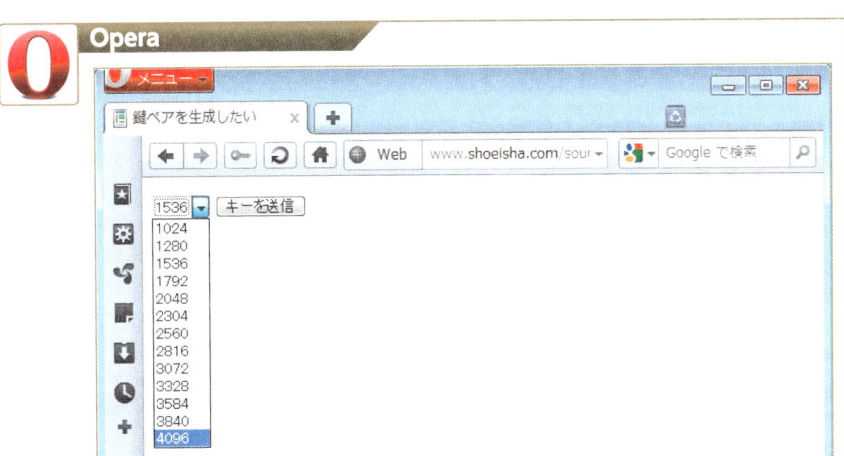

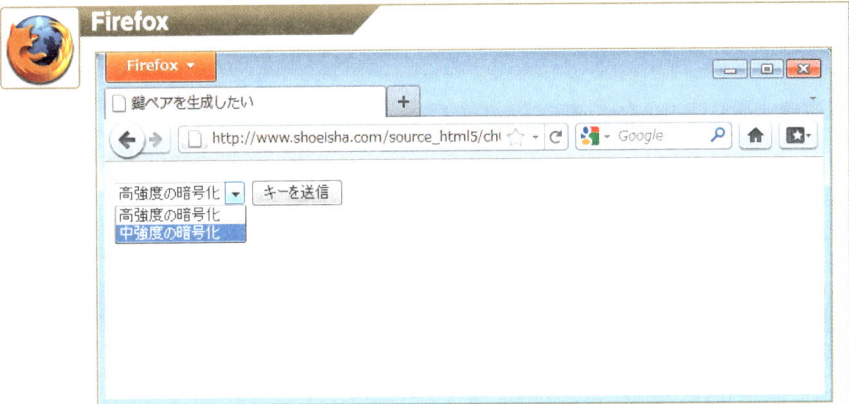

▶ブラウザ対応表	IE9	IE8	Fx4.0	Fx3.6	Chrome11	Safari5	Opera11
	×	×	○	○	○	○	○

SafariはMac版のみ対応しています

鍵ペアを生成したい | 241

HTML5 > FORM 32

フォームの計算結果を表したい

<output ★>〜</output>

★………必要な属性（下記参照）

▶ 要素解説	output
カテゴリー	フロー・コンテンツ／フレージング・コンテンツ
利用できる場所	フレージング・コンテンツが期待される場所
コンテンツモデル	フレージング・コンテンツ

　フォーム内の何らかの計算の結果を表すには、output要素を使います。実際にはJavaScriptなどを使って動作させます。

for属性
　計算に使われるコントロールのid属性の値を指定することで、コントロールとoutput要素とを結び付けます。半角スペースで区切って複数の値を指定することもできます。

他に指定できる属性（p.180〜181）
　form、name

Sample Source
```
<form onsubmit="return false">
    <input name="a" type="number"> +
    <input name="b" type="number"> =
    <output onforminput="value = Number(a.value) + Number(b.value)"></output>
</form>
```

Google Chrome

Opera

▶ブラウザ対応表	IE9	IE8	Fx4.0	Fx3.6	Chrome11	Safari5	Opera11
	×	×	○	×	○	×	○

Fx4はoutput要素には対応していますが、input type="number"に対応していないため、サンプルは動作しません

HTML5 > FORM 33

進捗状況を示したい
新しい要素 progress要素

```
<progress value="★" max="◆">～
  </progress>
```

- ★………進捗状況を示す値
- ◆………完了したときの値

▶ 要素解説	progress
カテゴリー	フロー・コンテンツ／フレージング・コンテンツ
利用できる場所	フレージング・コンテンツが期待される場所
コンテンツモデル	フレージング・コンテンツ（ただし、progress要素の入れ子は不可）

　どのくらい作業が完了しているのかといった作業の進捗状況はprogress要素で表し、一般的にはプログレス・バーとして表示されます。progress要素の中には、この要素に対応していないブラウザ向けに、プログレス・バーが示す値の説明などを入れることができます。このテキストは、progress要素に対応したブラウザでは表示されません。

value属性
　進捗状況を示す値を指定します。

max属性
　作業が完了したときの値を指定します。

他に指定できる属性(p.180～181)
　form

Sample Source

```
<p>作業の進捗：<progress value="25" max="100"> 25%</progress></p>
```

progress要素に対応していないブラウザでは、要素内のテキストが表示されます

▶ ブラウザ対応表	IE9	IE8	Fx4.0	Fx3.6	Chrome11	Safari5	Opera11
	×	×	×	×	○	×	○

参照　ゲージを示したい ························· P.246

HTML5 > FORM 34

ゲージを示したい

新しい要素 meter要素

<meter value="★" min="◆" max="▲">〜</meter>

- ★………特定の値
- ◆………最小値
- ▲………最大値

▶ 要素解説	meter
カテゴリー	フロー・コンテンツ／フレージング・コンテンツ
利用できる場所	フレージング・コンテンツが期待される場所
コンテンツモデル	フレージング・コンテンツ（ただし、meter要素の入れ子は不可）

ある範囲の中の特定の値はmeter要素で表し、一般的にはゲージとして表示されます。meter要素の中には、この要素に対応していないブラウザ向けに、ゲージが示す値の説明などを入れることができます。このテキストは、meter要素に対応したブラウザでは表示されません。

value属性

ゲージが示す値を指定します。この属性を省略することはできません。

min属性

ゲージの範囲の最小値を指定します。指定されていなければ「0」とみなされます。

max属性

ゲージの範囲の最大値を指定します。指定されていなければ「1」とみなされます。

また、次の属性も指定できます。

low属性

ゲージの低い領域部分の上限（低いとされる境界）を指定します。指定されていなければ、min属性と同じ値とみなされます。

high属性

ゲージの低い領域部分の下限（高いとされる境界）を指定します。指定されていなければ、max属性と同じ値とみなされます。

optimum属性

最適な値を指定します。指定されていなければ、min属性とmax属性の中間の値とみなされます。

form属性

p.176参照

Sample Source

```html
<p>あなたの成績：<meter value="65" min="0" low="30" high="80" max="100">
65点（100点満点中）</meter></p>
```

Internet Explorer

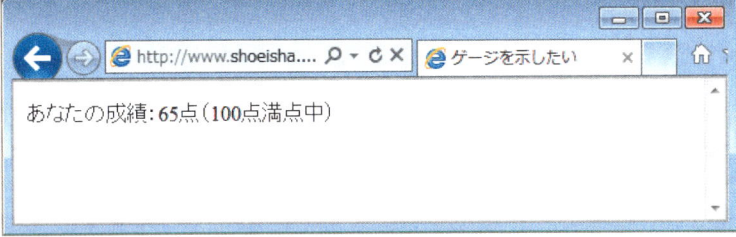

meter要素に対応していないブラウザでは要素内のテキストが表示されます

Google Chrome

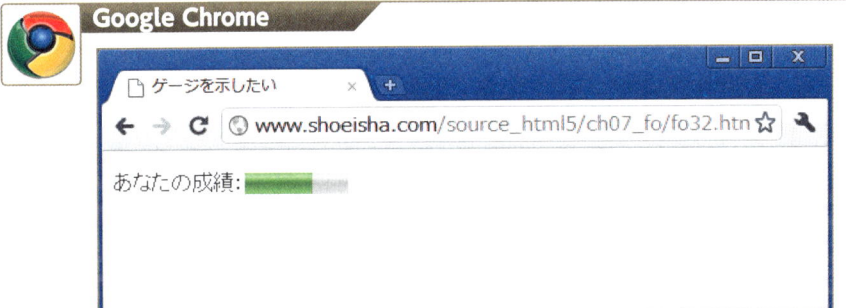

Opera

▶ブラウザ対応表	IE9	IE8	Fx4.0	Fx3.6	Chrome11	Safari5	Opera11
	×	×	×	×	○	×	○

参照　進捗状況を示したい・・・・・・・・・・・・・・・・・・・・・・・ P.244

HTML5 > INTERACTIVE 01

詳細な情報をオンデマンドで表示したい

新しい要素 details要素 summary要素

```
<details ★><summary>〜</summary>〜
  </details>
```

★………open

▶ 要素解説	details	summary
カテゴリー	フロー・コンテンツ／セクショニング・ルート／インタラクティブ・コンテンツ	なし
利用できる場所	フロー・コンテンツが期待される場所	detail要素の最初の子要素として
コンテンツモデル	1個のsummary要素に続き、フロー・コンテンツ	フレージング・コンテンツ

　詳細な情報や各種のコントロールをオンデマンドで表示するための要素として、details要素が定義されています。例えば、ユーザーがボタンをクリックしたら、折りたたまれていた詳細情報を表示するようにしたい場合などに利用できます。

　summary要素は、details要素で表される詳細情報の要約やキャプション、説明として、最初から表示される内容を表す要素です。details要素の直後に1つだけ入れることができます。その後に詳細情報を入れてください。

open属性

　詳細情報をあらかじめ表示するよう指定します。「open」「open="open"」「open=""」のいずれかの形式で指定します。

Sample Source

```html
<section class="progresswindow">
    <h1>音楽ファイルのダウンロード</h1>
    <details>
        <summary>『SUN and MOON』のダウンロード中... <progress value="25" max="100">25%</progress></summary>
        <dl>
            <dt>タイトル：</dt><dd>SUN and MOON</dd>
            <dt>ファイル名：</dt><dd>sam.mp3</dd>
            <dt>ファイル形式：</dt><dd>MPEG Audio Layer-3</dd>
            <dt>ファイル容量：</dt><dd>6.42MB</dd>
            <dt>再生時間：</dt><dd>4分38秒</dd>
        </dl>
    </details>
</section>
```

▶ ブラウザ対応表	IE9	IE8	Fx4.0	Fx3.6	Chrome11	Safari5	Opera11
	×	×	×	×	×	×	×

HTML5 > INTERACTIVE 02

命令を表したい

新しい要素 command要素

```
<command type="★" label="◆" ▲>~
</command>
```

- ★………command、checkbox、radio
- ◆………コマンドの名前
- ▲………必要な属性(下記参照)

▶ 要素解説	command
カテゴリー	メタデータ・コンテンツ／フロー・コンテンツ／フレージング・コンテンツ
利用できる場所	メタデータ・コンテンツが期待される場所／フレージング・コンテンツが期待される場所
コンテンツモデル	空

　ユーザーが利用可能なコマンド(命令)は、command要素で表します。この要素を使用することで、例えばメニューバーやコンテキスト・メニュー、ツールバーのボタンのように、特定の機能を実行するためのコマンドをWebページに用意することができます。

　command要素はmenu要素(p.252)の子要素として使います。また、実際にコマンドを実行させるには、JavaScriptなどのスクリプトが必要です。

type属性

　コマンドの種類を指定します。指定できる値は次の通りです。この属性がない場合は、「command」として扱われます。

command	通常のコマンド
checkbox	トグル型(オン／オフ切り替えタイプ)
radio	選択肢から1つを選択するタイプ

label属性

　ユーザーに対して表示される、コマンドの名前を指定します。この属性を省略することはできません。

icon属性

　コマンドのアイコンとなる画像のURLを指定します。

disabled属性

　コントロールを無効にします。この属性を指定すると、ユーザーは入力や選択、クリックなどができなくなります。「disabled」「disabled="disabled"」「disabled=""」のいずれかの形式で指定します。

checked属性

　この属性を指定しておけば、そのボタンがあらかじめ選択された状態で表示されるようになります。「checked」「checked="checked"」「checked=""」のいずれかの形式で指定します。

radiogroup属性

コマンドのグループの名前を指定します。この属性はtype属性の値が「radio」のときのみ利用できます。radiogroup属性に同じ名前が指定されたコマンドは同一のグループとして認識されるため、グループ内で1つだけを選択した状態にすることができます。

Sample Source

```
<menu type="toolbar">
    <command type="radio" radiogroup="alignment" checked="checked" label="Left"
    icon="icons/alL.png" onclick="setAlign('left')">
    <command type="radio" radiogroup="alignment" label="Center" icon="icons/alC.
    png" onclick="setAlign('center')">
    <command type="radio" radiogroup="alignment" label="Right" icon="icons/alR.
    png" onclick="setAlign('right')">
    <hr>
    <command type="command" disabled label="Publish" icon="icons/pub.png"
    onclick="publish()">
</menu>
```

▶ ブラウザ対応表	IE9	IE8	Fx4.0	Fx3.6	Chrome11	Safari5	Opera11
	×	×	×	×	×	×	×

命令を表したい **新しい要素** command要素 | 251

HTML5 > INTERACTIVE 03

命令のメニューを表したい

変更された要素 menu要素

<menu ★>〜</menu>

★………type="メニューの種類"
　　　　label="メニューの名前"

▶ 要素解説	menu
カテゴリー	フロー・コンテンツ／type属性の値が「toolbar」の場合：インタラクティブ・コンテンツ
利用できる場所	フロー・コンテンツが期待される場所
コンテンツモデル	li要素を0個以上、またはフロー・コンテンツ

　menu要素は、その範囲がコマンド（命令）のメニュー（一覧）であることを表します。
　この要素の中で定義されたコマンドの一覧から、コンテキスト・メニューやツールバーなどを作成します。コマンドは前項のcommand要素（p.250）のほか、button要素、input要素、select要素などで定義できます。

type属性

　メニューの種類を指定します。指定できる値は次の通りです。

　　context　　コンテキスト・メニュー
　　toolbar　　ツールバー

　この属性がない場合は、コンテキスト・メニューでもツールバーでもない、単なるコマンドのメニューを表します。

label属性

　ユーザーに対して表示される、メニューの名前を指定します。おもに、menu要素を入れ子にして作成される、サブメニューの名前などに利用されます。

Sample Source

```html
<menu type="toolbar">
    <li>
        <menu label="ファイル">
            <button type="button" onclick="fnew()">新規作成…</button>
            <button type="button" onclick="fopen()">開く…</button>
            <button type="button" onclick="fsave()">保存</button>
            <button type="button" onclick="fsaveas()">名前を付けて保存…</button>
        </menu>
    </li>
    <li>
        <menu label="編集">
```

```html
            <button type="button" onclick="ecopy()">コピー</button>
            <button type="button" onclick="ecut()">切り取り</button>
            <button type="button" onclick="epaste()">貼り付け</button>
        </menu>
    </li>
    <li>
        <menu label="ヘルプ">
            <li><a href="help.html">ヘルプ</a></li>
            <li><a href="about.html">アンクエディタについて</a></li>
        </menu>
    </li>
</menu>
```

Column [従来のmenu要素]

　これまでのHTMLでは、menu要素は各項目を1行で表示するメニューリストを表していました。ただし、この要素は非推奨とされ、代わりにul要素を用いることが推奨されていました。HTML5では意味が変更され、コマンドのメニューを表す要素として正式に規定されています。
　また、menu要素にはリストをより狭い範囲で表示させるcompact属性がありましたが、視覚的な表現を指定する属性のため、HTML5で廃止されました。

▶ ブラウザ対応表	IE9	IE8	Fx4.0	Fx3.6	Chrome11	Safari5	Opera11
	×	×	×	×	×	×	×

第2部 第1章
CSSの基礎知識
CSS BASIC

CSS3 > BASIC 01

CSSとは

CSSの概念

　文書の見栄え（レイアウトやデザイン）に関する情報を、文書の内容や構造とは別に定義するという概念をスタイルシートといいます。スタイルシートを実現するには複数の方法がありますが、HTML文書に適用する場合にはCSS（Cascading Style Sheets）と呼ばれる方法を用いるのが一般的です。

CSSのバージョン

　CSSには次のような仕様があります（2011年5月現在）。

CSS1（Cascading Style Sheets, Level 1）
　1996年12月勧告。フォントやテキスト、色や背景、ボックス（マージンやパディング、ボーダー）といった基本的なスタイルが定義され、HTMLで表現されていたデザインのほとんどを扱えるようになっています。

CSS2（Cascading Style Sheets, Level 2）
　1998年5月12日勧告。CSS1の上位互換に相当し、機能の追加や改訂が行われたことでCSS1よりも詳細で柔軟な設定が可能になっています。

CSS2.1（Cascading Style Sheets, Level 2 revision 1）
　CSS2の仕様内容や説明の変更・追加、エラーの修正、値の追加と一部プロパティの削除などを整理した仕様です。W3Cでは、標準化の作業は段階的に行われます。CSS2.1は、2010年12月7日の時点では、最終草案（ワーキングドラフト ラストコール）となっています。これは、2007年に最終草案の次の段階である勧告候補へ進んだ仕様が、再び最終草案に差し戻されたものです。しかし、完成度は高まっており、一般的なブラウザでもすでに多くの機能に対応しているため、現在の実質的な標準となっています。

CSS3（Cascading Style Sheets, level 3）

　現在策定中の仕様です。CSS2.1の仕様を核とし、さらに機能の追加、改訂などが行われています。CSS3の大きな特徴は、これまでのCSSのように1つの仕様書ですべてを定義するのではなく、モジュール化という考え方を取り入れて、機能ごとに仕様書を細かく分割している点です。仕様は管理しやすい大きさになり、それぞれ独立して策定を進めることでより早い改訂も可能になります。一方、ベンダー側としても、どのモジュールに対応し、どのモジュールに対応しないのかを、必要に応じて自由に選択できるようになります。いずれのモジュールもまだ勧告には至っていませんが、比較的最近のブラウザでは実装を始めており、実際に利用できる機能も少なくありません。

本書で扱う内容について

　本書では、CSS3の中から最近のブラウザでその効果を確認でき、比較的メジャーとなりつつある新しい機能をピックアップして紹介します。ただし、確定される前の仕様であるため、今後仕様内容が変更される可能性があります。それにともなって、各ブラウザでの指定方法や表示結果などが変更されることも考えられます。CSS3の利用にあたっては、まだ充分な注意が必要です。

　なお、新しい機能を紹介するというコンセプトやページ数の関係から、本書ではCSS2.1までに定義されているプロパティ等については割愛しています。CSS2/CSS2.1の機能については『スタイルシート辞典』（翔泳社）などを参照してください。

CSS3 > BASIC 02

CSSの基本書式

CSSの一番基本的な書式は次のようになります。

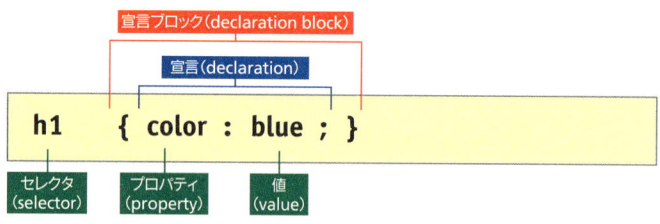

セレクタ　　スタイルを適用する対象
プロパティ　指定するスタイルの性質（色、大きさなど）
値　　　　　プロパティごとに決められている値

このように、スタイルシートは『「セレクタ」の「プロパティ」を「値」にする』という形で指定し、HTML文書に適用するものです。

見やすくするために、プロパティ名と値の前後には空白スペースを入れることができます。また、次のように改行を入れて記述することもできます。プロパティ名や値の途中で改行や半角スペースなどを入れると正しく解釈されないので注意してください。

```
h1 {
  color: blue;
}
```

プロパティを複数指定する場合は、{ }の中に「;(セミコロン)」で区切って並べます。プロパティは複数行になってもかまいません。

```
h1 {
  color: blue;
  font-style: italic;
}
```

セレクタのグループ化

複数のセレクタに同じプロパティを指定する場合には、セレクタを「,(カンマ)」で区切って並べます。

```
h1, h2, h3 {
  color: blue;
  font-style: italic;
}
```

初期値

CSSの各プロパティにはあらかじめ「初期値」が設定されており、値を明示的に指定しない場合や継承される値がない場合には、この初期値が適用されることになっています。

本書では「初期値」という項目を設け記載しています。

コメントの書き方

CSSでは「/*」と「*/」で囲った範囲がコメントになります。コメントを入れ子にすることはできません。

```
h1 {
  color: blue;    /* h1要素をブルーのイタリック体にする */
  font-style: italic;
}
```

ベンダープレフィックスについて

　CSSでは、策定の草案段階にあるプロパティ・値をブラウザが試験的に実装する場合や、ブラウザが独自に拡張したプロパティ・値については、そのプロパティや値の前に「ベンダープレフィックス(接頭辞)」を付けることが推奨されています。本書で扱うCSS3のプロパティや値でも、動作させるために次のようなベンダープレフィックスを必要とするものも少なくありません。

ブラウザ	ベンダープレフィックス
Internet Explorer	-ms-
Firefox	-moz-
Google Chrome, Safari	-webkit-
Opera	-o-

　例えばtransformプロパティの場合は次のように指定します。

```
#sample {
  -moz-transform: scale(1.5);
  -webkit-transform: scale(1.5);
  -o-transform: scale(1.5);
  -ms-transform: scale(1.5);
  transform: scale(1.5);
}
```

　-moz-transformはFirefox向け、-webkit-transformはChromeとSafari向け、-o-transformはOpera向け、そして-ms-transformはInternet Explorer向けの指定です。また、ベンダープレフィックスの無い、仕様書通りの指定も併記しておきます。
　ベンダープレフィックスは仕様が勧告候補の段階になったときには外し、仕様書に従った書式で実装することが推奨されています。
　本書ではこれらのことをふまえ、ブラウザごとのプロパティの指定方法を一覧で掲載しています。

　なお、Internet Explorer(IE)の場合は、ベンダープレフィックスの有無に独自のルールが規定されているため注意が必要です。
　IE8以上では、勧告候補に至っていない機能や独自に拡張した機能については、W3Cが推奨している通り「-ms-」を付けて記述します。ただし、そうした機能のうちIE7の時点でプレフィックスなしで存在していたプロパティについては、互換性保持のために-ms-のプレフィックスがなくても動作し続けることになっていて、推奨はされませんが、使用が認められています。一方IE7では、これらのプロパティに-ms-を付けてしまうと、動作しないことになります。IEでのページの互換性を考えた場合、これらのプロパティの使用には注意が必要です。該当するプロパティは、(overflow-x)のように(　)を付けて一覧に記載しています。

CSS3 > BASIC 03

セレクタの種類

スタイルを適用する対象を示す部分を「セレクタ」といいます。CSSではさまざまなセレクタが定義されており、状況に応じて使い分けることでスタイルを柔軟に指定できるようになっています。CSS3で定義されているおもなセレクタは以下のとおりです。

※セレクタ名の最後のアイコンは、導入されたCSSのレベルを表します。

タイプセレクタとユニバーサルセレクタ

要素名 ①

要素名のみをセレクタとするものをタイプセレクタといい、指定した要素に対してスタイルを適用します。

```
h1 {
  color: blue;
}
```

*（アスタリスク） ②

「*」をセレクタとするものをユニバーサルセレクタといい、すべての要素に対してスタイルを適用します。

```
* {
  color: blue;
}
```

属性セレクタ

要素名[属性名] ②

指定した属性を持つ要素に対してスタイルを適用します。

```
h1[title] {
  color: blue;
}
```

要素名[属性名="値"] 2

指定した属性と値を持つ要素に対してスタイルを適用します。

```
span[class="example"] {
  color: blue;
}
```

要素名[属性名~="値"] 2

属性の値が半角スペース区切りで複数含まれていて、そのうちの1つが「属性名」で指定した値と一致する要素に対してスタイルを適用します。下の例では、class属性の値に「example」が含まれているspan要素にスタイルが適用されます。

```
span[class~="example"] {
  color: blue;
}
```

要素名[属性名|="値"] 2

属性の値が「-（ハイフン）」区切りで複数含まれていて、そのうちの1つが「属性名」で指定した値の文字列で始まっている要素に対してスタイルを適用します。一般的にはlang属性で指定した言語をセレクタとする場合に使用されます。下の例では、「en」「en-US」「en-cockney」などを値とするlang属性を持つ要素にスタイルが適用されます。

```
*[lang|="en"] {
  color: blue;
}
```

要素名[属性名^="値"] 3

属性の値が「属性名」で指定した値の文字列で始まっている要素に対してスタイルを適用します。下の例では、href属性の値が「http」で始まっているa要素にスタイルが適用されます。

```
a[href^="http"] {
  background-color: gold;
}
```

要素名[属性名$="値"] 3

属性の値が「属性名」で指定した値の文字列で終わる要素に対してスタイルを適用します。下の例では、href属性の値が「.php」で終わるa要素にスタイルが適用されます。

```
a[href$=".php"] {
  background-color: gold;
}
```

要素名[属性名*="値"] ③

属性の値の中に「属性名」で指定した値の文字列を含む要素に対してスタイルを適用します。下の例では、title属性の値の中に「hello」という文字列を含むp要素にスタイルが適用されます。

```
p[title*="hello"] {
  color: blue;
}
```

クラスセレクタとIDセレクタ

要素名.クラス名 ①

「.(ピリオド)」に続く任意の名前をセレクタとするものをクラスセレクタといい、class属性の値に当該のクラス名が指定されている要素に対してスタイルを適用します。1つのHTML文書内の複数の要素に、同じclass属性を指定できます。下の例では「class="pastoral"」が指定されたすべての要素にスタイルが適用されます。

```
*.pastoral {
  color: blue;
}
```

要素名#id名 ①

「#(シャープ)」に続く任意のID名をセレクタとするものをIDセレクタといい、id属性の値に当該のid名が指定されている要素に対してスタイルを適用します。IDは唯一のものとして特定するための識別子であり、1つのHTML文書内で複数の要素に同じIDを指定することはできません。下の例では「id="chapter1"」が指定されたh1要素にのみスタイルが適用されます。

```
h1#chapter1 {
  color: blue;
}
```

擬似クラス

擬似クラスは、スタイルを適用する対象をHTMLの要素名や属性名ではなく、要素の状態や特徴で分類するものです。HTMLのツリー構造や、ほかのセレクタでは表せない状態に対してスタイルを適用できるようになります。

「:(コロン)」の後に擬似クラス名を記述し、必要な場合はさらに「( )」でくくった値を指定します。

要素名:link、要素名:visited ①

:link　　まだ見ていない(キャッシュされていない)ページへのリンクにスタイルを適用します。
:visited　すでに見た(キャッシュされている)ページへのリンクにスタイルを適用します。

要素名:hover、要素名:active、要素名:focus ①

:hover 要素にマウスカーソルなどのポインティングデバイスが重なっているとき（まだアクティブではないとき）にスタイルを適用します。
:active 要素を選択（クリックなど）したときにスタイルを適用します。
:focus 要素にフォーカスが移ったときにスタイルを適用します。

```
a:link { color: blue; }
a:visited { color: green; }
a:hover { color: yellow; }
a:active { color: fuchsia; }
```

要素名:target ③

「#名前」を利用して特定の位置へ移動するリンクを設定し（p.88）、そのリンクをアクティブにした場合に、移動先となる要素に対してスタイルを適用します。下の例では移動先のp要素にスタイルが適用されます。

```
p:target {
  border: 1px dotted blue;
}
```

要素名:lang() ②

lang属性の値が指定された言語コードで始まっている要素に対してスタイルを適用します。下の例では、「en」「en-US」「en-cockney」などを値とするlang属性を持つ要素にスタイルが適用されます。

```
*:lang(en) {
  font-family: Verdana, Arial, sans-serif;
}
```

要素名:enabled、要素名:disabled ③

:enabled 有効な要素（disabled属性が指定されていない要素）に対してスタイルを適用します。
:disabled 無効な要素（disabled属性が指定されている要素）に対してスタイルを適用します。

要素名:checked ③

ラジオボタンやチェックボックスが選択された状態のときにスタイルを適用します。

要素名:root ③

文書内のルート要素に対してスタイルを適用します。HTML文書の場合はhtml要素がルート要素となります。

要素名:nth-child() 3

同じ親要素内のn番目の子要素ごとにスタイルを適用します。「an+b」の書式、または「odd（奇数）」「even（偶数）」を引数に指定できます。「an+b」の書式では、nは0以上の整数を表し、aとbに任意の整数（0、負の数、正の数）を指定します。例えば、「odd」は「2n+1」、「even」は「2n」と同じ意味になります。下の例では、表の奇数行と偶数行にそれぞれスタイルが適用されます。

```
tr:nth-child(2n+1) { /* 表の奇数行の背景色 */
    background-color: #9999ff;
}
tr:nth-child(2n) {/* 表の偶数行の背景色 */
    background-color: #ffff99;
}

tr:nth-child(odd) {    /* 表の奇数行の背景色 */
    background-color: #9999ff;
}
tr:nth-child(even) {   /* 表の偶数行の背景色 */
    background-color: #ffff99;
}
```

要素名:nth-last-child() 3

同じ親要素内の後ろからn番目の子要素ごとにスタイルを適用します。前述の:nth-child()擬似クラス同様、「an+b」の書式、または「odd（奇数）」「even（偶数）」を引数に指定できます。

要素名:nth-of-type() 3

同じ親要素内のn番目の子要素ごとにスタイルを適用します。:nth-child()擬似クラスとは異なり、ほかの種類の兄弟要素がある場合でも、「要素名」に指定した要素のみを数えていきます。下の例では、同じ親要素内のimg要素のみを数えて、奇数番目のimg要素を右に、偶数番目のimg要素を左に配置します。

また、前述の:nth-child()擬似クラス同様、「an+b」の書式、または「odd（奇数）」「even（偶数）」を引数に指定できます。

```
img:nth-of-type(2n+1) { float: right; }
img:nth-of-type(2n) { float: left; }
```

要素名:nth-last-of-type() 3

同じ親要素内の後ろからn番目の子要素ごとにスタイルを適用します。:nth-last-child()擬似クラスとは異なり、ほかの種類の兄弟要素がある場合でも、「要素名」に指定した要素のみを数えていきます。また、:nth-child()擬似クラス同様、「an+b」の書式、または「odd（奇数）」「even（偶数）」を引数に指定できます。

要素名:first-child、要素名:last-child ②

:first-child　指定した要素が、親要素の中の最初の子要素である場合にスタイルを適用します。:nth-child(1)と同じです。

:last-child　指定した要素が、親要素の中の最後の子要素である場合にスタイルを適用します。:nth-last-child(1)と同じです。

要素名:first-of-type ③

同じ親要素内の最初の子要素に対してスタイルを適用します。ほかの種類の兄弟要素が前にある場合でも、「要素名」に指定した要素のみを対象とします。:nth-of-type(1)と同じです。下の例では同じ親要素内で最初に出現するp要素にのみスタイルを適用します。

```css
p:first-of-type {
  color: blue;
  text-style: italic;
}
```

要素名:last-of-type ③

同じ親要素内の最後の子要素に対してスタイルを適用します。ほかの種類の兄弟要素が後ろにあった場合でも、「要素名」に指定した要素を対象とします。:nth-last-of-type(1)と同じです。

要素名:only-child ③

指定した要素が、親要素の中の唯一の子要素である場合にスタイルを適用します。:first-child、:last-child、:nth-child(1)、:nth-last-child(1)と同じです。

要素名:only-of-type ③

同じ親要素を持つ兄弟要素の中で、指定した要素が1つしかない場合にスタイルを適用します。:first-of-type、:last-of-type、:nth-of-type(1)、:nth-last-of-type(1)と同じです。

要素名:empty ③

子要素や要素内容を持たない要素に対してスタイルを適用します。下の例では、セルの内容が空(<td></td>)の場合にスタイルが適用されます。

```css
td:empty {
  background: gray;
}
```

要素名:not() ❸

()内に指定されたセレクタとは一致しない要素に対してスタイルを適用します。下の例では、「class="sample"」が指定されていないp要素にスタイルが適用されます。

```
p:not(.sample) {
color: navy;
}
```

擬似要素

擬似要素は、HTMLの要素では指定できない性質に対してスタイルを適用するためのものです。
CSS2では「:(コロン)」の後に擬似要素名を記述しましたが、CSS3では擬似クラスと区別するためにコロンを2つ(::)付けて記述します。

要素名::first-line ❷

指定した要素の最初の1行にスタイルを適用します。

要素名::first-letter ❷

指定した要素の最初の1文字にスタイルを適用します。

要素名::before、要素名::after ❷

要素の直前(::before)、直後(::after)に生成追加される内容にスタイルを適用します。contentプロパティとともに使用します。

セレクタの組み合わせ

セレクタは組み合わせて使用することができます。セレクタ同士を結合子(combinator)で区切って指定し、セレクタと結合子の間には空白文字を含むことができます。結合子には「（半角スペース）」「>」「+」「~」があります。ただし、擬似要素についてはセレクタの末尾に記述し、最後のセレクタにのみ適用されます。

セレクタ セレクタ

親要素に含まれる子孫要素に対してスタイルを適用します。下の例では、h1要素に含まれるem要素にスタイルが適用されます。

```
h1 em {
  color: red;
}
```

セレクタ > セレクタ

親要素の直接の子要素に対してスタイルを適用します。下の例では、body要素の子要素であるp要素にスタイルが適用されます。

```
body > p {
  font-size: medium;
}
```

セレクタ + セレクタ

同じ親要素を持つ兄弟関係にある要素のうち、ある要素のすぐ後に現れる要素(直接の弟要素)に対してスタイルを適用します。下の例では、h1要素のすぐ後に現れるh2要素にスタイルが適用されます。h1要素とh2要素の間にほかの要素がある場合には適用されません。

```
h1 + h2 {
  font-style: italic;
}
```

セレクタ~セレクタ

同じ親要素を持つ兄弟関係にある要素のうち、ある要素の後に現れる要素に対してスタイルを適用します。すぐ後に現れる要素(直接の弟要素)であるかどうかは問いません。下の例では、h1要素の後に現れるpre要素にスタイルが適用されます。

```
h1 ~ pre {
  color: blue;
}
```

HTML文書への適用方法

デフォルトのスタイルシート言語の設定

HTML4.01/XHTML1.0文書でスタイルシートを利用する場合は、その文書のデフォルトのスタイルシート言語を指定しておく必要があります。CSSをデフォルトとするときは、次の一文をhead要素内に記述してください。HTML5では、CSS(「text/css」)がデフォルトのスタイルシート言語となっているため、同様の指定は必要ありません。

HTML4.01文書の場合
```
<meta http-equiv="Content-Style-Type" content="text/css">
```
XHTML1.0文書の場合
```
<meta http-equiv="Content-Style-Type" content="text/css" />
```

HTML文書への適用方法

HTML文書にCSSを適用するにはおもに次の方法があり、スタイルシートを利用する状況に応じて使い分けができるようになっています。CSSの仕様では、柔軟性の高い外部スタイルシートの利用が推奨されています。

style属性で要素に直接スタイルを指定する

style要素でHTML文書内にまとめてスタイルを設定する

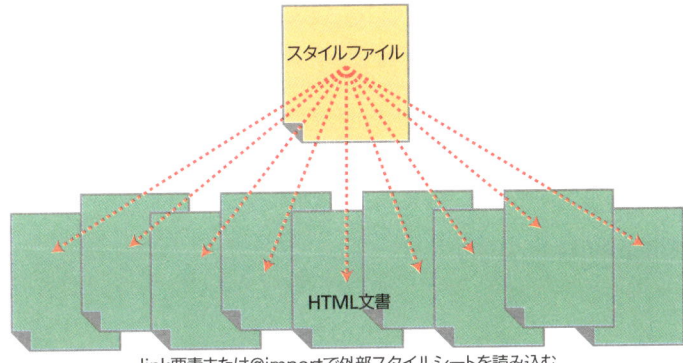
link要素または@importで外部スタイルシートを読み込む

style属性で要素に直接スタイルを指定する

style属性を利用し、スタイルを適用したい要素に直接スタイルを指定する方法です。「;」で区切って複数のスタイルを指定することもできます。

```
<h1 style="color: #003366; background-color: #99ccff;">CSSとは</h1>
```

style要素でHTML文書中にまとめてスタイルを指定する

style要素(p.38)中に指定したいスタイルをまとめ、head要素内に記述して文書に組み込む方法です。HTML5文書の場合は、style要素の「type="text/css"」を省略できます。

```
<head>
  :
<style type="text/css">
h1 {
  color: #003366;
  background-color: #99ccff;
}
.photo {
  float: left;
  padding-bottom: 10px;
}
</style>
  :
</head>
```

link要素で外部スタイルシートを読み込む

指定したいスタイルのみを記述したテキストファイル(拡張子は「.css」)をHTML文書とは別に用意し、これをlink要素で読み込む方法です。href属性で外部ファイルのURLを指定し、head要素内に記述します。HTML5文書の場合は、link要素の「type="text/css"」を省略できます。

外部スタイルシートの組み込みには、「@import」を利用する方法もあります(次項)。

a.css

```
h1 {
  color: #003366;
  background-color: #99ccff;
}
.photo {
  float: left;
  padding-bottom: 10px;
}
```

HTML文書

```
<head>
   :
<link rel="stylesheet" href="a.css" type="text/css">
   :
</head>
```

@importで外部スタイルシートを読み込む

指定したいスタイルのみを記述したテキストファイル（拡張子は「.css」）をHTML文書とは別に用意し、これを@importで読み込む方法です。「@import "★";」または「@import url("★");」で外部ファイルのURLを指定し、style要素内に記述します。@importの後には、通常のstyle要素での指定のようにスタイルを記述することもできます。

```
@import "★"
@import url("★");
★ スタイルファイルのURL（拡張子は.css）
```

外部スタイルファイルの文字コードは@charsetで指定します。@charsetは外部ファイル先頭に、1つだけ記述します。

```
@charset "Shift_JIS"
h1 {
  color: #003366;
  background-color: #99ccff;
}
.photo {
  float: left;
  padding-bottom: 10px;
}
```

CSS3 > BASIC 05

メディアクエリー

　HTML4.01やCSS2では、link要素のmedia属性、CSSの@mediaや@importにメディアタイプ（出力デバイスの種類）を指定し、各メディアに対応したスタイルを適用することができました。

　例えば「コンピュータのディスプレイ用」と「印刷用」にそれぞれ異なるフォントを適用したい場合、次のような方法があります。

link要素を使用

```
<link rel="stylesheet" type="text/css" media="screen"
 href="sans-serif.css">
<link rel="stylesheet" type="text/css" media="print"
 href="serif.css">
```

@mediaを使用

```
@media screen {
  * { font-family: sans-serif; }
}
@media print {
  * { font-family: serif; }
}
```

　現在、一般的なWebページでは次のメディアタイプがよく利用されています。

all	すべてのメディア
handheld	携帯端末
print	プリンタ（印刷プレビューを含む）
screen	一般的なコンピュータのディスプレイ

　CSS3ではこうした機能がさらに拡張され、メディアクエリーとして定義されています。メディアクエリーでは、メディアタイプとメディア特性、さらに論理演算子を利用することで、対象とするメディアの条件を設定します。これによって、特定のメディアに適したスタイルを、より細かく指定できるようになります。

「CSS3 Media Queries」で定義されているおもなメディア特性と論理演算子は、次の通りです。これらのメディア特性では、「min-」「max-」の接頭辞を付けて「〜以上」「〜以下」という制限を指定することもできます（「orientation」をのぞく）。

メディア特性

width	ウィンドウの幅
height	ウィンドウの高さ
device-width	ディスプレイの幅
device-height	ディスプレイの高さ
orientation	デバイスの方向（横置きか縦置きか）
aspect-ratio	ウィンドウの縦横比
device-aspect-ratio	ディスプレイの縦横比
color	カラーの場合、その色のビット数（モノクロなら「0」）
color-index	出力デバイスの持つカラーテーブルのエントリ数
monochrome	モノクロの場合、その階調のビット数（カラーなら「0」）
resolution	解像度

論理演算子

and	AND（かつ）…構文の区切りに使用します。
,	OR（または）…構文の区切りに使用します。
not	NOT（〜ではない）…先頭に付けて使用します。
only	メディアクエリーに対応していないブラウザに当該のスタイルを適用させないために使用。対応しているブラウザは「only」を無視して処理…先頭に付けて使用します。

次のサンプルでは、ウィンドウの幅が500px以上の場合にはsample1.cssを適用し、幅が499px以下の場合にはsample2.cssを適用するよう指定しています。また、メディアクエリーに対応していないブラウザにはこれらのスタイルを適用しないよう、「only」を先頭に付けています。

```
<link rel="stylesheet" type="text/css"
media="only screen and (min-width: 500px)" href="sample1.css">
<link rel="stylesheet" type="text/css"
media="only screen and (max-width: 499px)" href="sample2.css">
```

メディアクエリーについてのより詳細な解説は、ページ数の関係から本書では割愛します。

CSS3 > BASIC 06
ボックスモデル

　CSSでは各要素が「ボックス」と呼ばれる四角い領域を生成し、この領域や領域を囲む枠線に対して大きさや色、位置の指定をすることでスタイルを変更します。ボックスは内容領域・マージン・パディング・ボーダーから構成されています。この4つの部分と、背景色・背景画像との関係を表すと次の図のようになります。

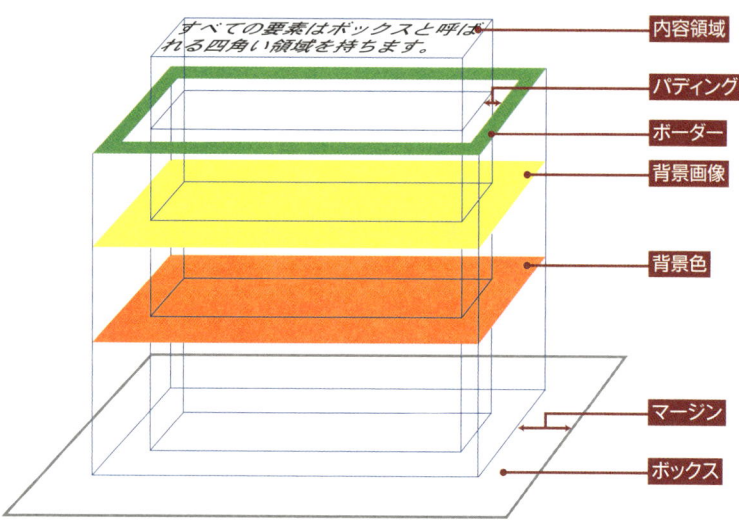

内容領域
　テキストや画像など、要素の内容が表示される領域です。widthプロパティとheightプロパティで指定したサイズは、この領域の幅と高さとして適用されます（注1）。

パディング
　内容領域とボーダーとの間の余白領域です。要素に指定した背景色や背景画像はこの部分にも適用されます。

ボーダー
　要素の周りに表示される枠線で、パディングの外側に設定されます。要素に指定した背景色や背景画像はこの部分にも適用されます（注2）。

マージン

　ボーダーの外側に設定される余白領域です。要素に指定した背景色や背景画像はこの部分には適用されず、背景は常に透明になります。そのため、親要素に背景が設定されている場合には、その背景が透けて見えることになります。

背景色・背景画像

　要素に指定した背景色や背景画像は、要素が生成するボックスの内容領域、パディング領域、ボーダー領域に表示されます（注2）。

　背景色と背景画像は、背景色の上に背景画像が表示されるという関係になっています。そのため指定した背景画像が利用できる場合には背景画像が前面に表示され、画像に透明な部分があればそこについては背景色が透けて見えることになります。

　以上はCSS2.1で規定されているボックスモデルです。CSS3では、さらに次のような機能が検討されています。

注1…CSS3では、box-sizingプロパティ（p.312）に「border-box」を指定すると、widthプロパティとheightプロパティで指定したサイズが、ボックスのボーダー領域までの幅と高さとして適用されるようになります。

注2…CSS3では、background-clipプロパティ（p.286）に「padding-box」や「content-box」を指定すると、ボーダー領域から内側に配置された背景の、どの部分までを実際に表示させるかを指定できるようになります。

CSS3 > BASIC 07

スタイルの適用要素、継承、優先順位

スタイルの適用要素

　各プロパティは、どれもすべての要素に適用されるわけではありません。プロパティによって適用される要素が決められています。どの要素に適用されるのか、本書では「適用要素」という項目を設けて記載しています。

スタイルの継承

　プロパティには、親要素に指定した値が子要素に継承されるものと、継承されないものとがあります。継承の有無について、本書では「継承」という項目を設けて記載しています。
　また、各プロパティには、親要素の値を強制的に継承させるためのキーワード「inherit」を値として指定することができます。

スタイルの優先順位

　CSSで指定するスタイルは、さまざまなルールから最終的な優先順位が決定され、文書に適用されます。
・適用方法による優先順位（例：外部スタイルシートかどうか）
・制作者による優先順位（例：文書制作者のスタイルかどうか）
・最優先のスタイル（!importantが指定されているかどうか）

以上の点について、詳細は『スタイルシート辞典』（翔泳社）を参照してください。

CSS3 > BASIC 08

長さの指定方法

CSSで長さや大きさを指定するには、実数値を用いる方法と、パーセント値を用いる方法とがあります。実数値で指定する場合に利用される単位は、さらに「相対単位」と「絶対単位」に分けることができます。
CSSでは正の値だけでなく、負の値を指定できるプロパティもあります。

実数値＋単位

相対単位

em　その要素のfont-sizeの値を1とする単位です。ただし、font-size自身の指定にemが使用された場合には、親要素のfont-sizeを1とする大きさになります。親要素がない場合には、ブラウザの規定値を基準とします。

ex　その要素のフォントのx-height（小文字xの高さ）の値を1とする単位です。ただし、font-size自身の指定にexが使用された場合には、親要素の小文字xの高さを1とする大きさになります。親要素がない場合には、ブラウザの規定値の小文字xの高さを基準とします。ただし、現時点では詳細を検討中の単位です。

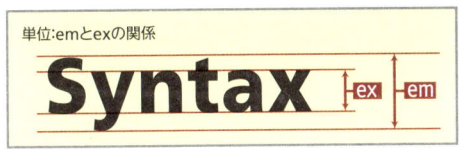
単位:emとexの関係

px　コンピュータのディスプレイ上の1ピクセルを1とする単位です。実際に表示される大きさはディスプレイの解像度による相対的なものになります。

```
h1 { margin: 1em; }
```

CSS3では新たに、rem、vw、vh、vm、chという単位が追加されています。ただし、現時点では対応していないブラウザもあるため、使用には注意が必要です。

rem　ルート要素のfont-sizeの値を1とする単位です。ただし、ルート要素のfont-size自身の指定にremが使用された場合には、ブラウザのデフォルトの「font-size: medium」のサイズを基準とします。

vw　ビューポート（ブラウザのコンテンツが表示される領域）の幅を100とする単位です。そのため、ブラウザのウィンドウサイズを変更すると、この値も変更されます。例えばビューポートの幅が200mmの場合、値に8vwを指定すると、16mm ((8×200)/100)で表示されることになります。

vh	ビューポートの高さを100とする単位です。そのため、ブラウザのウィンドウサイズを変更すると、この値も変更されます。
vm	ビューポートの幅または高さの小さい方の値を100とする単位です。そのため、ブラウザのウィンドウサイズを変更すると、この値も変更されます。
ch	その要素で使われるフォントの「0(ゼロ)」の幅を1とする単位です。0を含まないフォントの場合は、平均的なフォント幅を基準とすることになっています。ただし、この平均的なフォントについては、現時点では詳細を検討中です。

絶対単位

in	インチ(1in=2.54cm)
cm	センチメートル
mm	ミリメートル
pt	ポイント(1pt=1/72in)
pc	パイカ(1pc=12pt)

```
h4{font-size:12pt;}
```

Column　　　　　　　　　　　　　　　　　　　　　　　　［値が「0」の場合］
実数値+単位の指定で値が「0」の場合は、単位を省略することができます。

パーセント値

%	他の値に対する割合で、長さや大きさを指定

```
p { font-size: 120%; }
```

CSS3 > BASIC 09

色の指定方法

　CSSで色を指定するには、次のような方法があります。RGBA、HSL、HSLA、currentColorは、CSS3で新たに追加された指定方法です。また、システムカラーによる指定は、CSS3では非推奨となっています。

RGB

#rrggbb
　「#」に続けて赤(r)、緑(g)、青(b)のそれぞれの値を00〜ffの16進数で2桁ずつ、計6桁で指定します。

#rgb
　「#」に続けて赤(r)、緑(g)、青(b)のそれぞれの値を0〜fの16進数で1桁ずつ、計3桁で指定します。この方法ではrgb各桁を2つ繰り返して並べた6桁の形式(#rrggbb)に変換されてから色が表現されます。例えば「#fb0」という値は「#ffbb00」という値に変換されることになります。

rgb(n, n, n)
　rgbに続く「()」の中に赤(r)、緑(g)、青(b)のそれぞれの値を「,」で区切って10進数の整数で指定します。

rgb(n%, n%, n%)
　rgbに続く「( )」の中に赤(r)、緑(g)、青(b)のそれぞれの値を「,」で区切ってパーセントで指定します。

> 以下の例では、いずれもp要素に赤を指定しています。
> ```
> p { color: #ff0000; }
> p { color: #f00 }
> p { color: rgb(255, 0, 0) }
> p { color: rgb(100%, 0%, 0%) }
> ```

RGBA

　RGBに、不透明度を表すアルファ値を加えた指定方法です。アルファ値は、RGB値の後に「,」で区切って0.0～1.0の間で指定します。0.0が透明、1.0が不透明となります。RGBのように16進数での指定はできません。

```
p { color: rgba(0, 0, 255, 0.5) }          /* 半透明な青 */
p { color: rgba(100%, 50%, 0%, 0.1) }      /* 非常に透明なオレンジ */
```

HSL

hsl(色相, 彩度, 輝度)

　HSL色空間に基づく指定方法です。Hue（色相）、Saturation（彩度）、Lightness/Luminance（輝度）、の3つの成分の値を「,」で区切って指定します。

Hue（色相）
色合いをカラーサークル（色相環）上の角度で指定します。例えば、赤は0(360)、緑は120、青なら240となります。

Saturation（彩度）
色の鮮やかさ（色味の強さ）の度合いを、0%（無彩色）～100%（純色）の範囲で指定します。

Lightness/Luminance（輝度）
色の明るさの度合いを、0%（黒）～100%（白）の範囲で指定します。中間の50%が純色になります。

```
p { color: hsl(0, 100%, 50%)         /* 赤 */
p { color: hsl(120, 100%, 50%) }     /* グリーン */
p { color: hsl(120, 100%, 25%) }     /* ダークグリーン */
p { color: hsl(120, 100%, 75%) }     /* ライトグリーン */
```

HSLA

　HSLに、不透明度を表すアルファ値を加えた指定方法です。アルファ値は、HSL値の後に「,」で区切って0.0～1.0の間で指定します。0.0が透明、1.0が不透明となります。

```
p { color: hsla(240, 100%, 50%, 0.5) }    /* 半透明な青 */
p { color: hsla(30, 100%, 50%, 0.1) }     /* 非常に透明なオレンジ */
```

色名

　「red」「black」など、色名で指定します。大文字と小文字は区別されません。

currentColor

当該の要素のcolorプロパティに指定されている色を指定します。

transparent

透明を指定します。

システムカラー

ユーザーのOSに設定されているシステムカラーをキーワードとして指定します。ただし、システムカラーによる指定は、CSS3では非推奨とされています。

システムカラーについては『CSS辞典』または、CSS2.1の仕様を参照してください。

CSS3 > BASIC 10

角度の指定方法

角度は、実数値の後に次の単位を付けて指定します。turnはCSS3で追加された単位です。

- deg 度（度数法に基づく角度）
- grad グラード（グラード法に基づく角度）
- rad ラジアン（ラジアン法(弧度法)に基づく角度）
- turn 回転（1turn=1回転）

```
div {
transform: rotate(45deg);
}
```

現時点では、Firefoxはturnには対応していません。また、Internet ExplorerはIE9から角度の指定に対応しています。

CSS3 > BASIC 11

URLの指定方法

CSSでURL(URI)やファイルの位置を指定する場合には「url()」を使用し、絶対URLまたは相対URLで記述します。URLは引用符(「" "」や「' '」)でくくることもできます。

```
url(http://www.ank.co.jp/logo.gif)   …絶対URL
url("../books/sample.png")           …相対URL
```

第2部 第2章
CSS リファレンス
HTML REFERENCE

- 背景とボーダー
- ボックス
- 色とグラデーション
- テキスト
- フォント
- 段組み
- フレキシブル・ボックス
- トランジション
- アニメーション
- 変形

CSS3 > BACKGROUND & BORDER 01

背景画像を複数指定したい

```
background-image: ★,◆,...,▲
background-repeat: ★,◆,...,▲
background-attachment: ★,◆,...,▲
background-position: ★,◆,...,▲
background-clip: ★,◆,...,▲
background-origin: ★,◆,...,▲
background-size: ★,◆,...,▲
background: ●,■,...,▼
```

★、●…1番上の画像への指定
◆、■…2番目の画像への指定
▲、▼…1番下の画像への指定

初期値 個別のプロパティ参照　**値の継承** しない　**適用要素** すべての要素

　CSS3では、1つの要素に対して複数の背景画像を指定し、重ね合わせて表示することができます。個別のプロパティで指定する方法と、backgroundプロパティで一括して指定する方法とがあります。いずれも、基本はCSS2の背景画像の指定方法と同じです。
　背景色（background-color）は最後に1回だけ指定できます（色の指定方法はp.279を参照）。

個別のプロパティで指定する場合
　それぞれのプロパティで設定する値を、画像ごとに「,（カンマ）」で区切って指定します。最初に指定した画像が1番上に、以降指定した順に表示され、最後に指定した画像が1番下に表示されます。

一括して指定する場合
　1つの画像に必要な値を半角スペースで区切って指定し、さらに画像ごとに「,（カンマ）」で区切って並べます。最初に指定した画像が1番上に、以降指定した順に表示され、最後に指定した画像が1番下に表示されます。
　例えば、サンプルのスタイルを一括して指定する場合は、次のようになります。

```
body {
  background: url(usa_flute.png) no-repeat 600px 500px, url(balloon1.png)
    no-repeat 120px 100px, url(sky_photo.jpg) no-repeat 30px 20px, #f0ffff;
}
```

CSS Source

```
body {
    background-image: url(usa_flute.png), url(balloon1.png), url(sky_photo.jpg);
    background-repeat: no-repeat;
    background-position: 600px 500px, 120px 100px, 30px 20px;
    background-color: #f0ffff;
}
```

usa_flute.png

balloon1.png　sky_photo.jpg

Internet Explorer

▶ブラウザごとの指定方法と対応

ブラウザ	プロパティ
IE9	個別のプロパティ参照
IE8	—
Fx4.0	個別のプロパティ参照
Fx3.6	個別のプロパティ参照

ブラウザ	プロパティ
Chrome11	個別のプロパティ参照
Safari5	個別のプロパティ参照
Opera11	個別のプロパティ参照

参照
背景を表示する範囲を指定したい……… P.286
背景画像の基準の位置を指定したい……… P.288
背景画像のサイズを指定したい……… P.290

背景画像を複数指定したい | 285

CSS3 > BACKGROUND & BORDER 02

背景を表示する範囲を指定したい

background-clip: ★

★………border-box、padding-box、content-box

初期値 border-box　**値の継承** しない　**適用要素** すべての要素

CSS3では、背景（背景色や背景画像）はボーダー領域から内側に配置されます。background-clipプロパティは、このうちのどの部分までを表示させるかを指定するプロパティです。値に「padding-box」や「content-box」を指定すると、指定した領域の周囲を切り落としたように表示されます。

値の指定方法

border-box　ボーダー領域から内側の背景が表示されます。
padding-box　パディング領域から内側の背景が表示されます。
content-box　内容領域の背景のみ表示されます。

CSS Source

```
div {
    margin: 20px;
    padding: 20px;
    border: 10px dashed #339999;
    width: 400px;
    height: 50px;
    color: #ffffff;
    background: url(dia2.gif);
    font-weight: bold;
    font-size: 18px;
}
#sample1 {
    -moz-background-clip: border;
    background-clip: border-box;
}
#sample2 {
    -moz-background-clip: padding;
    background-clip: padding-box;
}
#sample3 {
```

dia2.gif

```
    -webkit-background-clip: content-box;
    background-clip: content-box;
}
```

HTML Source

```
<body>
<div id="sample1">border-boxを指定</div>
<div id="sample2">padding-boxを指定</div>
<div id="sample3">content-boxを指定</div>
</body>
```

Internet Explorer

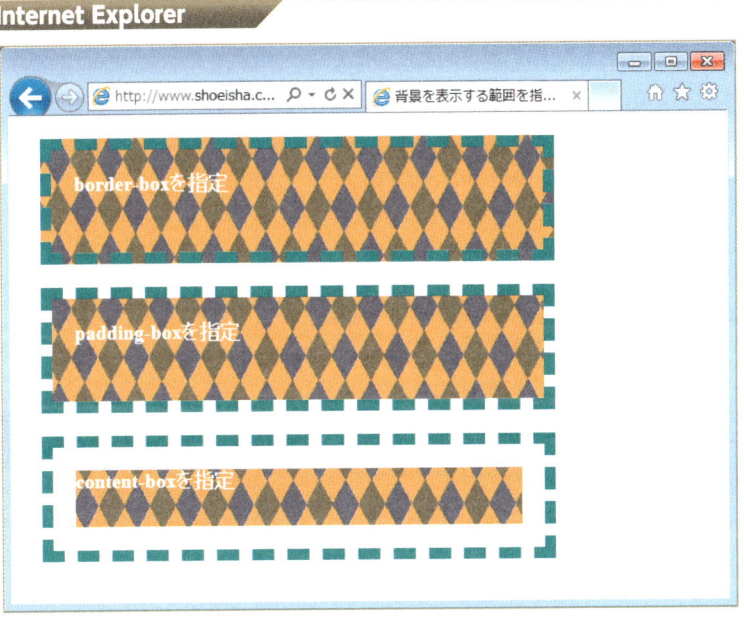

▶ブラウザごとの指定方法と対応

ブラウザ	プロパティ	値
IE9	background-clip	border-box、padding-box、content-box
IE8	—	—
Fx4.0	background-clip	border-box、padding-box、content-box
Fx3.6	-moz-background-clip	border、padding
Chrome11	background-clip	border-box、padding-box、content-box
Safari5	background-clip	border-box、padding-box
	-webkit-background-clip	content-box
Opera11	background-clip	border-box、padding-box、content-box

Fx3.6はcontent-boxに対応していません

  背景画像を複数指定したい・・・・・・・・・・・・・・・・・ P.284
           ボックスモデル・・・・・・・・・・・・・・・・・・・・・・・・ P.274

CSS3 > BACKGROUND & BORDER 03

背景画像の基準の位置を指定したい

background-origin: ★

★………padding-box、border-box、content-box

初期値 padding-box　値の継承 しない　適用要素 すべての要素

　背景画像を表示するときの、その基準となる位置を指定します。background-positionプロパティで背景画像の表示位置を指定する場合の基点などに利用できます。
　ただし、background-attachmentプロパティの値に「fixed」が指定されている場合は、background-originプロパティでの指定は無効になります。

値の指定方法

padding-box　パディング領域の左上を基準として、背景画像が表示されます。背景画像の位置を指定する場合は、パディング領域の左上が「0 0」、右下が「100% 100%」となります。

border-box　ボーダー領域の左上を基準として、背景画像が表示されます。背景画像の位置を指定する場合は、ボーダー領域の左上が「0 0」、右下が「100% 100%」となります。

content-box　内容領域の左上を基準として、背景画像が表示されます。背景画像の位置を指定する場合は、内容領域の左上が「0 0」、右下が「100% 100%」となります。

CSS Source

```
div {
    margin: 20px;
    padding: 20px;
    border: 10px dashed #ff9900;
    width: 400px;
    height: 50px;
    color: #ffffff;
    background: url(dia1.gif) no-repeat;
    font-family: Helvetica, sans-serif;
    font-weight: bold;
    font-size: 18px;
}
#sample1 {
    -moz-background-origin: padding;
```

dia1.gif

```
    background-origin: padding-box;
}
#sample2 {
    -moz-background-origin: border;
    background-origin: border-box;
}
#sample3 {
    -moz-background-origin: content;
    background-origin: content-box;
}
```

HTML Source

```
<body>
<div id="sample1"><code>padding-box</code></div>
<div id="sample2"><code>border-box</code></div>
<div id="sample3"><code>content-box</code></div>
</body>
```

Internet Explorer

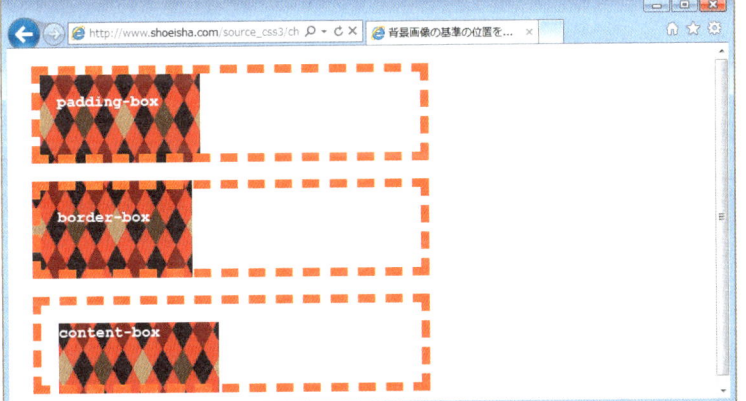

▶ ブラウザごとの指定方法と対応

ブラウザ	プロパティ	値
IE9	background-origin	padding-box、border-box、content-box
IE8	—	—
Fx4.0	background-origin	padding-box、border-box、content-box
Fx3.6	-moz-background-origin	padding、border、content
Chrome11	background-origin	border-box、padding-box、content-box
Safari5	background-origin	border-box、padding-box、content-box
Opera11	background-origin	padding-box、border-box、content-box

参照 背景画像を複数指定したい ･･････････････ P.284

CSS3 > BACKGROUND & BORDER 04

背景画像のサイズを指定したい

background-size: ★

★………contain、cover、実数値+単位、パーセント値+%、auto

初期値 auto　値の継承 しない　適用要素 すべての要素

　背景画像の表示サイズを指定します。「実数値+単位、パーセント値+%、auto」の組み合わせで指定する方法と、「contain」や「cover」を指定する方法とがあります。

値の指定方法

- contain　　幅と高さの比率を保持したまま、画像全体が表示領域に収まる最大のサイズで表示されます。
- cover　　幅と高さの比率を保持したまま、その画像1つだけで表示領域を覆える最小のサイズで表示されます。

実数値+単位、パーセント値+%、auto

　内容領域の左上を基準として、背景画像が表示されます。背景画像の位置を指定する場合は、内容領域の左上が「0 0」、右下が「100% 100%」となります。

　画像の幅と高さを半角スペースで区切って指定します。1つ目の値が幅、2つ目の値が高さになります。

　「実数値+単位」では、数値に単位を付けて指定します(単位についてはp.277参照)。「パーセント値+%」では、基準の表示領域に対する割合でサイズを指定します。基準の表示領域はbackground-origin(p.288)で指定できます。デフォルトはパディング領域です。

　幅と高さのいずれかの値に「auto」を指定すると、幅と高さの比率を保持したまま画像のサイズが変更されます。また、値を1つだけ指定した場合は幅を指定したことになり、高さは「auto」に設定されます。「auto」のみを指定した場合は、画像本来のサイズで表示されます。

CSS Source

```css
div {
    margin: 20px;
    padding: 20px;
    border: 10px dashed #6699ff;
    width: 350px;
    height: 100px;
    background: url(ninjin.gif);
    font-family: Helvetica, sans-serif;
    font-weight: bold;
    font-size: 18px;
}
#sample1 {
    -moz-background-size: auto 90px;
    background-size: auto 90px;
}
#sample2 {
    -moz-background-size: 100% 100%;
    background-size: 100% 100%;
}
#sample3 {
    -moz-background-size: contain;
    background-size: contain;
}
#sample4 {
    -moz-background-size: cover;
    background-size: cover;
}
```

ninjin.gif

HTML Source

```html
<body>
<div id="sample1"><code>auto 90px</code></div>
<div id="sample2"><code>100% 100%</code></div>
<div id="sample3"><code>contain<code></div>
<div id="sample4"><code>cover</code></div>
</body>
```

背景画像のサイズを指定したい

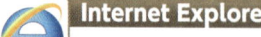

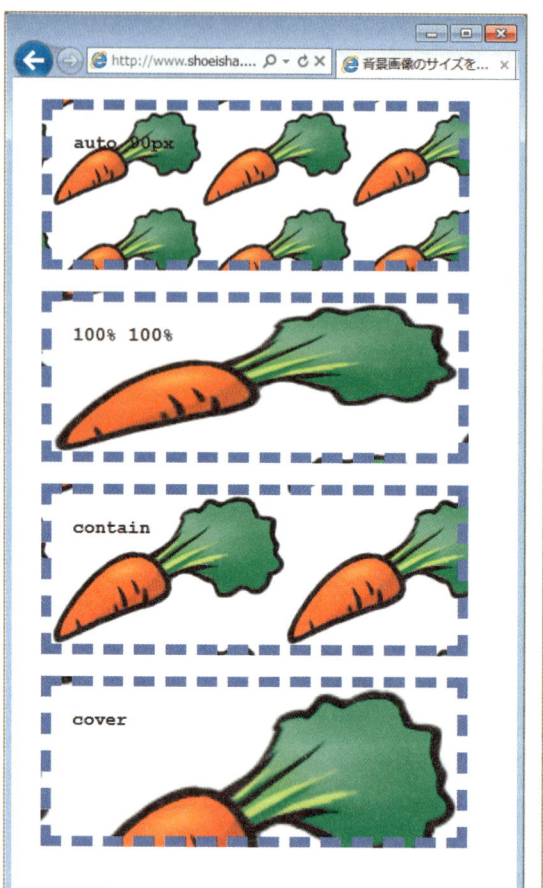

Column　　　　　　　　　　　　　　　　　［ブラウザによる解釈の違い］

　「実数値+単位、パーセント値+%、auto」での指定で値が1つの場合、ブラウザによっては幅と高さの両方の値として処理されることがあります。できる限り両方の値を指定し、比率を変更しない場合は「auto」を指定しておくとよいでしょう。
　また、パーセント値の基準となる領域も、ブラウザによって異なることがあるので注意が必要です。

▶ブラウザごとの指定方法と対応

ブラウザ	プロパティ
IE9	background-size
IE8	—
Fx4.0	background-size
Fx3.6	-moz-background-size

ブラウザ	プロパティ
Chrome11	background-size
Safari5	background-size
Opera11	background-size

　背景画像を複数指定したい・・・・・・・・・・・・・・P.284

CSS3 > BACKGROUND & BORDER 05

角丸を個別に指定したい

border-top-left-radius: ★ 　　左上
border-top-right-radius: ★ 　　右上
border-bottom-right-radius: ★ 　　右下
border-bottom-left-radius: ★ 　　左下

★………実数値+単位、パーセント値+単位

初期値 0 　値の継承 しない 　適用要素 すべての要素

　これまでボーダーの角を丸くするには画像を利用していましたが、CSS3ではborder-*-radiusプロパティやborder-radiusプロパティを使うことで、この角丸を表現できるようになります。
　border-*-radiusプロパティでは、ボーダーの4つの角の丸みを個別に指定することができます。丸みは、角に内接する円の半径で指定します。2つの値を半角スペースで区切って記述すれば、楕円形を指定することもできます。その場合、1つ目の値が横方向の半径、2つ目の値が縦方向の半径になります。

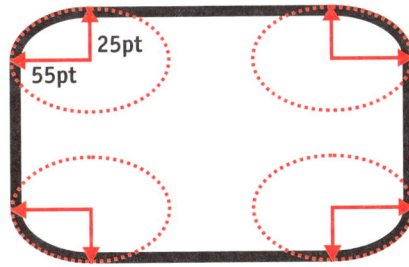

border-top-left-radius:55pt 25ptの場合

値の指定方法

実数値+単位 　　数値に単位を付けて、ボーダー辺までの円の半径を指定します（単位についてはp.277を参照）。

パーセント値+単位 　　ボーダーボックス（ボーダーを含むボックス）のサイズに対する割合で、ボーダー辺までの円の半径を指定します。横方向の半径はボックスの幅、縦方向の半径はボックスの高さを基準とします。ただし、パーセント値での指定は、ブラウザによっては仕様通りに動作しない場合もあるため注意が必要です。

CSS Source

```css
div {
    margin: 30px;
    padding: 20px;
    width: 200px;
    height: 100px;
    color: #ffffff;
    font-family: Helvetica, sans-serif;
    font-weight: bold;
    -moz-border-radius-topleft: 20px;
    -moz-border-radius-topright: 50px 70px;
    -moz-border-radius-bottomright: 20px;
    -moz-border-radius-bottomleft: 50px 70px;
    border-top-left-radius: 20px;
    border-top-right-radius: 50px 70px;
    border-bottom-right-radius: 20px;
    border-bottom-left-radius: 50px 70px;
}
#sample1 {
    border: 3px solid #3399ff;
    background-color: #66ccff;
}
#sample2 {
    background-image: url("candy.jpg");
}
```

candy.jpg

HTML Source

```html
<body>
<div id="sample1">sample1</div>
<div id="sample2">sample2</div>
</body>
```

Internet Explorer

角丸を個別に指定したい

iPhone Safari

▶ブラウザごとの指定方法と対応

ブラウザ	プロパティ	ブラウザ	プロパティ
IE9	border-top-left-radius border-top-right-radius border-bottom-right-radius border-bottom-left-radius	Chrome11	border-top-left-radius border-top-right-radius border-bottom-right-radius border-bottom-left-radius
IE8	—	Safari5	border-top-left-radius border-top-right-radius border-bottom-right-radius border-bottom-left-radius
Fx4.0	border-top-left-radius border-top-right-radius border-bottom-right-radius border-bottom-left-radius	Opera11	border-top-left-radius border-top-right-radius border-bottom-right-radius border-bottom-left-radius
Fx3.6	-moz-border-radius-topleft -moz-border-radius-topright -moz-border-radius-bottomright -moz-border-radius-bottomleft		

※Firefox 3.6では、パーセント値で値を2つ指定した場合、どちらの値もボックスの幅を基準として算出されます。
Safari 5はパーセント値での指定に対応していません。

 角丸のプロパティを一括して指定したい……P.296

CSS3 > BACKGROUND & BORDER 06

角丸のプロパティを一括して指定したい

border-radius: ★

★………実数値+単位、パーセント値+単位

初期値	0	値の継承	しない

適用要素　すべての要素(ただし、border-collapseプロパティの値が「collapse」のtable要素を除く)

border-radiusプロパティを使うと、ボーダーの4つの角の丸みを一括して指定することができます。

値が1つだけのときは4つの角すべてに適用されますが、2〜4個の値を半角スペースで区切って記述すると、値の数によって下記のように適用されます。

★	すべての角
★★	左上と右下、右上と左下
★★★	左上、右上と左下、右下
★★★★	左上、右上、右下、左下

値の指定方法

実数値+単位　　数値に単位を付けて、ボーダー辺までの円の半径を指定します(単位についてはp.277を参照)。

パーセント値+単位　ボーダーボックス(ボーダーを含むボックス)のサイズに対する割合で、ボーダー辺までの円の半径を指定します。横方向の半径はボックスの幅、縦方向の半径はボックスの高さを基準とします。ただし、パーセント値での指定は、ブラウザによっては仕様通りに動作しない場合もあるため注意が必要です。

CSS Source

```
div {
    margin: 30px;
    padding: 20px;
    width: 200px;
    height: 100px;
    color: #ffffff;
    background-color: #66ccff;
    font-family: Helvetica, sans-serif;
    font-weight: bold;
    -moz-border-radius: 20px 50px;
    border-radius: 20px 50px;
```

```
}
#sample1 {
    border: 3px solid #3399ff;
    background-color: #66ccff;
}
#sample2 {
    background-image: url("candy.jpg");
}
```

candy.jpg

HTML Source

```
<body>
<div id="sample1">sample1</div>
<div id="sample2">sample2</div>
</body>
```

Column　　　　　　　　　　　　　　［一括指定で角を楕円形に丸くする］

　border-radiusプロパティで角を楕円形に丸くするには、横方向の半径と縦方向の半径をそれぞれまとめ、「/」(スラッシュ)で区切って記述します。値の数と適用される角は前ページの表の通りです。例えば、前項のサンプルの角丸の指定部分をborder-radiusプロパティで指定する場合は、次のようになります。
　　-moz-border-radius: 20px 50px / 20px 70px 20px;
　　border-radius: 20px 50px / 20px 70px 20px;
　ただし、ブラウザによっては「/」を使った指定方法に対応していないことがあるため、注意が必要です。

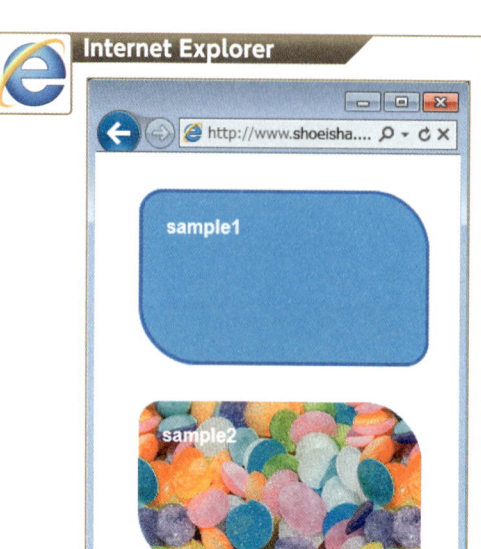

▶ ブラウザごとの指定方法と対応

ブラウザ	プロパティ
IE9	border-radius
IE8	—
Fx4.0	border-radius
Fx3.6	-moz-border-radius

ブラウザ	プロパティ
Chrome11	border-radius
Safari5	border-radius
Opera11	border-radius

参照　角丸を個別に指定したい･･･････････････P.293

CSS3 > BACKGROUND & BORDER 07

ボーダーに画像を指定したい

border-image: ★ ◆ / ▲

★………画像のURL
◆………各辺からの距離
▲………ボーダーの幅

初期値 個別のプロパティ参照　**値の継承** しない
適用要素 すべての要素（ただし、border-collapseプロパティの値が「collapse」のtable要素を除く）

画像でボーダーを表現するには、border-imageプロパティを使います（ボーダー画像）。

値の指定方法

画像のURL
各辺からの距離

表示させる画像のURLを指定します（URLの指定方法はp.282を参照）。border-imageプロパティでは、下図のように上辺、右辺、下辺、左辺からの距離で画像を9つに分割し、それぞれを拡大・縮小して表示します。この分割位置までの距離を、画像のURLに続けて指定します。値が1つだけのときは4つの距離すべてに適用されますが、2〜4個の値を半角スペースで区切って記述すると、値の数によって下記のように適用されます。

★	すべての距離
★★	上下、左右
★★★	上、左右、下
★★★★	上、右、下、左

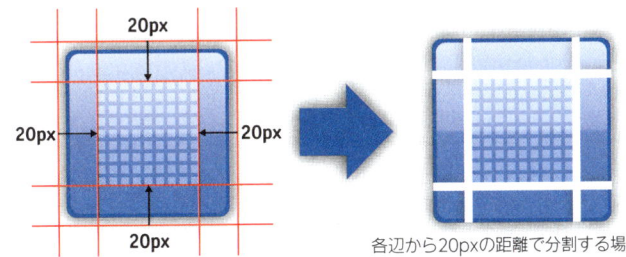

各辺から20pxの距離で分割する場合

実数値＋単位	各辺から分割位置までの距離をピクセル数で指定します。
パーセント値＋%	各辺から分割位置までの距離を、画像の幅と高さに対する割合で指定します。左右の距離は幅を、上下の距離は高さを基準とします。
ボーダーの幅	ボーダーの幅は、「/」(スラッシュ)に続けて「実数値＋単位」、またはボーダー画像領域に対する割合を示す「パーセント値＋%」で指定します。値が1つだけのときは4辺のボーダーすべてに適用されますが、2～4個の値を半角スペースで区切って記述すると、値の数によって適用される辺が異なります。値の数と適用される辺との対応は「各辺からの距離」と同じですので、上記の表を参照してください。 幅の指定がなければ、幅は「1」とみなされます。この書式を用いずに、border-widthプロパティで幅を指定することもできます。

CSS Source

```
div {
    padding: 20px;
    width: 350px;
    height: 50px;
    color: #ffffff;
    font-weight: bold;
    -moz-border-image: url("woodframe.jpg") 55 / 55px 30px;
    -webkit-border-image: url("woodframe.jpg") 55 / 55px 30px;
    -o-border-image: url("woodframe.jpg") 55 / 55px 30px;
    border-image: url("woodframe.jpg") 55 / 55px 30px;
}
```

woodframe.jpg

HTML Source

```
<body>
<div>ボーダー画像</div>
</body>
```

‖Column　　　　　　　　　　［ボーダー画像の効果を個別に指定するプロパティ］

　　border-imageは、ボーダー画像の効果を一括して指定するプロパティです。画像のURL (border-image-source)、画像の分割位置までの距離(border-image-slice)、ボーダーの幅 (border-image-width)、ボーダーの繰り返し方法(border-image-repeat)など、個別に指定するプロパティもCSS3で策定中ですが、現在のところ対応しているブラウザはありません。

Firefox

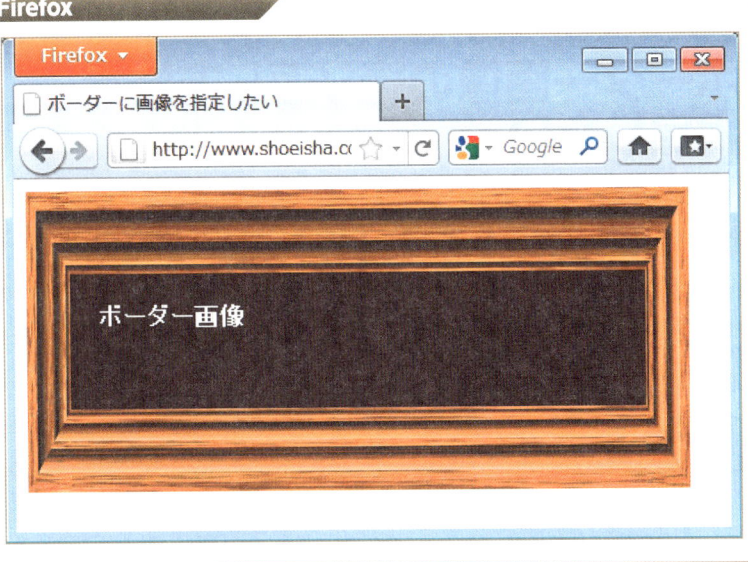

iPhone Safari

▶ブラウザごとの指定方法と対応

ブラウザ	プロパティ	ブラウザ	プロパティ
IE9	—	Chrome11	-webkit-border-image
IE8	—	Safari5	-webkit-border-image
Fx4.0	-moz-border-image	Opera11	-o-border-image
Fx3.6	-moz-border-image		

 ボーダー画像の繰り返し方法を指定したい‥‥ P.302

CSS3 > BACKGROUND & BORDER 08

ボーダー画像の繰り返し方法を指定したい

border-image: ★ ◆ ▲

- ★………画像のURL、各辺からの距離、ボーダーの幅
- ◆………上下の辺の表示方法
- ▲………左右の辺の表示方法

初期値 stretch　**値の継承** しない
適用要素 すべての要素(ただし、border-collapseプロパティの値が「collapse」のtable要素を除く)

ボーダー画像は通常、ボックスのサイズに合わせて拡大・縮小して表示されます。
　ボーダー画像の繰り返し方法を指定するには、ボーダーの幅の指定の後に(幅の指定を省略した場合は、各辺からの距離の指定の後に)、半角スペースで区切ってキーワードを指定します。
　キーワードは上下の辺の表示方法と左右の辺の表示方法を半角スペースで区切って記述します。値を1つだけ指定した場合は、上下と左右に同じ値が指定されたものとみなされます。
　ボーダーに画像を指定する方法は(p.299)を参照してください。

値の指定方法

stretch　ボーダーの領域に合わせ、画像を引き伸ばして表示します。
repeat　ボーダーの領域に合わせ、画像を繰り返して表示します。領域にぴったり収まらない部分は裁ち落として表示します。
round　ボーダーの領域に合わせ、画像を繰り返して表示します。領域にぴったり収まらない場合は画像のサイズを調整して表示します。

CSS Source

```
div {
    margin: 30px;
    padding: 20px;
    width: 250px;
    height: 100px;
}
code {
    font-family: Helvetica, sans-serif;
    font-weight: bold;
}
#sample1 {
```

frame.gif

```
    -moz-border-image: url("frame.gif") 50 / 40px repeat;
    -webkit-border-image: url("frame.gif") 50 / 40px repeat;
    -o-border-image: url("frame.gif") 50 / 40px repeat;
    border-image: url("frame.gif") 50 / 40px repeat;
}
#sample2 {
    -moz-border-image: url("frame.gif") 50 / 40px round stretch;
    -webkit-border-image: url("frame.gif") 50 / 40px round stretch;
    -o-border-image: url("frame.gif") 50 / 40px round stretch;
    border-image: url("frame.gif") 50 / 40px round stretch;
}
```

HTML Source

```
<body>
<div id="sample1"><code>repeat</code></div>
<div id="sample2"><code>round stretch</code></div>
</body>
```

Column ［border-image-repeatプロパティを使った繰り返しの指定］

border-imageは、ボーダー画像の効果を一括して指定するプロパティです。ボーダーの繰り返し方法を個別に指定するborder-image-repeatプロパティもCSS3で策定中ですが、現在のところ対応しているブラウザはありません。

Firefox

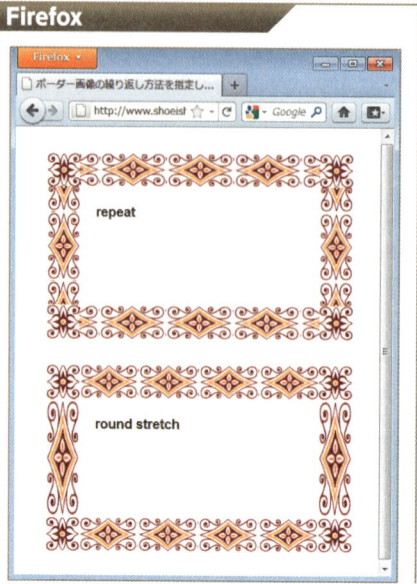

iPhone Safari

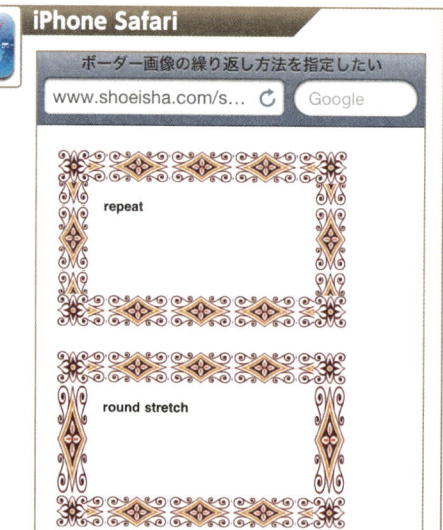

▶ ブラウザごとの指定方法と対応

ブラウザ	プロパティ	ブラウザ	プロパティ
IE9	—	Chrome11	-webkit-border-image
IE8	—	Safari5	-webkit-border-image
Fx4.0	-moz-border-image	Opera11	—
Fx3.6	-moz-border-image		

参照　ボーダーに画像を指定したい ············ P.299

CSS3 > BOX 01

ボックスに影を付けたい

box-shadow: ★ ◆ ▲ ●

- ★………none
- ◆………色
- ▲………実数値+単位
- ●………inset

初期値 none　**値の継承** しない　**適用要素** すべての要素

　ボックスに影を付けるプロパティです。影の長さ、色、ボックスの外側か内側かを下記の決まりに従って指定します。

値の指定方法

none	影を付けない状態にします。
色	所定の書式で、長さの指定の前または後ろに指定します（色の指定方法はp.279を参照）。省略した場合の影の色は、ブラウザに依存します。
実数値+単位	数値に単位を付けて、影の長さを指定します。必要な値を半角スペースで区切って指定します。指定する順序は次のような決まりになっています（単位についてはp.277を参照）。

　　　1つ目の値　右方向へどれだけずらすかを指定します。負の値を指定した場合は左方向にずれます。

　　　2つ目の値　下方向へどれだけずらすかを指定します。負の値を指定した場合は上方向にずれます。

　　　3つ目の値　影をぼかす範囲を指定します。省略可能です。

　　　4つ目の値　影を広げる距離を指定します。省略可能です。

inset	この値を指定すると、ボックスの内側に影が表示されます。「色と長さ」の指定の前または後ろに指定します。

CSS Source

```css
div {
    margin: 30px;
    padding: 20px;
    width: 300px;
    height: 150px;
    font-family: Helvetica, sans-serif;
    font-weight: bold;
}
#sample1 {
    -moz-box-shadow: gray 10px 5px 10px 10px;
    -webkit-box-shadow: gray 10px 5px 10px 10px;
    box-shadow: gray 10px 5px 10px 10px;
}
#sample2 {
    -moz-box-shadow: navy 10px 5px 10px 10px inset;
    -webkit-box-shadow: navy 10px 5px 10px 10px inset;
    box-shadow: navy 10px 5px 10px 10px inset;
}
```

HTML Source

```html
<body>
<div id="sample1">sample1</div>
<div id="sample2">sample2</div>
</body>
```

Internet Explorer

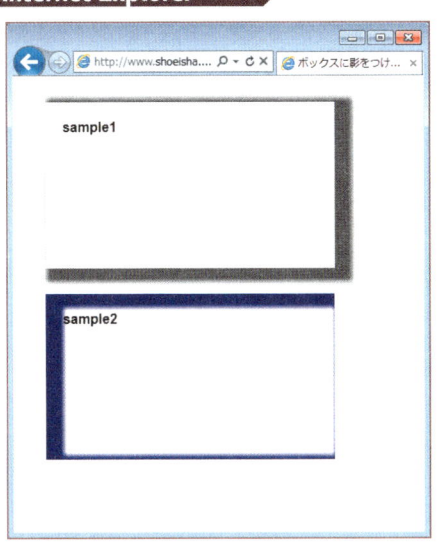

iPhone Safari

▶ ブラウザごとの指定方法と対応

ブラウザ	プロパティ	ブラウザ	プロパティ
IE9	box-shadow	Chrome11	box-shadow
IE8	―	Safari5	-webkit-box-shadow
Fx4.0	box-shadow	Opera11	box-shadow
Fx3.6	-moz-box-shadow		

 テキストに影を付けたい･････････････････ P.328

CSS3 > BOX 02

内容があふれる場合の横方向の表示方法を指定したい

overflow-x: ★

★………visible、hidden、scroll、auto

初期値 visible　**値の継承** しない　**適用要素** ブロックレベル要素、インライン・ブロック要素

内容が内容領域に収まりきらない場合の、横方向の表示方法を指定します。

値の指定方法

- **visible**　収まりきらない内容をはみ出して表示します。
- **hidden**　収まりきらない内容は表示しません。
- **scroll**　横方向にスクロールして内容を表示できるようにします。
- **auto**　ブラウザに依存します。一般的には、必要に応じ横方向にスクロールして内容を表示できるようにします。

CSS Source

```css
div {
    margin: 20px;
    border: #0033cc solid 1px;
    width: 250px;
    height: 120px;
    -ms-overflow-x: scroll;
    overflow-x: scroll;
    white-space: nowrap;
}
```

HTML Source

```html
<body>
<div>
<p>文書のレイアウトやデザインを定義するスタイルシートのうち、HTML文書やXHTML等で利用される仕様がCSS(Cascading Style Sheets)です</p>
<p>以前のHTML文書では、「文書の構造を表す部分」と「見栄えを指定する部分」がどちらもHTMLの要素で指定され、混在していましたが…。</p>
</div>
</body>
```

Internet Explorer

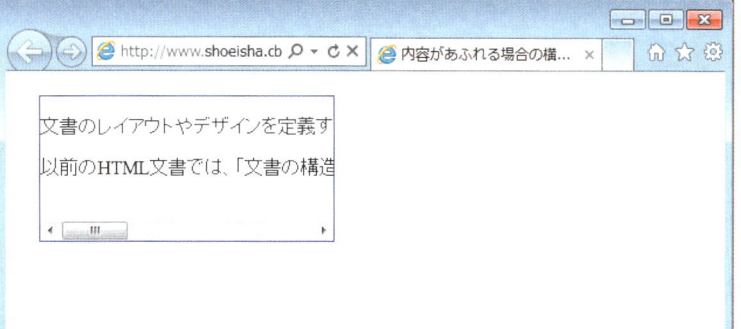

Firefox

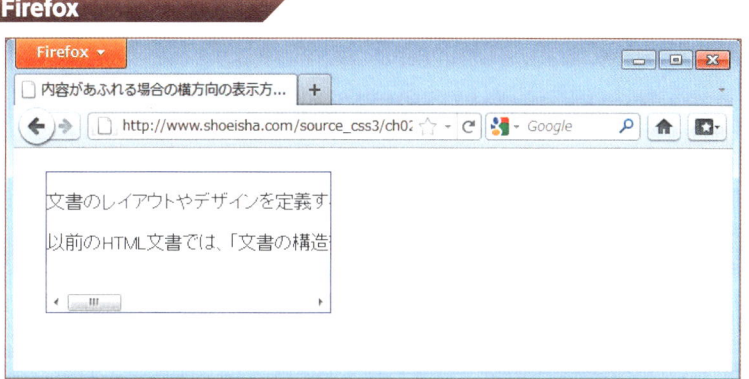

▶ ブラウザごとの指定方法と対応

ブラウザ	プロパティ		ブラウザ	プロパティ
IE9	-ms-overflow-x (overflow-x)		Chrome11	overflow-x
			Safari5	overflow-x
IE8	-ms-overflow-x (overflow-x)		Opera11	overflow-x
Fx4.0	overflow-x			
Fx3.6	overflow-x			

iPhoneはscrollに対応していません

 内容があふれる場合の
縦方向の表示方法を指定したい・・・・・・・・・・・・ P.310

CSS3 > BOX 03

内容があふれる場合の縦方向の表示方法を指定したい

overflow-y: ★

★………visible、hidden、scroll、auto

初期値 visible　値の継承 しない　適用要素 ブロックレベル要素、インライン・ブロック要素

内容が内容領域に収まりきらない場合の、縦方向の表示方法を指定します。

値の指定方法

- visible　収まりきらない内容をはみ出して表示します。
- hidden　収まりきらない内容は表示しません。
- scroll　縦方向にスクロールして内容を表示できるようにします。
- auto　ブラウザに依存します。一般的には、必要に応じ縦方向にスクロールして内容を表示できるようにします。

CSS Source

```css
div {
    margin: 20px;
    border: #0033cc solid 1px;
    width: 250px;
    height: 100px;
    -ms-overflow-y: auto;
    overflow-y: auto;
}
```

HTML Source

```html
<body>
<div>
<p>文書のレイアウトやデザインを定義するスタイルシートのうち、HTML文書やXHTML等で利用される仕様がCSS(Cascading Style Sheets)です</p>
<p>以前のHTML文書では、「文書の構造を表す部分」と「見栄えを指定する部分」がどちらもHTMLの要素で指定され、混在していましたが…。</p>
</div>
</body>
```

Internet Explorer

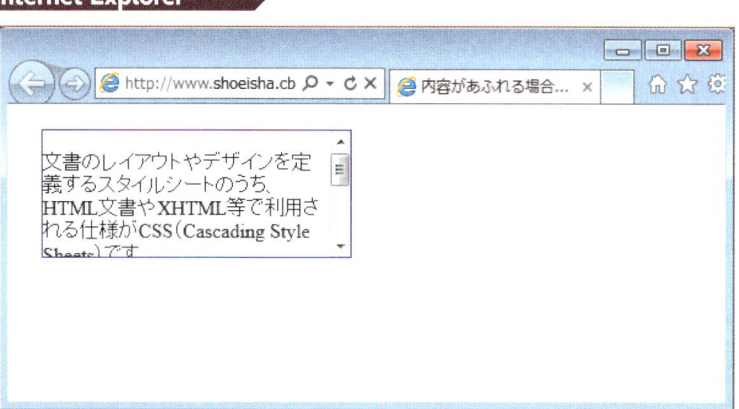

Firefox

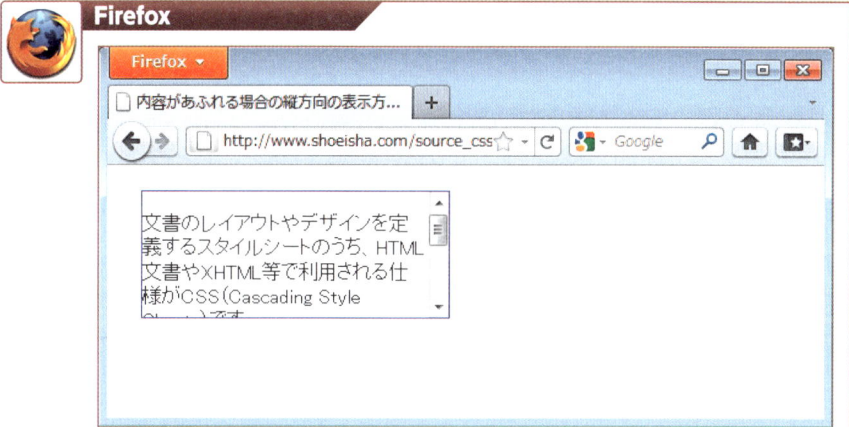

▶ ブラウザごとの指定方法と対応

ブラウザ	プロパティ
IE9	-ms-overflow-y (overflow-y)
IE8	-ms-overflow-y (overflow-y)
Fx4.0	overflow-y
Fx3.6	overflow-y

ブラウザ	プロパティ
Chrome11	overflow-y
Safari5	overflow-y
Opera11	overflow-y

iPhoneはscrollに対応していません

参照 内容があふれる場合の
横方向の表示方法を指定したい P.308

内容があふれる場合の 縦方向の表示方法を指定したい | 311

CSS3 > BOX 04

幅と高さの算出方法を指定したい

box-sizing: ★

★………content-box、border-box

初期値 content-box　**値の継承** しない　**適用要素** width、heightを指定可能な要素

ボックスの幅（width）と高さ（height）の算出方法を指定します。

値の指定方法

content-box　widthプロパティとheightプロパティ (min-width、min-height、max-width、max-heightプロパティを含む)の値を、ボックスの内容領域の幅と高さとして適用します。ボーダー領域とパディング領域は含まれません。CSS2.1での定義に従った算出方法です。

border-box　widthプロパティとheightプロパティ (min-width、min-height、max-width、max-heightプロパティを含む)の値を、ボックスのボーダー領域までの幅と高さとして適用します。DOCTYPEスイッチの互換モードのような算出方法です。

CSS Source

```css
div {
    margin: 30px auto;
    padding: 20px;
    border: 20px #00ff99 solid;
    width: 300px;
    height: 150px;
    background-color: #ffff99;
}
code {
    font-family: Helvetica, sans-serif;
    font-weight: bold;
}
#sample1 {
    -moz-box-sizing: content-box;
    -webkit-box-sizing: content-box;
    box-sizing: content-box;
}
```

```
#sample2 {
    -moz-box-sizing: border-box;
    -webkit-box-sizing: border-box;
    box-sizing: border-box;
}
```

HTML Source

```
<body>
<div id="sample1"><code>content-box</code></div>
<div id="sample2"><code>border-box</code></div>
</body>
```

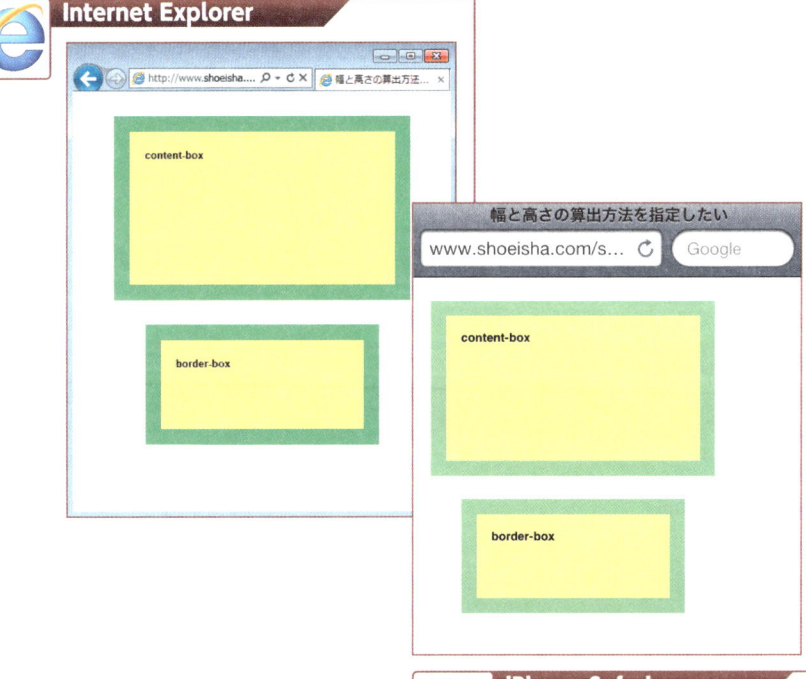

▶ ブラウザごとの指定方法と対応

ブラウザ	プロパティ	ブラウザ	プロパティ
IE9	box-sizing	Chrome11	box-sizing
IE8	box-sizing	Safari5	-webkit-box-sizing
Fx4.0	-moz-box-sizing	Opera11	box-sizing
Fx3.6	-moz-box-sizing		

参照　ボックスモデル……………………… P.274

CSS3 > BOX 05

アウトラインとボーダーとの間隔を指定したい

outline-offset: ★

★………実数値+単位

初期値 0　値の継承 しない　適用要素 すべての要素

　アウトラインとは、要素の輪郭線（縁取り）のことです。CSS2.1では、アウトラインはボーダーのすぐ外側に表示され、間隔の調整はできませんでした。CSS3では、outline-offsetプロパティを使ってアウトラインとボーダーとの間隔を指定することができます。

値の指定方法

実数値+単位　数値に単位を付けて、アウトラインとボーダーとの間隔を指定します（単位についてはp.277を参照）。

CSS Source
```css
div {
    margin: 50px;
    padding: 20px;
    border: #ccccff solid 10px;
    width: 250px;
    height: 100px;
    outline: #cc0066 solid 10px;
    outline-offset: 10px;
}
```

HTML Source
```html
<body>
<div>外側がアウトラインです。</div>
</body>
```

Firefox

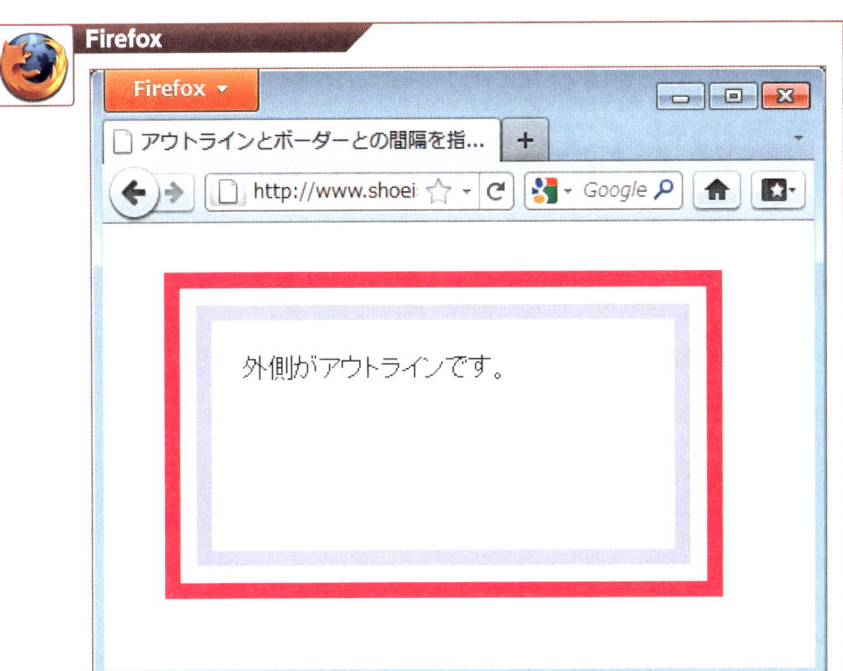

iPhone Safari

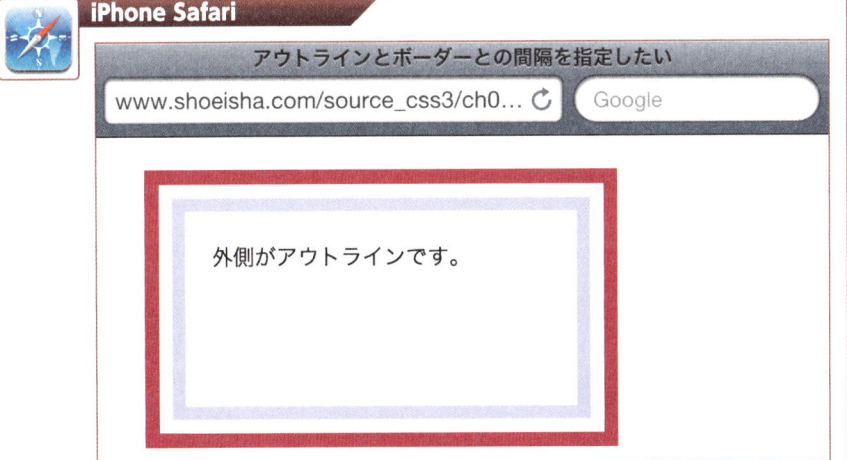

▶ ブラウザごとの指定方法と対応

ブラウザ	プロパティ	ブラウザ	プロパティ
IE9	—	Chrome11	outline-offset
IE8	—	Safari5	outline-offset
Fx4.0	outline-offset	Opera11	—
Fx3.6	outline-offset		

アウトラインとボーダーとの間隔を指定したい | 315

CSS3 > BOX 06

要素のサイズを変更できるようにしたい

resize: ★

★………none、both、horizontal、vertical

| 初期値 | none | 値の継承 | しない | 適用要素 | overflowプロパティの値が「visible」以外の要素 |

ユーザーが要素のボックスサイズを変更できるようにするプロパティです。

値の指定方法

none	サイズの変更をできないようにします。
both	幅と高さの両方を変更できるようにします。
horizontal	幅のみを変更できるようにします。
vertical	高さのみを変更できるようにします。

CSS Source

```css
div {
    margin: 20px;
    padding: 10px;
    border: #0033cc solid 1px;
    width: 250px;
    height: 50px;
    overflow: auto;
    resize: both;
}
```

HTML Source

```html
<body>
<div>幅と高さの両方をサイズ変更できます。</div>
</body>
```

Firefox

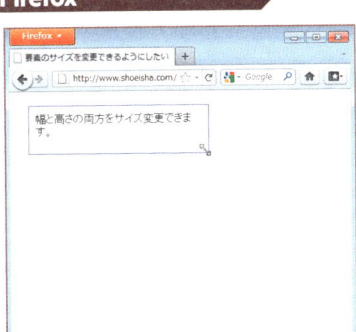 ▶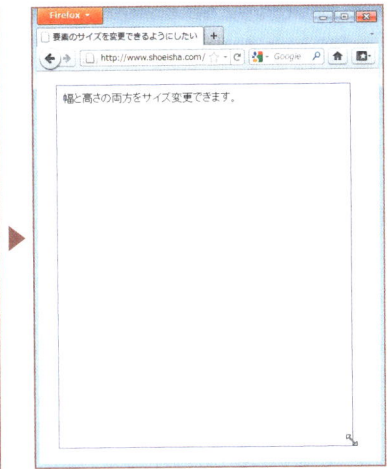

 Google Chrome

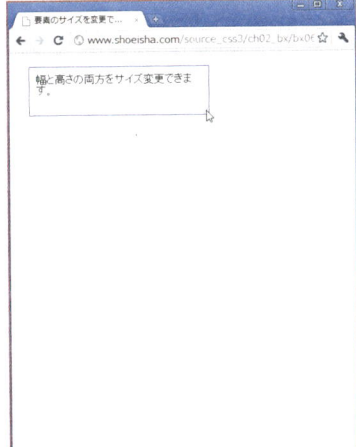 ▶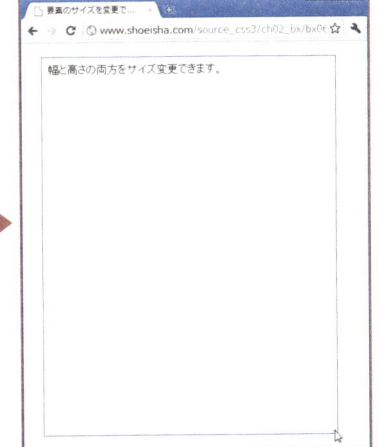

▶ブラウザごとの指定方法と対応

ブラウザ	プロパティ
IE9	—
IE8	—
Fx4.0	resize
Fx3.6	—

ブラウザ	プロパティ
Chrome11	resize
Safari5	resize
Opera11	—

iPhoneはリサイズに対応していません

要素のサイズを変更できるようにしたい | 317

CSS3 > COLOR & GRADIENT 01

透明度を指定したい

opacity: ★

★………実数値(0.0〜1.0)

初期値 1　**値の継承** しない　**適用要素** すべての要素

opacityプロパティでは、要素のボックス全体の透明度を指定できます。
opacityプロパティで指定した透明度は、指定した要素に含まれるすべての要素に適用されます。

値の指定方法

実数値　　　透明度を0.0(透明)〜1.0(不透明)の数値で指定します。

CSS Source

```css
body{
    margin: 20px;
    background: url(sky.jpg);
}
code {
    font-family: Helvetica, sans-serif;
    font-weight: bold;
}
div {
    padding: 15px;
    border: 10px solid #ffffff;
    background-color: #00cc99;
}
#sample00 {
    opacity: 0.0;
}
#sample01 {
    opacity: 0.1;
}
#sample02 {
    opacity: 0.2;
}
#sample03 {
    opacity: 0.3;
}
```

sky.jpg

```css
#sample04 {
    opacity: 0.4;
}
#sample05 {
    opacity: 0.5;
}
#sample06 {
    opacity: 0.6;
}
#sample07 {
    opacity: 0.7;
}
#sample08 {
    opacity: 0.8;
}
#sample09 {
    opacity: 0.9;
}
#sample10 {
    opacity: 1.0;
}
```

HTML Source

```html
<body>
<div id="sample00"><code>opacity: 0.0</code></div>
<div id="sample01"><code>opacity: 0.1</code></div>
<div id="sample02"><code>opacity: 0.2</code></div>
<div id="sample03"><code>opacity: 0.3</code></div>
<div id="sample04"><code>opacity: 0.4</code></div>
<div id="sample05"><code>opacity: 0.5</code></div>
<div id="sample06"><code>opacity: 0.6</code></div>
<div id="sample07"><code>opacity: 0.7</code></div>
<div id="sample08"><code>opacity: 0.8</code></div>
<div id="sample09"><code>opacity: 0.9</code></div>
<div id="sample10"><code>opacity: 1.0</code></div>
</body>
```

▶ ブラウザごとの指定方法と対応

ブラウザ	プロパティ
IE9	opacity
IE8	—
Fx4.0	opacity
Fx3.6	opacity

ブラウザ	プロパティ
Chrome11	opacity
Opera11	opacity
Safari5	opacity

参照　色の指定方法 ･･･････････････････････････ P.279

320 | CSS3 > COLOR & GRADIENT 01

CSS3 > COLOR & GRADIENT 02

線形のグラデーションを指定したい

★: linear-gradient(◆)

★………画像を扱えるプロパティ
◆………必要な指定（下記参照）

　linear-gradient()関数を利用すると、指定した色から色へ滑らかに変化する線形のグラデーションを表現できます。この関数は、画像を指定できるプロパティの値として指定します。
　仕様では、画像を扱えるあらゆるプロパティに指定できることになっています。しかし、現時点ではbackgroundプロパティとbackground-imageプロパティで指定した場合にのみ、一部のブラウザで有効になります。また、ブラウザによって指定方法が異なるので注意が必要です。
　ここでははじめの1色から別の1色に変化するグラデーションを例に、指定方法を説明します。グラデーションの途中でさらに色を追加することもできますが、本書では割愛します。

■CSS3の書式

★: linear-gradient(開始位置 角度, 開始色 位置, 終了色 位置)

開始位置
　グラデーションの開始位置をtop、bottom、left、rightのキーワードの組み合わせで指定します。終了位置は、開始位置からボックスの中心を通って180度反対側になります。例えば、「top」は上から下、「left」は左から右、「top left」は左上から右下のグラデーションになります。省略可能です。

角度
　右方向を0度とし、上方向が90度、左方向が180度のように、時計と反対回りでグラデーションの角度（p.282）を指定します。省略可能です。
　開始位置と角度の両方が省略された場合は、「top」（上から下）が指定されたものとみなされます。

開始色 位置
　グラデーションを開始する色とその位置を指定します。色の指定方法はp.279を参照してください。位置は、開始位置と終了位置を結んだ線上における開始点からの距離を、「実数値+単位」または「%値」で指定します。位置を省略した場合、開始位置は0%となります。

終了色 位置
　グラデーションを終了する色とその位置を指定します。色の指定方法はp.279を参照してください。位置は、開始位置と終了位置を結んだ線上における開始点からの距離を、「実数値+単位」

または「パーセント値+%」で指定します。位置を省略した場合、終了位置は100%となります。

■**Firefoxの場合**

★: **-moz-linear-gradient(**開始位置 角度, 開始色 位置, 終了色 位置**)**

CSS3の書式に-moz-のベンダープレフィックスを付けて指定します。
グラデーションの開始位置は、background-positionプロパティでの位置の指定方法と同様、「実数値+単位」「パーセント値+%」「top、bottom、center、left、right」のキーワードの組み合わせ、で指定できます。

■**Chrome、Safariの場合**

★: **-webkit-gradient(linear,** 開始位置, 終了位置, **from(**開始色**), to(**終了色**))**

開始位置と終了位置
　グラデーションを開始する位置と終了する位置を、background-positionプロパティでの位置の指定方法と同様、「実数値+単位」「パーセント値+%」「top、bottom、center、left、right」のキーワードの組み合わせで指定します。
from(開始色), to(終了色)
　グラデーションを開始する色と終了する色を、それぞれ指定します。色の指定方法はp.279を参照してください。

CSS Source

```
div {
    margin: 10px;
    width: 250px;
    height: 200px;
    color: #ffffff;
    font-family: Helvetica, sans-serif;
    font-weight: bold;
}
#sample1 {
    background: -moz-linear-gradient(teal, navy);
    background: -webkit-gradient(linear, left top, left bottom, from(teal), to(navy));
    background: linear-gradient(teal, navy);
}
#sample2 {
    background: -moz-linear-gradient(right, teal, navy);
    background: -webkit-gradient(linear, right top, left top, from(teal), to(navy));
    background: linear-gradient(right, teal, navy);
}
#sample3 {
    background: -moz-linear-gradient(left bottom 45deg, teal, navy);
    background: -webkit-gradient(linear, left bottom, right top, from(teal), to(navy));
    background: linear-gradient(left bottom 45deg, teal, navy);
}
```

HTML Source

```html
<body>
<div id="sample1">sample1</div>
<div id="sample2">sample2</div>
<div id="sample3">sample3</div>
</body>
```

Firefox

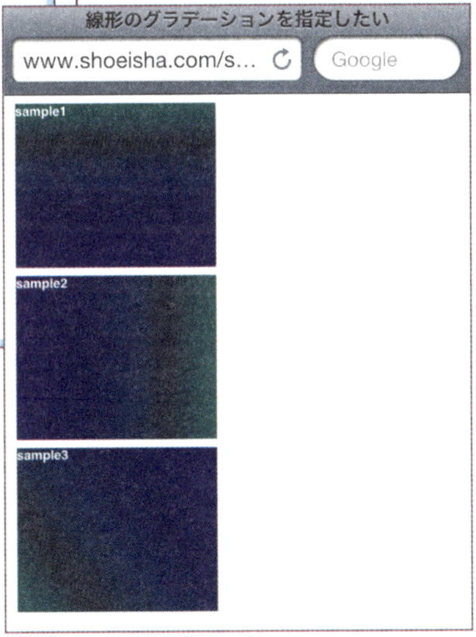

iPhone Safari

 円形(放射状)のグラデーションを指定したい‥ P.324

CSS3 > COLOR & GRADIENT 03

円形（放射状）のグラデーションを指定したい

★: radial-gradient(◆)

★………画像を扱えるプロパティ
◆………必要な指定（下記参照）

　radial-gradient()関数を利用すると、1点から放射状に広がる円形のグラデーションを表現できます。この関数は、画像を指定できるプロパティの値として指定します。

　仕様では、画像を扱えるあらゆるプロパティに指定できることになっています。しかし、現時点ではbackgroundプロパティとbackground-imageプロパティに指定した場合にのみ、一部のブラウザで有効になります。また、ブラウザによって指定方法が異なりますので注意が必要です。

　ここでははじめの1色から別の1色へ変化するグラデーションを例に、指定方法を説明します。
　グラデーションの途中でさらに色を追加することもできますが、本書では割愛します。

■CSS3での書式

★: radial-gradient(開始位置, 形状とサイズ, 開始色 位置, 終了色 位置)

開始位置
　グラデーションの開始位置となる、円の中心を指定します。グラデーションはこの位置からすべての方向に向かって広がっていくことになります。background-positionプロパティでの位置の指定方法と同様、「実数値+単位」「パーセント値+%」「top、bottom、center、left、right」のキーワードの組み合わせで指定できます。省略された場合は「center」が指定されたものとみなされます。

形状
　グラデーションの形状を、次のキーワードで指定します。省略された場合は、初期値の「ellipse」になります。

circle	円
ellipse	楕円（初期値）

サイズ
　グラデーションを描く円または楕円のサイズを、次のキーワードで指定します。省略された場合は、初期値の「cover」になります。

closest-side	グラデーションの形状が「circle」の場合は円の中心から最も近いボックスの辺に、「ellipse」の場合は楕円の中心から最も近いボックスの縦と横の辺に内接します。

closest-corner	円または楕円の中心から最も近いボックスの角に内接します。
farthest-side	グラデーションの形状が「circle」の場合は円の中心から最も遠いボックスの辺に、「ellipse」の場合は楕円の中心から最も遠いボックスの縦と横の辺に内接します。
farthest-corner	円または楕円の中心から最も遠いボックスの角に内接します。
contain	closest-sideと同じです。
cover（初期値）	farthest-cornerと同じです。

形状とサイズの両方が省略された場合は、「ellipse cover」が指定されたものとみなされます。

開始色, 終了色　位置

　グラデーションを開始または終了する色と、その位置を指定します。色の指定方法はp.279を参照してください。位置は、半径上の中心から右方向への距離を、「実数値+単位」または「パーセント値+%」で指定します。位置を省略した場合、開始位置は0%、終了位置は100%となります。

■**Firefoxの場合**

★： **-moz-radial-gradient**(開始位置 角度, 形状 サイズ, 開始色 位置, 終了色 位置)

　CSS3の書式に-moz-のベンダープレフィックスを付けて指定します。また、角度も指定できます。

■**Chrome、Safariの場合**

★： **-webkit-gradient**(radial, 開始位置, 開始位置の半径, 終了位置, 終了位置の半径, from(開始色), to(終了色))

　ChromeとSafariでは、内側と外側の2つの円を定義してグラデーションを表現します。

開始位置と終了位置

　グラデーションの開始位置となる円と終了位置となる円の中心を、「単位なしのピクセル値」「パーセント値+%」または「top、bottom、center、left、right」のキーワードの組み合わせで指定します。

開始位置の半径と終了位置の半径

　グラデーションの開始位置となる円、終了位置となる円の半径を、「単位なしのピクセル値」で指定します。

from(開始色), to(終了色)

　グラデーションを開始する色と終了する色を、それぞれ指定します（色の指定方法はp.279を参照）。

　Firefoxでは1つの円でグラデーションが表現されます。一方、現時点のChromeとSafariでは異なる中心を持つ2つの円を指定できるため、変形的なグラデーションを表現することができます。

CSS Source

```css
div {
    margin-right:10px;
    width: 300px;
    color: #ffffff;
    font-weight: bold;
}
div.container {
    margin: 30px 10px;
    width: 100%;
    height: 140px;
    display: -moz-box;
    display: -webkit-box;
    display: box;
}
#sample1 {
    background: -moz-radial-gradient(circle closest-side, crimson, violet);
    background: -webkit-gradient(radial, 50% 50%, 0, 50% 50%, 70, from(crimson), to(violet));
    background: linear-gradient(circle closest-side, crimson, violet);
}
#sample2 {
    background: -moz-radial-gradient(circle farthest-side, crimson, violet);
    background: -webkit-gradient(radial, 50% 50%, 0, 50% 50%, 150, from(crimson), to(violet));
    background: radial-gradient(circle farthest-side, crimson, violet);
}
#sample3 {
    background: -moz-radial-gradient(left bottom, circle cover, red, gold);
    background: -webkit-gradient(radial, left bottom, 0, left bottom, 300, from(red), to(gold));
    background: radial-gradient(left bottom, circle cover, red, gold);
}
#sample4 {
    background: -moz-radial-gradient(left bottom, circle cover, red 50px, gold 150px);
    background: -webkit-gradient(radial, left bottom, 50, left bottom, 150, from(red), to(gold));
    background: radial-gradient(left bottom, circle cover, red 50px, gold 150px);
}
```

HTML Source

```html
<body>
<div class="container">
<div id="sample1">サイズを指定</div>
<div id="sample2">サイズを指定</div>
</div>
<div class="container">
<div id="sample3">開始位置と終了位置を指定</div>
```

```
    <div id="sample4">開始位置と終了位置を指定</div>
  </div>
</body>
```

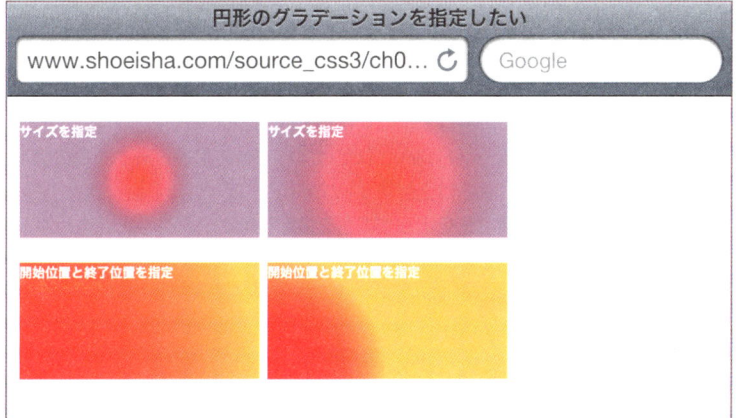

 線形のグラデーションを指定したい………… P.321

CSS3 > TEXT 01

テキストに影を付けたい

text-shadow: ★

★………none、色、実数値+単位

初期値 none　**値の継承** する　**適用要素** すべての要素

テキストに影を付けるプロパティです。影の色と長さを下記の決まりに従って指定します。
　影の設定を「,(カンマ)」で区切って複数記述すれば、指定した数だけ影を付けることもできます。その場合、最初に指定した影が1番上に、以降指定した順に表示され、最後に指定した影が1番下に表示されます。
　text-shadowプロパティはCSS2の仕様で定義されましたが、CSS2.1で削除され、CSS3で再び検討されているプロパティです。

値の指定方法

none	影を付けない状態にします。
色	所定の書式で、長さの指定の前または後ろに指定します(色の指定方法はp.279を参照)。省略した場合の影の色は、ブラウザに依存します。
実数値+単位	数値に単位を付けて、影の長さを指定します。必要な値を半角スペースで区切って指定します。指定する順序は次のような決まりになっています(単位についてはp.277を参照)。
1つ目の値	右方向へどれだけずらすかを指定します。負の値を指定した場合は左側にずれます。
2つ目の値	下方向へどれだけずらすかを指定します。負の値を指定した場合は上側にずれます。
3つ目の値	影をぼかす範囲を指定します。省略可能です。

CSS Source

```css
div {
    margin: 10px;
    padding: 10px;
    font-family: Impact, sans-serif;
    font-size: 50px;
}
#sample1 {
    text-shadow: darkgray 20px 10px 5px;
```

```
}
#sample2 {
    color: white;
    text-shadow: black 1px 1px 2px, navy 0 0 0.3em;
}
```

HTML Source

```
<body>
<div id="sample1">text-shadow</div>
<div id="sample2">text-shadow</div>
</body>
```

▶ ブラウザごとの指定方法と対応

ブラウザ	プロパティ		ブラウザ	プロパティ
IE9	—		Chrome11	text-shadow
IE8	—		Safari5	text-shadow
Fx4.0	text-shadow		Opera11	text-shadow
Fx3.6	text-shadow			

 ボックスに影を付けたい ················· P.305

テキストに影を付けたい

CSS3 > TEXT 02

単語の途中の改行方法を指定したい

word-wrap: ★

★ ……… normal、break-word

初期値 normal **値の継承** する **適用要素** すべての要素

長い単語などが表示領域に収まりきらない場合に、単語の途中で改行するかどうかを指定します。

値の指定方法

- normal　　改行可能な位置でのみ改行します。改行可能な位置がない場合、改行せずに表示します。
- break-word　改行可能な位置がない場合、必要に応じて単語の途中で改行します。

CSS Source

```css
p {
    width: 30%;
    background-image: url("dot2.gif");
    line-height: 1.5em;
    font-family: Helvetica, sans-serif;
}
code {
    font-family: Helvetica, sans-serif;
    font-weight: bold;
}
#sample1 {
    -ms-word-wrap: normal;
    word-wrap: normal;
}
#sample2 {
    -ms-word-wrap: break-word;
    word-wrap: break-word;
}
```

dot2.gif

HTML Source

```
<body>
<p id="sample1"><code>word-wrap: normal</code><br>Default.Linesmaybreakonlyatallowed
breakpoints.Default.Linesmaybreakonlyatallowedbreakpoints.</p>
<p id="sample2"><code>word-wrap: break-word</code><br>Anunbreakablewordmaybebroke
natanarbitrarypointiftherearenootherwise-acceptablebreakpointsintheline.</p>
</body>
```

Internet Explorer

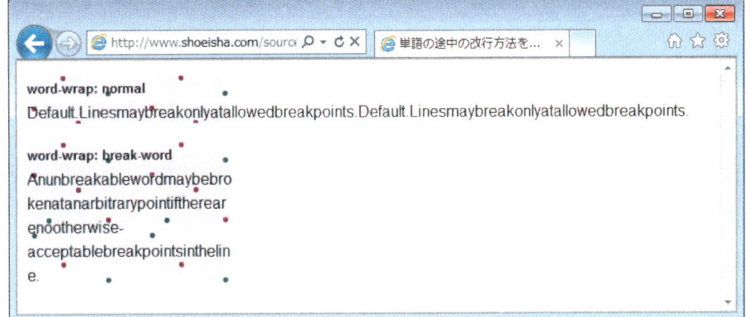

iPhone Safari

▶ ブラウザごとの指定方法と対応

ブラウザ	プロパティ
IE9	-ms-word-wrap (word-wrap)
IE8	-ms-word-wrap (word-wrap)
Fx4.0	word-wrap
Fx3.6	word-wrap

ブラウザ	プロパティ
Chrome11	word-wrap
Safari5	word-wrap
Opera11	word-wrap

単語の途中の改行方法を指定したい | 331

CSS3 > TEXT 03

テキストがあふれる場合の表示方法を指定したい

text-overflow: ★

★………clip、ellipsis

初期値 clip　**値の継承** しない　**適用要素** ブロックレベル要素

テキストが要素内に収まりきらない場合の表示方法を指定します。

text-overflowプロパティは、Internet Explorerで独自に拡張されたプロパティが、CSS3で採用されたものです。

値の指定方法

clip　　表示できるテキストだけを表示します。文章が続くことを示す「...」などは表示されません。

ellipsis　表示できるテキストの後に、省略されていることを示すエリプシス（省略記号）として「...」または3点リーダ「…」を表示します。

CSS Source

```css
p {
    width: 50%;
    border: 1px solid orange;
    line-height: 1.5em;
    overflow: hidden;
    white-space: nowrap;
}
code {
    font-family: Helvetica, sans-serif;
    font-weight: bold;
}
#sample1 {
    -ms-text-overflow: clip;
    text-overflow: clip;
}
#sample2 {
    -ms-text-overflow: ellipsis;
    text-overflow: ellipsis;
}
```

HTML Source

```
<body>
<p id="sample1"><code>text-overflow:clip</code><br>text-overflowプロパティは、テキストが要
素内に収まりきらない場合の表示方法を指定します。</p>
<p id="sample2"><code>text-overflow:ellipsis</code><br>text-overflowプロパティは、テキスト
が要素内に収まりきらない場合の表示方法を指定します。</p>
</body>
```

Internet Explorer

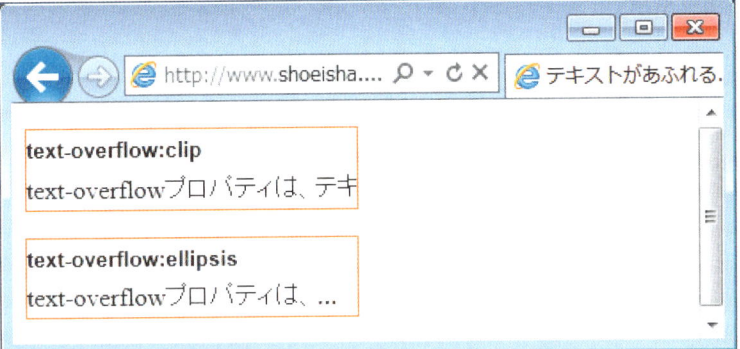

iPhone Safari

▶ ブラウザごとの指定方法と対応

ブラウザ	プロパティ
IE9	-ms-text-overflow (text-overflow)
IE8	-ms-text-overflow (text-overflow)
Fx4.0	—
Fx3.6	—

ブラウザ	プロパティ
Chrome11	text-overflow
Safari5	text-overflow
Opera11	text-overflow

テキストがあふれる場合の表示方法を指定したい | 333

CSS3 > FONT 01

フォントサイズを調整したい

font-size-adjust: ★

★………実数値、none

初期値 none　**値の継承** する　**適用要素** すべての要素

　font-size-adjustプロパティは、第1候補ではないフォントで要素内容が表示される場合の、フォントの大きさを調整するためのプロパティです。
　第1候補のフォントの縦幅比を指定しておくことで、第2候補以降のほかのフォントが使用された場合にも小文字xの高さを一定に保つよう調整し、テキストの読みやすさを保持する働きを持ちます。
　font-size-adjustプロパティはCSS2の仕様で定義されましたが、CSS2.1で削除され、CSS3で再び検討されているプロパティです。

値の指定方法

実数値	第1候補のフォントの縦横比を実数値で指定します。例えば、Verdanaの場合は「0.58」、Comic Sans MSは「0.54」、Georgiaは「0.50」、Times New Romanは「0.46」となります。
none	フォントサイズを調整しません。

CSS Source

```css
#sample1 {
    padding: 1em;
    background-color: #dcdcdc;
    font-family: Verdana, "Times New Roman";
    font-size: 16px;
    font-size-adjust: 0.58;
}
#sample2 {
    padding: 1em;
    background-color: #dcdcdc;
    font-family: Vrdn, "Times New Roman";
    font-size: 16px;
    font-size-adjust: 0.58;
}
```

HTML Source

```html
<body>
<p>2つのうち下の例は、CSS内のVerdanaのスペルを間違えているため、Times New Romanが使われます。
<br>font-size-adjustプロパティに対応したブラウザでは、フォントサイズを調整して表示されます。</p>
<p id="sample1">Mary had a little lamb, little lamb, little lamb,<br>
Mary had a little lamb, its fleece was white as snow.</p>
<p id="sample2">Mary had a little lamb, little lamb, little lamb,<br>
Mary had a little lamb, its fleece was white as snow.</p>
</body>
```

Column　　　　　　　　　　　　　　　　　　　　　　　　［フォントの縦横比］

　フォントの外観はさまざまなため、サイズが同じでもフォントによっては読みにくくなることがあります。この場合、フォントの読みやすさを左右するのは、font-size（フォントサイズ）とx-height（小文字xの高さ）との関係です。両者を使って算出した「font-sizeに対する小文字xの高さの割合」を縦横比といい、縦横比が高ければフォントのサイズが小さくても読みやすく、低ければ読みにくくなります。

Internet Explorer

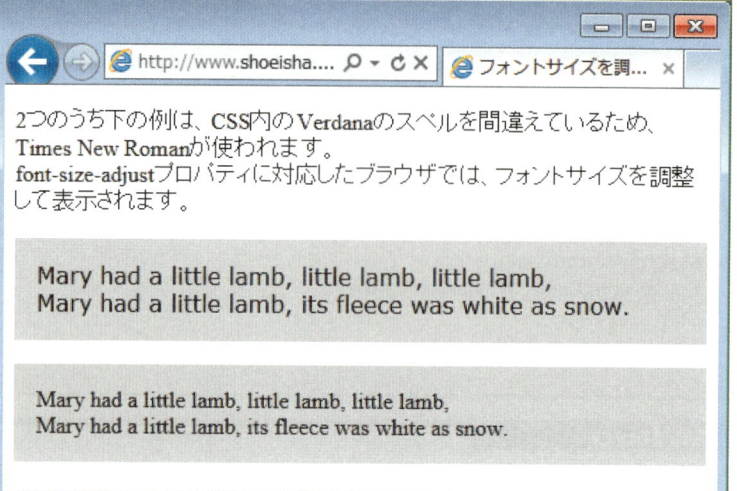

IEは「font-size-adjust」に対応していません。

Firefox

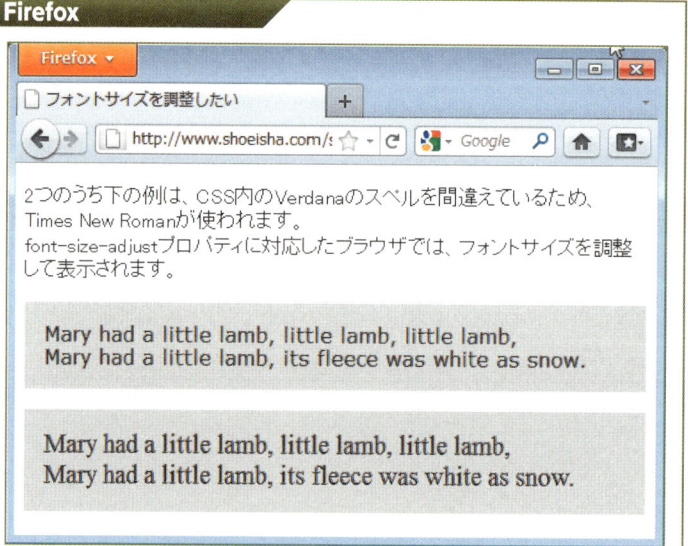

▶ ブラウザごとの指定方法と対応

ブラウザ	プロパティ
IE9	—
IE8	—
Fx4.0	font-size-adjust
Fx3.6	font-size-adjust

ブラウザ	プロパティ
Chrome11	—
Safari5	—
Opera11	—

336 | CSS3 > FONT 01

CSS3 > FONT 02

Webフォントを使いたい

```
@font-face {
    font-family: ★;
    src: url(◆) format(▲);
}
● { font-family: ★; }
```

- ★……フォントファミリー名
- ◆……フォントファイルのURL
- ▲……フォントのフォーマット
- ●……セレクタ

　@font-faceでは、Webページの表示にWebサーバー上のフォントを利用するよう定義できます。

　通常、Webページ上のテキストを表示するときには、ユーザーの環境にインストールされているフォントが利用されます。そのため、指定できるフォントは限られており、必ずしもWebページの制作者が意図した表示にはならないという問題がありました。しかし、@font-faceを使うと、制作者がサーバー上に用意したフォントでページを表示できるようになります（Webフォント）。

　@font-faceによるフォントの定義は、CSSの冒頭部分で行います。ここで定義したフォントファミリー名を、セレクタ側のfont-familyプロパティに記述して利用します。

値の指定方法

font-family　@font-face内のfont-familyプロパティで、Webフォントのフォントファミリー名を指定します。ここで指定する名前には、任意の名前を付けられます。

src　　　　　フォントファイルのURLと、フォーマットを指定します。フォーマットとして指定できる値は次の通りです。

フォントのフォーマット	一般的な拡張子	format()に指定する値
TrueType	.ttf	"truetype"
OpenType	.ttf, .otf	"opentype"
Embedded OpenType	.eot	"embedded-opentype"
Web Open Font Format	.woff	"woff"

　@font-face内には、font-weightプロパティ、font-styleプロパティも指定できます。

現在のところ、ブラウザによってサポートするフォントのフォーマットが異なります。また、フォントを利用する際には、ライセンスの面で問題がないかどうかを確認するようにしてください。

CSS Source
```css
@font-face {
    font-family: mplus-1c-black-webfont;
    src: url("fonts/mplus-1c-black-webfont.woff") format("woff");
}
blockquote {
    margin: 20px 10px;
}
#sample {
    font-family: mplus-1c-black-webfont;
}
```

HTML Source
```html
<body>
<blockquote id="sample">Ask, and it shall be given you;<br>seek, and ye shall find;<br>knock, and it shall be opened unto you.</blockquote>
<blockquote>Ask, and it shall be given you;<br>seek, and ye shall find;<br>knock, and it shall be opened unto you.</blockquote>
</body>
```

Firefox

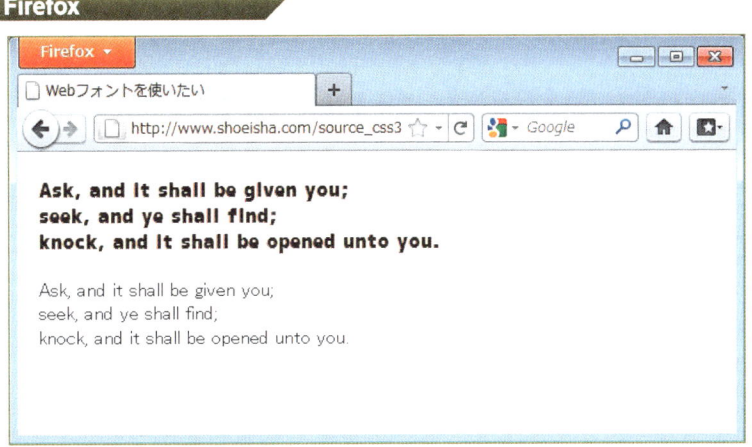

Google Chrome

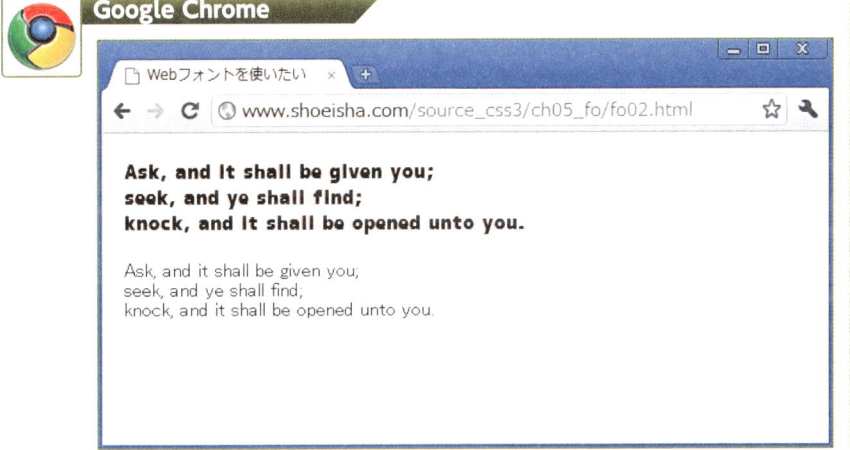

▶ ブラウザごとの指定方法と対応

ブラウザ	
IE9	@font-face
IE8	@font-face
Fx4.0	@font-face
Fx3.6	@font-face

ブラウザ	
Chrome11	@font-face
Safari5	@font-face
Opera11	@font-face

IE8はformat( )の書式に対応していないため、format( )を含むsrc記述子は無視されます

CSS3 > MULTI-COLUMN LAYOUT 01

段の数を指定したい

column-count: ★

★………整数値、auto

初期値 auto　**値の継承** しない
適用要素 ブロックレベル要素（置換要素およびtable要素は除く）、th要素、td要素、inline-blockの要素

　CSS3では、段組みを作成するためのプロパティが規定されています。これまで段組みを表現するには、positionプロパティやfloatプロパティが使われていましたが、CSS3ではレイアウトの柔軟な段組みを、より簡単に設定できるようになります。
　段の数を指定して段組みを作成するには、column-countプロパティを使います。column-countプロパティで複数の段を作成した場合、すべての段の幅は均等に揃えられ、高さも同じになるよう内容が自動的に調整されて流し込まれます。
　また、デフォルトでは段組みは表示可能な領域の幅いっぱいを使って表示されます。段組み全体の幅を変更する場合は、widthプロパティで指定してください。

値の指定方法

整数値	段の数を1以上の整数で指定します。column-width（p.340）プロパティに「auto」以外の値が指定されている場合、ここで指定した値は最大の段数を表します。指定した段数を表示できる幅がないときは、指定よりも少ない段数で表示されます。
auto	段の数は、ほかのプロパティ（例えば、「auto」以外の値を持つcolumn-widthプロパティなど）によって決定されます。

CSS Source

```css
div {
    line-height: 1.5em;
    -moz-column-count: 2;
    -webkit-column-count: 2;
    column-count: 2;
}
```

HTML Source

```
<body>
<div>
<p>最近は手頃な価格で高性能の……(中略)……ご存じですか?</p>
<p>　A表記のほうはA版といい……(中略)……このような長方形を、白銀長方形といいます)。</p>
</div>
</body>
```

Column　　　　　　　　　　　　　　　　　　　　　　　　　　　［CSS3の段組みとは］

　これまでWebページで段組みを実現したいときは、内容に対してpositionプロパティで表示位置を指定したり、floatプロパティで回り込みを指定するのが一般的でした。また、table要素が多用されていたこともあります。いずれの方法にしても、内容を変更したり、各段の内容量を均等に配分するには、手間がかかるという問題がありました。

　しかし、CSS3で規定されている段組みでは、より柔軟な段組みが実現できます。段数や各段の幅を指定しておけば、表示可能な領域の幅に適した段組みが作成されます。内容は、各段の高さが等しくなるよう自動的に調整して流し込まれるため、内容の変更が容易になります。

　なお、この節で扱う段組みと、次の節で扱うフレキシブル・ボックス・レイアウトは、内容を固まりにして横方向にレイアウトできるという点では類似しています。しかし、段組みは1つの要素のボックス内で複数の段を作成するのに対し、フレキシブル・ボックス・レイアウトは複数のボックスを縦横に配置するレイアウト方法です。ボックスの内容はそれぞれ独立しているため、内容の変更に従って各段(ボックス)の内容量を柔軟に調整したいようなページには向いていません。しかし、段組みと違ってボックスごとに幅や高さを設定したり、どのボックスに何を表示するのか指定できるというメリットもあります。

　ページの性質によって使い分けるようにしましょう。

Firefox

iPhone Safari

▶ ブラウザごとの指定方法と対応

ブラウザ	プロパティ
IE9	—
IE8	—
Fx4.0	-moz-column-count
Fx3.6	-moz-column-count

ブラウザ	プロパティ
Chrome11	-webkit-column-count
Safari5	-webkit-column-count
Opera11	column-count

段の横幅と数を一括して指定したい ········· P.345
段の間隔を指定したい ····················· P.347
フレキシブル・ボックスを指定したい ········ P.358

CSS3 > MULTI-COLUMN LAYOUT 02

段の横幅を指定したい

column-width: ★

★………実数値+単位、auto

初期値 auto **値の継承** しない
適用要素 ブロックレベル要素（置換要素およびtable要素は除く）、th要素、td要素、inline-blockの要素

段1つの幅を指定して段組みを作成するには、column-widthプロパティを使います。

値の指定方法

実数値+単位	段の幅を0よりも大きい実数に単位を付けて指定します（単位についてはp.277を参照）。ここで指定した値は最適な幅を表します。指定した幅で表示すると表示領域が余る場合は各段を広げて表示し、表示領域が指定した幅に満たない場合は指定より狭い幅で表示されます。
auto	段の幅は、ほかのプロパティ（例えば、「auto」以外の値を持つcolumn-countプロパティなど）によって決定されます。

CSS Source

```css
div {
    line-height: 1.5em;
    -moz-column-width: 20em;
    -webkit-column-width: 20em;
    column-width: 20em;
}
```

HTML Source

```html
<body>
<div>
<p>最近は手頃な価格で高性能の……（中略）……ご存じですか？</p>
<p>　A表記のほうはA版といい……（中略）……このような長方形を、白銀長方形といいます）。</p>
</div>
</body>
```

Firefox

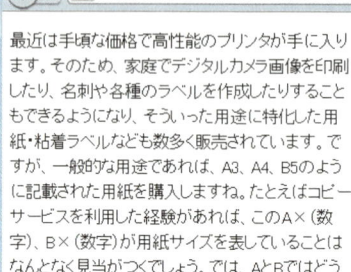

iPhone Safari

▶ ブラウザごとの指定方法と対応

ブラウザ	プロパティ	ブラウザ	プロパティ
IE9	—	Chrome11	-webkit-column-width
IE8	—	Safari5	-webkit-column-width
Fx4.0	-moz-column-width	Opera11	column-width
Fx3.6	-moz-column-width		

段の横幅と数を一括して指定したい ……… P.345
段の間隔を指定したい ……………… P.347

CSS3 > MULTI-COLUMN LAYOUT 03

段の横幅と数を一括して指定したい

columns: ★ ◆

★………column-widthの値（段の幅）
◆………column-countの値（段の数）

初期値 個別のプロパティ参照　**値の継承** しない
適用要素 ブロックレベル要素（置換要素およびtable要素は除く）、th要素、td要素、inline-blockの要素

　段の幅と数を一括して指定するには、columnsプロパティを使います。それぞれの値を任意の順番で、半角スペースで区切って指定します。省略された値については、初期値が適用されます。

値の指定方法
　　column-widthの値（p.340）　　段の幅を指定します。
　　column-countの値（p.343）　　段の数を指定します。

CSS Source

```css
div {
    line-height: 1.5em;
    -webkit-columns: 20em 2;
    columns: 20em 2;
}
```

HTML Source

```html
<body>
<div>
<p>最近は手頃な価格で高性能の……(中略)……ご存じですか？</p>
<p>　A表記のほうはA版といい……(中略)……このような長方形を、白銀長方形といいます。</p>
</div>
</body>
```

Google Chrome

iPhone Safari

▶ ブラウザごとの指定方法と対応

ブラウザ	プロパティ
IE9	—
IE8	—
Fx4.0	—
Fx3.6	—

ブラウザ	プロパティ
Chrome11	-webkit-columns
Safari5	-webkit-columns
Opera11	columns

段の数を指定したい ･･････････････････ P.340
段の横幅を指定したい ･･････････････････ P.343
段の間隔を指定したい ･･････････････････ P.347

CSS3 > MULTI-COLUMN LAYOUT 04

段の間隔を指定したい

column-gap: ★

★………実数値+単位、normal

初期値 normal **値の継承** しない **適用要素** 段組みレイアウトされている要素

段と段の間隔を指定するには、column-gapプロパティを使います。段と段の間に境界線を表示するよう指定している場合には、この間隔の中央に表示されます。

値の指定方法
実数値+単位　段の間隔を、実数値に単位を付けて指定します（単位についてはp.277を参照）。負の値は指定できません。

normal　段の間隔はブラウザに依存します。CSS3の仕様では1emが推奨されています。

CSS Source
```css
div {
    line-height: 1.5em;
    -moz-column-count: 2;
    -moz-column-gap: 3em;
    -webkit-column-count: 2;
    -webkit-column-gap: 3em;
    column-count: 2;
    column-gap: 3em;
}
```

HTML Source
```html
<body>
<div>
<p>最近は手頃な価格で高性能の……(中略)……ご存じですか？</p>
<p>　A表記のほうはA版といい……(中略)……このような長方形を、白銀長方形といいます）。</p>
</div>
</body>
```

Firefox

iPhone Safari

▶ ブラウザごとの指定方法と対応

ブラウザ	プロパティ	ブラウザ	プロパティ
IE9	—	Chrome11	-webkit-column-gap
IE8	—	Safari5	-webkit-column-gap
Fx4.0	-moz-column-gap	Opera11	column-gap
Fx3.0	-moz-column-gap		

段の境界線の種類を指定したい ・・・・・・・・・・・ P.349　段の横幅を指定したい ・・・・・・・・・・・・・・・・・・ P.343
段の数を指定したい ・・・・・・・・・・・・・・・・・・・・・・・ P.340　段の横幅と数を一括して指定したい ・・・・・・・・ P.345

CSS3 > MULTI-COLUMN LAYOUT 05

段の境界線の種類を指定したい

column-rule-style: ★

★………キーワード（下記参照）

|初期値| none　|値の継承| しない　|適用要素| 段組みレイアウトされている要素

　段と段の間隔の中央には、column-rule-styleプロパティ（p.349）で境界線を表示することができます。値にはボーダーと同じものが指定できます。ただし、「inset」は「ridge」のように、「outset」は「groove」のように表示されます（ブラウザによってはボーダーと同様に表示されます）。

値の指定方法

none	ボーダーを表示しません。
hidden	ボーダーを表示しません。
dotted	点線で表示します。
dashed	破線で表示します。
solid	実線で表示します。
double	二重線で表示します。
groove	へこんだように見える線で表示します。
ridge	浮き上がったように見える線で表示します。
inset	内側がへこんだように見える線で表示します。
outset	内側が浮き上がったように見える線で表示します。

ボックスのボーダーに上記の各値を指定した場合の表示（Firefox 4）

CSS Source

```css
div {
    line-height: 1.5em;
    -moz-column-count: 2;
    -moz-column-gap: 2em;
    -moz-column-rule-style: dotted;
    -webkit-column-count: 2;
    -webkit-column-gap: 2em;
    -webkit-column-rule-style: dotted;
    column-count: 2;
    column-gap: 2em;
    column-rule-style: dotted;
}
```

HTML Source

```html
<body>
<div>
<p>最近は手頃な価格で高性能の……(中略)……ご存じですか？</p>
<p>　A表記のほうはA版といい……(中略)……このような長方形を、白銀長方形といいます)。</p>
</div>
</body>
```

Firefox

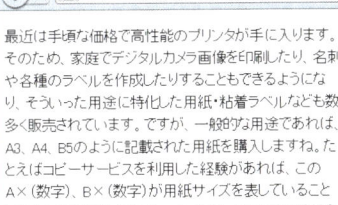

iPhone Safari

▶ ブラウザごとの指定方法と対応

ブラウザ	プロパティ	ブラウザ	プロパティ
IE9	—	Chrome11	-webkit-column-rule-style
IE8	—	Safari5	-webkit-column-rule-style
Fx4.0	-moz-column-rule-style	Opera11	column-rule-style
Fx3.6	-moz-column-rule-style		

段の間隔を指定したい ･････････････････････ P.347　段の境界線の色を指定したい ･･･････････････ P.354
段の境界線の幅を指定したい ･･･････････････ P.352　段の境界線のプロパティを一括して指定したい P.356

CSS3 > MULTI-COLUMN LAYOUT 06

段の境界線の幅を指定したい

column-rule-width: ★

★………thin、medium、thick、実数値+単位

|初期値| medium　|値の継承| しない　|適用要素| 段組みレイアウトされている要素

　段と段の境界線の太さを指定するには、column-rule-widthプロパティを指定します。値にはボーダーと同じものが指定できます。

　ただし、境界線の幅を指定しただけでは境界線は表示されません。これは線の種類を指定するcolumn-rule-styleプロパティ(p.349)の初期値が「none」のためです。幅の指定を有効にするには、column-rule-styleプロパティに「none」と「hidden」以外の値を指定しておく必要があります。

値の指定方法

thin	細い線で表示します。幅はブラウザに依存します。
medium	中くらいの太さの線で表示します。幅はブラウザに依存します。
thick	太い線で表示します。幅はブラウザに依存します。
実数値+単位	線の太さを実数値に単位を付けて指定します(単位についてはp.277を参照)。負の値は指定できません。

CSS Source

```
div {
    line-height: 1.5em;
    -moz-column-count: 2;
    -moz-column-gap: 2em;
    -moz-column-rule-style: solid;
    -moz-column-rule-width: 10px;
    -webkit-column-count: 2;
    -webkit-column-gap: 2em;
    -webkit-column-rule-style: solid;
    -webkit-column-rule-width: 10px;
    column-count: 2;
    column-gap: 2em;
    column-rule-style: solid;
    column-rule-width: 10px;
}
```

HTML Source

```
<body>
<div>
<p>最近は手頃な価格で高性能の……(中略)……ご存じですか？</p>
<p>　A表記のほうはA版といい……(中略)……このような長方形を、白銀長方形といいます)。</p>
</div>
</body>
```

Firefox

iPhone Safari

▶ブラウザごとの指定方法と対応

ブラウザ	プロパティ	ブラウザ	プロパティ
IE9	—	Chrome11	-webkit-column-rule-width
IE8	—	Safari5	-webkit-column-rule-width
Fx4.0	-moz-column-rule-width	Opera11	column-rule-width
Fx3.6	-moz-column-rule-width		

段の境界線の種類を指定したい……………… P.349
段の境界線のプロパティを一括して指定したい・ P.356

段の境界線の幅を指定したい | 353

CSS3 > MULTI-COLUMN LAYOUT 07

段の境界線の色を指定したい

column-rule-color: ★

★………色

初期値 colorプロパティと同じ色　**値の継承** しない　**適用要素** 段組みレイアウトされている要素

　段と段の境界線の色を指定するには、column-rule-colorプロパティを使います。初期値は、そのときに設定されているcolorプロパティの色です。

　ただし、境界線の色を指定しただけでは境界線は表示されません。これは線の種類を指定するcolumn-rule-styleプロパティ(p.349)の初期値が「none」のためです。色の指定を有効にするには、column-rule-styleプロパティに「none」と「hidden」以外の値を指定しておく必要があります。

値の指定方法

　色　　　色を所定の書式で指定します(色の指定方法はp.279を参照)。

```css
CSS Source
div {
    line-height: 1.5em;
    -moz-column-count: 2;
    -moz-column-gap: 2em;
    -moz-column-rule-style: solid;
    -moz-column-rule-color: #ff6699;
    -webkit-column-count: 2;
    -webkit-column-gap: 2em;
    -webkit-column-rule-style: solid;
    -webkit-column-rule-color: #ff6699;
    column-count: 2;
    column-gap: 2em;
    column-rule-style: solid;
    column-rule-color: #ff6699;
}
```

HTML Source

```
<body>
<div>
<p>最近は手頃な価格で高性能の……(中略)……ご存じですか？</p>
<p>　A表記のほうはA版といい……(中略)……このような長方形を、白銀長方形といいます）。</p>
</div>
</body>
```

Firefox

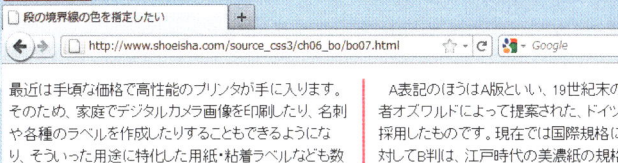

iPhone Safari

▶ブラウザごとの指定方法と対応

ブラウザ	プロパティ	ブラウザ	プロパティ
IE9	—	Chrome11	-webkit-column-rule-color
IE8	—	Safari5	-webkit-column-rule-color
Fx4.0	-moz-column-rule-color	Opera11	column-rule-color
Fx3.6	-moz-column-rule-color		

 段の境界線の種類を指定したい............ P.349
段の境界線のプロパティを一括して指定したい P.356

段の境界線の色を指定したい | 355

CSS3 > MULTI-COLUMN LAYOUT 08

段の境界線のプロパティを一括して指定したい

column-rule: ★ ◆ ▲

- ★ ……… column-rule-styleの値（線の種類）
- ◆ ……… column-rule-widthの値（線の幅）
- ▲ ……… column-rule-colorの値（線の色）

初期値 個別のプロパティ参照　**値の継承** しない　**適用要素** 段組みレイアウトされている要素

　境界線のプロパティを一括して指定するには、column-ruleプロパティを使います。それぞれの値を任意の順番で、半角スペースで区切って指定します。省略された値については、初期値が適用されます。

値の指定方法

column-rule-styleの値(p.349)	境界線の種類を指定します。
column-rule-widthの値(p.352)	境界線の幅を指定します。
column-rule-colorの値(p.354)	境界線の色を指定します。

CSS Source

```css
div {
    line-height: 1.5em;
    -moz-column-count: 2;
    -moz-column-gap: 2em;
    -moz-column-rule: dotted 10px #ff6699;
    -webkit-column-count: 2;
    -webkit-column-gap: 2em;
    -webkit-column-rule: dotted 10px #ff6699;
    column-count: 2;
    column-gap: 2em;
    column-rule: dotted 10px #ff6699;
}
```

HTML Source

```
<body>
<div>
<p>最近は手頃な価格で高性能の……(中略)……ご存じですか？</p>
<p>　A表記のほうはA版といい……(中略)……このような長方形を、白銀長方形といいます。</p>
</div>
</body>
```

Firefox

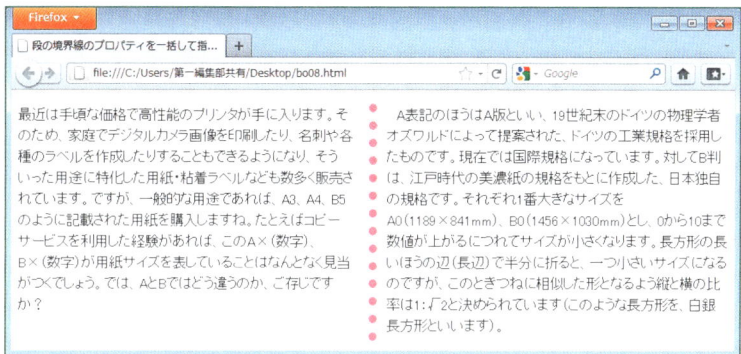

iPhone Safari

▶ブラウザごとの指定方法と対応

ブラウザ	プロパティ	ブラウザ	プロパティ
IE9	—	Chrome11	-webkit-column-rule
IE8	—	Safari5	-webkit-column-rule
Fx4.0	-moz-column-rule	Opera11	column-rule
Fx3.6	-moz-column-rule		

段の境界線の種類を指定したい ……………… P.349
段の境界線の幅を指定したい ………………… P.352
段の境界線の色を指定したい ………………… P.354

CSS3 > FLEXIBLE BOX LAYOUT 01

フレキシブル・ボックスを指定したい

display: ★

★………box、inline-box

初期値 inline　**値の継承** しない　**適用要素** すべての要素

　フレキシブル・ボックスとは、その中に含まれるボックスのサイズの調整や配置を指定できる、柔軟なボックスのことです。そして、このようなレイアウトをフレキシブル・ボックス・レイアウトといいます。これまでのpositionプロパティやfloatプロパティを使ったボックスのレイアウトと比べ、より簡単にレイアウトを指定できるようになります。

　要素の種類を指定するdisplayプロパティの値に「box」または「inline-box」を指定すると、その要素をフレキシブル・ボックスにできます。また、このように「display: box」「display: inline-box」が指定された要素を、ボックス要素といいます。

　この場合、当該の要素の子要素のボックスは、横または縦に並べて表示されます。デフォルトでは横方向に並べられますが、box-orientプロパティ(p.361)を使えば縦方向の並びを指定することもできます。また、並び順を指定したり、ボックスを揃える位置を指定することもできます。詳しくは次項以降を参照してください。

値の指定方法

box　　　　この値が指定された要素を、ブロックレベルのフレキシブル・ボックスにします。
inline-box　この値が指定された要素を、インラインレベルのフレキシブル・ボックスにします。

　サンプルでは外側の枠線は親要素の大きさを表しています。子要素のdiv要素は、それぞれ指定した幅で、高さは親要素の高さ(height: 300px)に揃えて表示されています。これは、位置揃えを指定するbox-alignプロパティ(p.369)の初期値として、「stretch」が指定されているためです。また、box-packプロパティ(p.375)の初期値として「start」が指定されているため、子要素は左側に寄せられ、その右側に余白が配置されています。

CSS Source

```
div {
    font-family: Helvetica, sans-serif;
    font-weight: bold;
}
```

```css
#container {
    width: 600px;
    height: 300px;
    border: 2px solid #808080;
    display: -moz-box;
    display: -webkit-box;
    display: box;
}
#box1 {
    background-color: #ff9999;
    width: 100px;
}
#box2 {
    background-color: #ffff66;
    width: 200px;
}
#box3 {
    background-color: #99ffcc;
    width: 100px;
}
```

HTML Source

```html
<body>
<div id="container">
<div id="box1">ボックス1</div>
<div id="box2">ボックス2</div>
<div id="box3">ボックス3</div>
</div>
</body>
```

Column　　　　　　　　　　　　　　　　　　　［段組みとの違い］

フレキシブル・ボックス・レイアウトと段組みの違いは、p.341のコラムを参照してください。

　フレキシブル・ボックス・レイアウトの項目は、2009年7月23日付けの草案（執筆当時の最新版）に基づいて作成しています。
　現在では2011年3月22日付けで新しい仕様が公開され、プロパティや値に大きな変更が加えられています。

Firefox

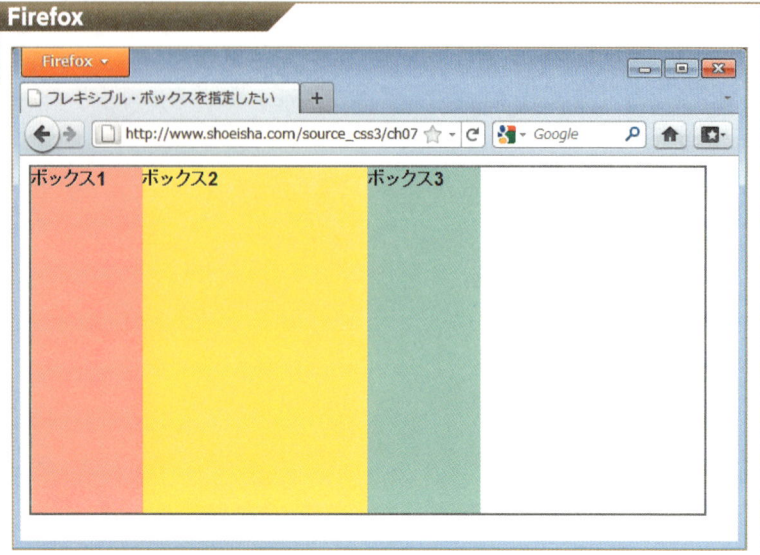

iPhone Safari

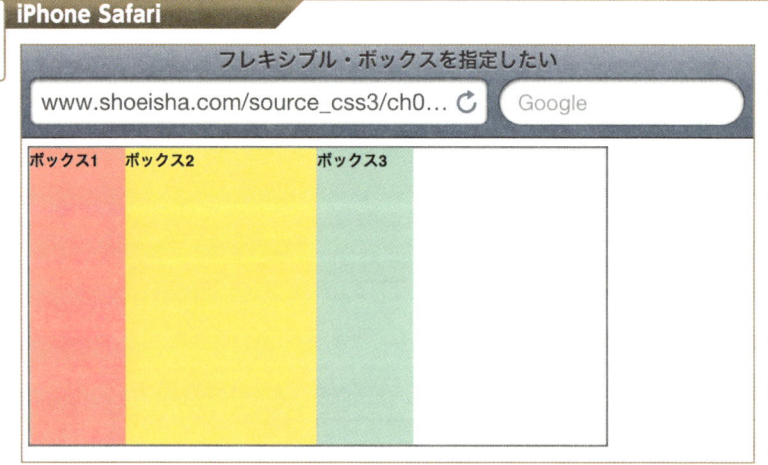

▶ ブラウザごとの指定方法と対応

ブラウザ	プロパティ	値
IE9	―	
IE8	―	
Fx4.0	display	-moz-box、-moz-inline-box
Fx3.6	display	-moz-box、-moz-inline-box
Chrome11	display	-webkit-box、-webkit-inline-box
Safari5	display	-webkit-box、-webkit-inline-box
Opera11	―	

 段の数を指定したい・・・・・・・・・・・・・・・・・・・・・・P.340

CSS3 > FLEXIBLE BOX LAYOUT 02

ボックスのレイアウト方向を指定したい

box-orient: ★

★………horizontal、vertical、inline-axis、block-axis

初期値 inline-axis　**値の継承** しない　**適用要素** displayプロパティの値が「box」または「inline-box」の要素

box-orientプロパティを使うと、フレキシブル・ボックス・レイアウトにおいて、子要素のボックスを横縦のどちらの方向に表示するのかを指定できます。

値の指定方法

horizontal	子要素を左から右へ並べて表示します。
vertical	子要素を上から下へ並べて表示します。
inline-axis	子要素を、その環境における文字表記の方向に従って、インライン要素が表示される方向に表示します。
block-axis	子要素を、その環境における文字表記の方向に従って、ブロックレベル要素が表示される方向に表示します。

CSS Source
```css
div {
    font-family: Helvetica, sans-serif;
    font-weight: bold;
}
#container {
    width: 600px;
    height: 300px;
    border: 2px solid #808080;
    display: -moz-box;
    display: -webkit-box;
    display: box;
    -moz-box-orient: vertical;
    -webkit-box-orient: vertical;
    box-orient: vertical;
}
#box1 {
    background-color: #ff9999;
    height: 50px;
}
```

```
#box2 {
    background-color: #ffff66;
    height: 100px;
}
#box3 {
    background-color: #99ffcc;
    height: 50px;
}
```

HTML Source

```
<body>
<div id="container">
<div id="box1">ボックス1</div>
<div id="box2">ボックス2</div>
<div id="box3">ボックス3</div>
</div>
</body>
```

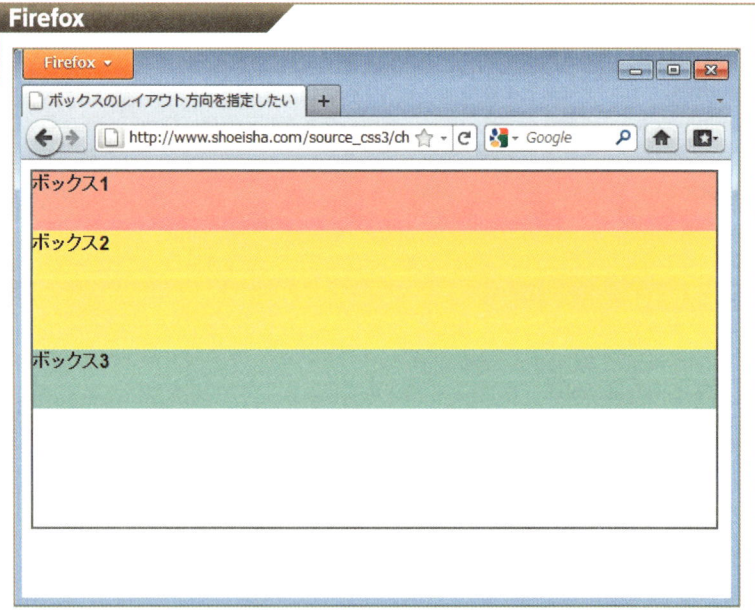

▶ ブラウザごとの指定方法と対応

ブラウザ	プロパティ	ブラウザ	プロパティ
IE9	—	Chrome11	-webkit-box-orient
IE8	—	Safari5	-webkit-box-orient
Fx4.0	-moz-box-orient	Opera11	—
Fx3.6	-moz-box-orient		

参照　フレキシブル・ボックスを指定したい ········ P.358
　　　ボックスの並び順を指定したい ············· P.363

CSS3 > FLEXIBLE BOX LAYOUT 03

ボックスの並び順を指定したい

box-direction: ★

★………normal、reverse

|初期値| normal |値の継承| しない |適用要素| displayプロパティの値が「box」または「inline-box」の要素

　box-directionプロパティを使うと、フレキシブル・ボックス・レイアウトにおいて、子要素のボックスを逆順で表示することができます。

値の指定方法
- normal　横方向のレイアウトが指定されている場合は左から右へ、縦方向のレイアウトが指定されている場合は上から下へ、ボックスを並べて表示します。
- reverse　横方向のレイアウトが指定されている場合は右から左へ、縦方向のレイアウトが指定されている場合は下から上へ、ボックスを並べて表示します。

CSS Source
```css
div {
    font-family: Helvetica, sans-serif;
    font-weight: bold;
}
#container {
    width: 400px;
    height: 300px;
    border: 2px solid #808080;
    display: -moz-box;
    display: -webkit-box;
    display: box;
    -moz-box-direction: reverse;
    -webkit-box-direction: reverse;
    box-direction: reverse;
}
#box1 {
    background-color: #ff9999;
    width: 100px;
}
#box2 {
    background-color: #ffff66;
```

```
    width: 200px;
}
#box3 {
    background-color: #99ffcc;
    width: 100px;
}
```

HTML Source

```html
<body>
<div id="container">
<div id="box1">ボックス1</div>
<div id="box2">ボックス2</div>
<div id="box3">ボックス3</div>
</div>
</body>
```

Firefox

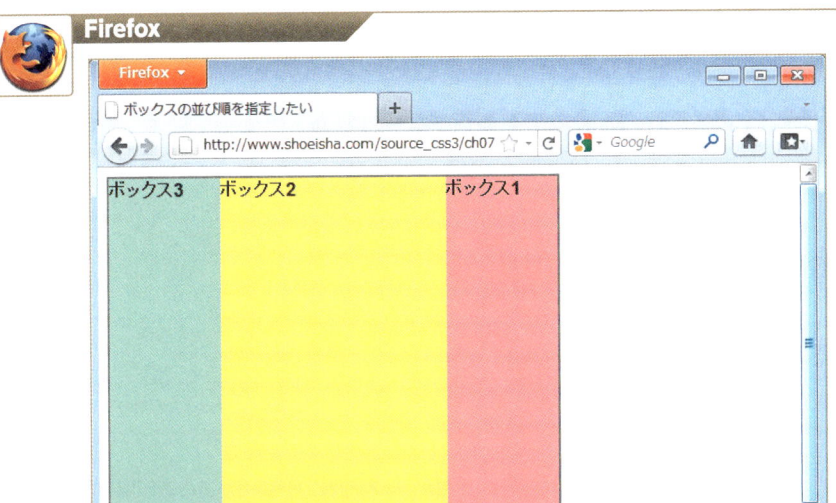

iPhone Safari

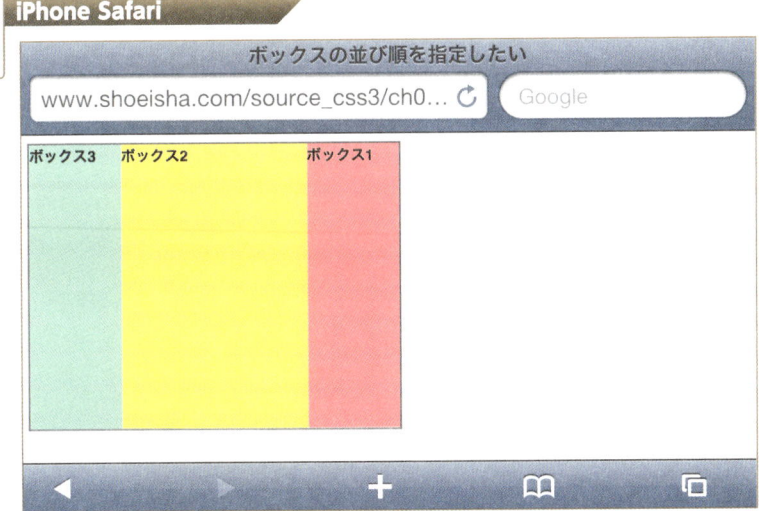

▶ ブラウザごとの指定方法と対応

ブラウザ	プロパティ	ブラウザ	プロパティ
IE9	—	Chrome11	-webkit-box-direction
IE8	—	Safari5	-webkit-box-direction
Fx4.0	-moz-box-direction	Opera11	—
Fx3.6	-moz-box-direction		

参照
フレキシブル・ボックスを指定したい ······ P.358
ボックスのレイアウト方向を指定したい ······ P.361
ボックスの並び順を個別に指定したい ······ P.366

CSS3 > FLEXIBLE BOX LAYOUT 04

ボックスの並び順を個別に指定したい

box-ordinal-group: ★

★………整数値

| 初期値 | 1 | 値の継承 | しない | 適用要素 | displayプロパティの値が「box」または「inline-box」の要素の子要素 |

　ボックスの並び順を個別に指定したい場合は、それぞれの子要素がどの表示順序のグループに属するのかを、box-ordinal-groupプロパティで指定します。グループを表す値は整数で指定し、値の小さいグループに属する子要素から表示されます。同じグループに指定されている子要素は、ソースコードに記述されている順に表示されます。

値の指定方法

整数値　　　どのグループに属するのかを、1以上の整数で指定します。

```css
CSS Source
div {
    font-family: Helvetica, sans-serif;
    font-weight: bold;
}
#container {
    width: 480px;
    height: 300px;
    border: 2px solid #808080;
    display: -moz-box;
    display: -webkit-box;
    display: box;
}
#box1 {
    background-color: #ff9999;
    width: 100px;
    -moz-box-ordinal-group: 2;
    -webkit-box-ordinal-group: 2;
    box-ordinal-group: 2;
}
#box2 {
    background-color: #ffff66;
    width: 200px;
```

```css
    -moz-box-ordinal-group: 3;
    -webkit-box-ordinal-group: 3;
    box-ordinal-group: 3;
}
#box3 {
    background-color: #99ffcc;
    width: 100px;
    -moz-box-ordinal-group: 1;
    -webkit-box-ordinal-group: 1;
    box-ordinal-group: 1;
}
#box4 {
    background-color: #ccccff;
    width: 80px;
    -moz-box-ordinal-group: 1;
    -webkit-box-ordinal-group: 1;
    box-ordinal-group: 1;
}
```

HTML Source

```html
<body>
<div id="container">
<div id="box1">ボックス1</div>
<div id="box2">ボックス2</div>
<div id="box3">ボックス3</div>
<div id="box4">ボックス4</div>
</div>
</body>
```

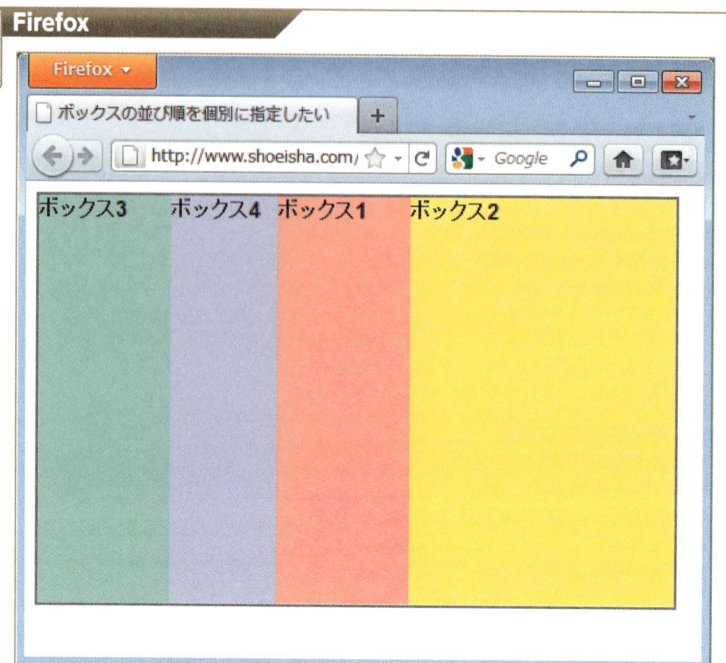

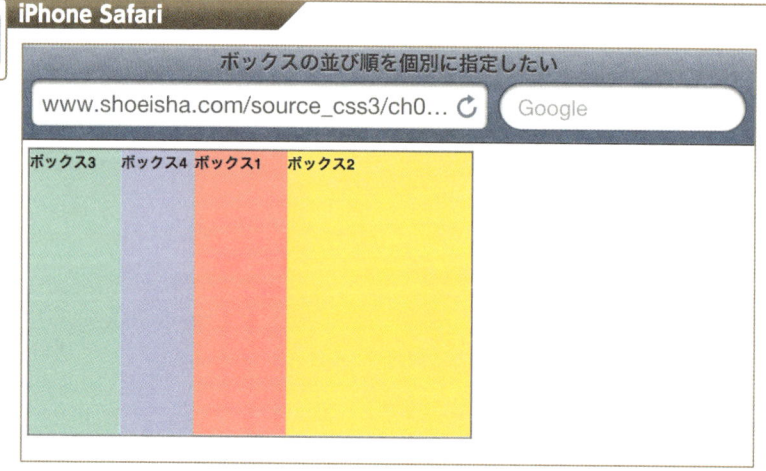

▶ ブラウザごとの指定方法と対応

ブラウザ	プロパティ
IE9	—
IE8	—
Fx4.0	-moz-box-ordinal-group
Fx3.6	-moz-box-ordinal-group

ブラウザ	プロパティ
Chrome11	-webkit-box-ordinal-group
Safari5	-webkit-box-ordinal-group
Opera11	—

参照　フレキシブル・ボックスを指定したい ········ P.358
　　　ボックスの並び順を指定したい ············ P.363

CSS3 > FLEXIBLE BOX LAYOUT 05

ボックスを揃える位置を指定したい

box-align: ★

★⋯⋯⋯start、end、center、baseline、stretch

初期値 stretch **値の継承** しない **適用要素** displayプロパティの値が「box」または「inline-box」の要素

　フレキシブル・ボックス・レイアウトにおいて、子要素をどの位置で揃えてレイアウトするのかは、box-alignプロパティで指定します。
　子要素が横方向に並べられているときは上、中央、下のいずれかに揃えて、box-orientプロパティ(p.361)で子要素が縦方向に並べられているときは左、中央、右のいずれかに揃えて表示されます。

値の指定方法

- **start** ボックスが横方向に並べられている場合は、子要素は親要素のボックスの上辺に揃えて表示され、余白は子要素の下に配置されます。縦方向に並べられている場合は、子要素は親要素のボックスの左辺に揃えて表示され、余白は子要素の右に配置されます。
- **end** ボックスが横方向に並べられている場合は、子要素は親要素のボックスの下辺に揃えて表示され、余白は子要素の上に配置されます。縦方向に並べられている場合は、子要素は親要素のボックスの右辺に揃えて表示され、余白は子要素の左に配置されます。
- **center** 子要素は中央に揃えられます。余白は均等に2分割され、子要素が横方向に並べられている場合はボックスの上下に、縦方向に並べられている場合はボックスの左右に配置されます。
- **baseline** ボックスが横方向に並べられている場合は、要素内容の最初の行のベースラインに揃えて表示され、余白は適宜ボックスの上下に配置されます。ボックスが縦方向に並べられている場合は「baseline」を指定しても、「center」が指定されたものとみなされます。
- **stretch** 子要素は親要素のボックスの高さに揃えて表示されます。そのため、余白は生じません。

　p.366～p.368のサンプルでは、子要素は親要素の高さに揃えて表示され、余白がありません。これは、box-alignプロパティの初期値として「stretch」が指定されているためです。

CSS Source

```css
div {
    font-family: Helvetica, sans-serif;
    font-weight: bold;
}
#container {
    width: 400px;
    height: 300px;
    border: 2px solid #808080;
    display: box;
    display: -moz-box;
    display: -webkit-box;
    -moz-box-align: end;
    -webkit-box-align: end;
    box-align: end;
}
#box1 {
    background-color: #ff9999;
    width: 100px;
    height: 200px;
}
#box2 {
    background-color: #ffff66;
    width: 200px;
    height: 150px;
}
#box3 {
    background-color: #99ffcc;
    width: 100px;
    height: 250px;
}
```

HTML Source

```html
<body>
<div id="container">
<div id="box1">ボックス1</div>
<div id="box2">ボックス2</div>
<div id="box3">ボックス3</div>
</div>
</body>
```

Firefox

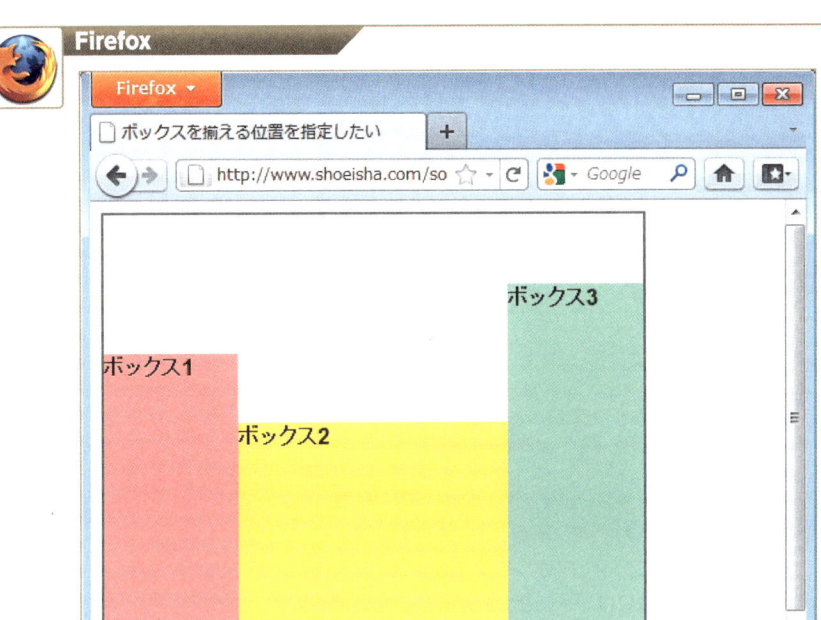

iPhone Safari

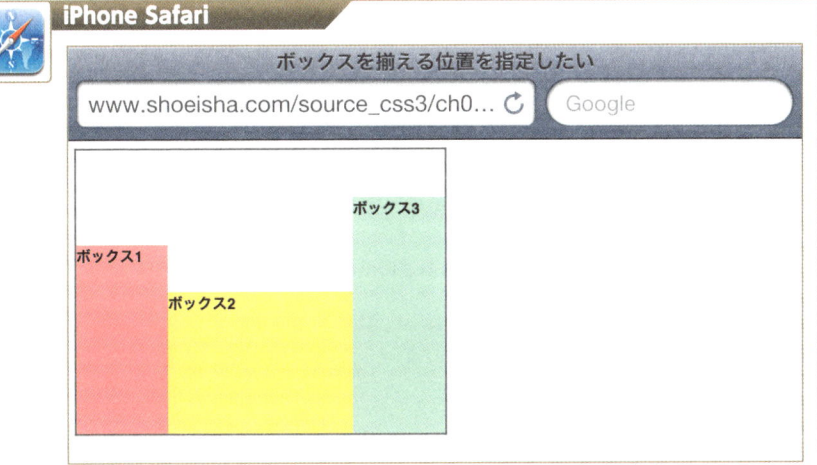

▶ ブラウザごとの指定方法と対応

ブラウザ	プロパティ
IE9	—
IE8	—
Fx4.0	-moz-box-align
Fx3.6	-moz-box-align

ブラウザ	プロパティ
Chrome11	-webkit-box-align
Safari5	-webkit-box-align
Opera11	—

参照　フレキシブル・ボックスを指定したい……… P.358
　　　ボックスのレイアウト方向を指定したい……… P.361

CSS3 > FLEXIBLE BOX LAYOUT 06

各ボックスに割り当てる余白の比率を指定したい

box-flex: ★

★………実数値

初期値 0.0 値の継承 しない 適用要素 displayプロパティの値が「box」または「inline-box」の要素の子要素

　フレキシブル・ボックス・レイアウトにおいて、子要素のボックスのサイズの合計が親要素のボックスのサイズより小さい場合、余白が生じます。このとき、box-flexプロパティを使うと、余白を各子要素に分配してボックスのサイズに加えることができます。
　box-flexプロパティには、余白を分配する割合を指定します。サンプルでは、A〜Cの3つのボックスのうち、ボックスBに「box-flex: 1.0」ボックスCに「box-flex: 2.0」と指定しています。この場合、余白が1:2の割合で分割され、ボックスBとボックスCのサイズに加えられます。ボックスAは初期値の「0.0」となり、余白は分配されずに本来のサイズで表示されます。
　また、いずれかのボックス1つにのみ「1」を指定した場合は、該当のボックスにすべての余白が割り当てられます。
　子要素が横方向に並べられているときは幅に、box-orientプロパティ(p.361)で子要素が縦方向に並べられているときは高さに余白が分配されます。

値の指定方法

実数値　　　分配する余白の幅または高さの割合を、実数値で指定します。

CSS Source

```
div {
    font-family: Helvetica, sans-serif;
    font-weight: bold;
}
#container {
    width: 600px;
    height: 300px;
    border: 2px solid #808080;
    display: -moz-box;
    display: -webkit-box;
    display: box;
}
#box-a {
    background-color: #ff9999;
```

```css
    width: 100px;
}
#box-b {
    background-color: #ffff66;
    width: 200px;
    -moz-box-flex: 1.0;
    -webkit-box-flex: 1.0;
    box-flex: 1.0;
}
#box-c {
    background-color: #99ffcc;
    width: 100px;
    -moz-box-flex: 2.0;
    -webkit-box-flex: 2.0;
    box-flex: 2.0;
}
```

HTML Source

```html
<body>
<div id="container">
<div id="box-a">ボックスA</div>
<div id="box-b">ボックスB</div>
<div id="box-c">ボックスC</div>
</div>
</body>
```

Firefox

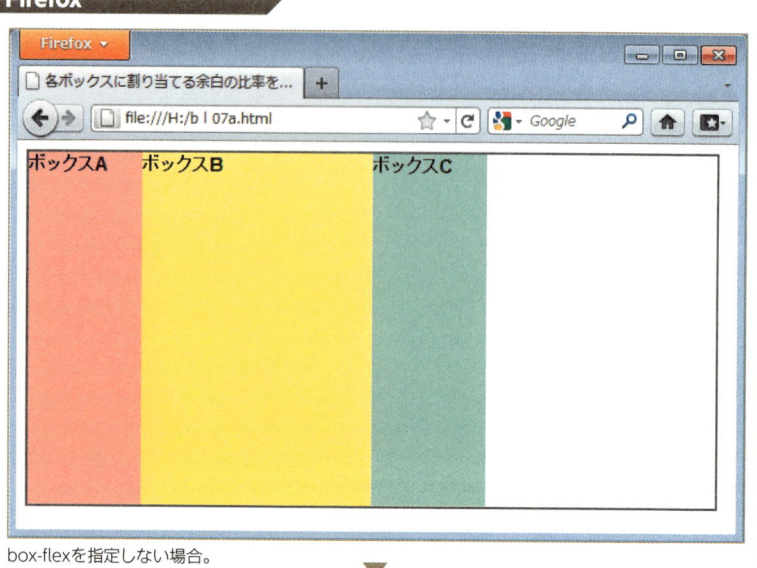

box-flexを指定しない場合。

▼

box-flexを指定した場合(サンプルを表示)。

▶ブラウザごとの指定方法と対応

ブラウザ	プロパティ	ブラウザ	プロパティ
IE9	—	Chrome11	-webkit-box-flex
IE8	—	Safari5	-webkit-box-flex
Fx4.0	-moz-box-flex	Opera11	—
Fx3.6	-moz-box-flex		

参照　フレキシブル・ボックスを指定したい……P.358
　　　ボックスのレイアウト方向を指定したい……P.361

CSS3 > FLEXIBLE BOX LAYOUT 07

ボックスを寄せる位置を指定したい

box-pack: ★

★………start、end、center、justify

| 初期値 | start | 値の継承 | しない | 適用要素 | displayプロパティの値が「box」または「inline-box」の要素 |

　フレキシブル・ボックス・レイアウトにおいて、子要素のボックスのサイズの合計が親要素のボックスのサイズより小さい場合、余白が生じます。このとき、子要素をどちらに寄せてレイアウトするのか、余白をどのように配置するのかは、box-packプロパティで指定します。
　子要素が横方向に並べられているときは左、中央、右のいずれかに寄せて、box-orientプロパティ(p.361)で子要素が縦方向に並べられているときは上、中央、下のいずれかに寄せて表示されます。

値の指定方法

- **start**　ボックスが横方向に並べられている場合は、子要素は親要素のボックスの左側に寄せて表示され、余白は最後の子要素の右側に配置されます。縦方向に並べられている場合は、子要素は親要素のボックスの上側に寄せて表示され、余白は最後の子要素の下側に配置されます。
- **end**　ボックスが横方向に並べられている場合は、子要素は親要素のボックスの右側に寄せて表示され、余白は最後の子要素の左側に配置されます。縦方向に並べられている場合は、子要素は親要素のボックスの上側に寄せて表示され、余白は最後の子要素の下側に配置されます。
- **center**　子要素は中央に寄せられます。余白は均等に2分割され、子要素が横方向に並べられている場合はボックスの左右に、縦方向に並べられている場合はボックスの上下に配置されます。
- **justify**　余白が各子要素の間に均等に分割されて、表示されます。最初の子要素の前と、最後の子要素の後には余白は配置されません。

CSS Source

```css
div {
    font-family: Helvetica, sans-serif;
    font-weight: bold;
}
#container {
    width: 600px;
    height: 300px;
    border: 2px solid #808080;
    display: -moz-box;
    display: -webkit-box;
    display: box;
    -moz-box-pack: justify;
    -webkit-box-pack: justify;
    box-pack: justify;
}
#box1 {
    background-color: #ff9999;
    width: 100px;
}
#box2 {
    background-color: #ffff66;
    width: 200px;
}
#box3 {
    background-color: #99ffcc;
    width: 100px;
}
```

HTML Source

```html
<body>
<div id="container">
<div id="box1">ボックス1</div>
<div id="box2">ボックス2</div>
<div id="box3">ボックス3</div>
</div>
</body>
```

Google Chrome

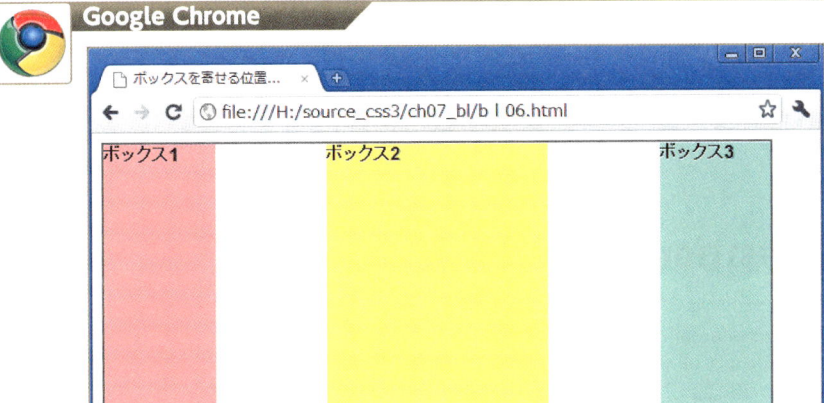

iPhone Safari

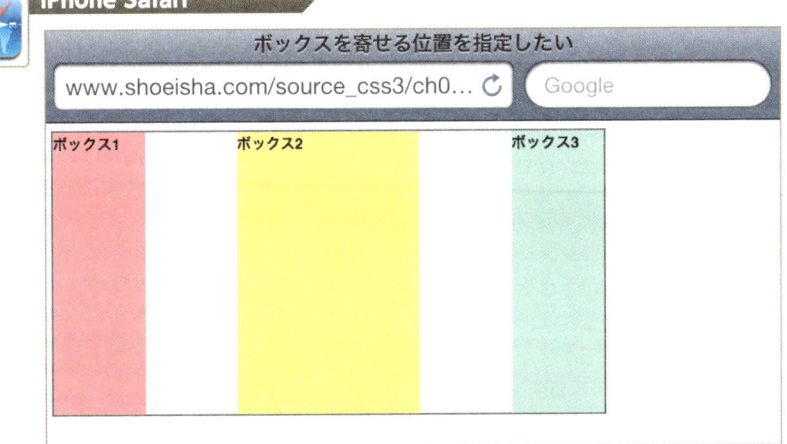

▶ブラウザごとの指定方法と対応

ブラウザ	プロパティ		ブラウザ	プロパティ
IE9	—		Chrome11	-webkit-box-pack
IE8	—		Safari5	-webkit-box-pack
Fx4.0	-moz-box-pack		Opera11	—
Fx3.6	-moz-box-pack			

Fxはjustifyには対応していません

参照　フレキシブル・ボックスを指定したい ……… P.358
　　　ボックスのレイアウト方向を指定したい …… P.361

CSS3 > TRANSITION 01

トランジション効果を付けたい

transition-property: ★

★………none、all、プロパティ名

初期値 all　**値の継承** しない　**適用要素** すべての要素、:before擬似要素と:after擬似要素

　トランジション(遷移)とは、あるスタイルを別のスタイルへ滑らかに変化させる効果です。視覚的な変化を、FlashやJavaScriptを使用せずに実現することができます。
　トランジションでは、プロパティの値を変化させることで効果を表現します。そのため次の指定が必要です。
・効果を適用するプロパティと、その開始時の値と完了時の値
・変化にかける時間
　トランジション効果を適用するプロパティは、transition-propertyプロパティで指定し、変化にかける時間はtransition-durationプロパティ(p.381)で指定します。

値の指定方法

none	変化するプロパティはありません。
all	トランジション効果を適用できる、すべてのプロパティを変化させます。
プロパティ名	変化させるプロパティの名前を指定します。複数のプロパティを変化させるときは、それぞれを「,(カンマ)」で区切って記述します。

　右ページはdiv要素の背景色を変化させるサンプルです。そのため、transition-propertyプロパティに「background-color」を指定しています。背景色は、マウスカーソルが重なったときに、「#ff0033」から「#ffff33」へ、2秒かけて(transition-duration: 2s)変化する設定にしています。
　このように、トランジションでは開始時の値から完了時の値へと指定した時間をかけて滑らかに遷移します。

　次節で扱うアニメーションも、プロパティの値を変化させてスタイルを変更する点ではトランジションと同じです。しかし、トランジションでは変化の最初と最後のスタイルのみを指定できるのに対し、アニメーションではキーフレームを設定することにより、その間のスタイルの変化を細かく指定できるという違いがあります。

CSS Source

```css
div {
    padding: 2em;
    background-color: #ff0033;
    font-family: Helvetica, sans-serif;
    font-weight: bold;
    text-align: center;
    -moz-transition-property: background-color;
    -moz-transition-duration: 2s;
    -webkit-transition-property: background-color;
    -webkit-transition-duration: 2s;
    -o-transition-property: background-color;
    -o-transition-duration: 2s;
    transition-property: background-color;
    transition-duration: 2s;
}
div:hover {
    background-color: #ffff33;
}
```

HTML Source

```html
<body>
<div>sample</div>
</body>
```

Firefox

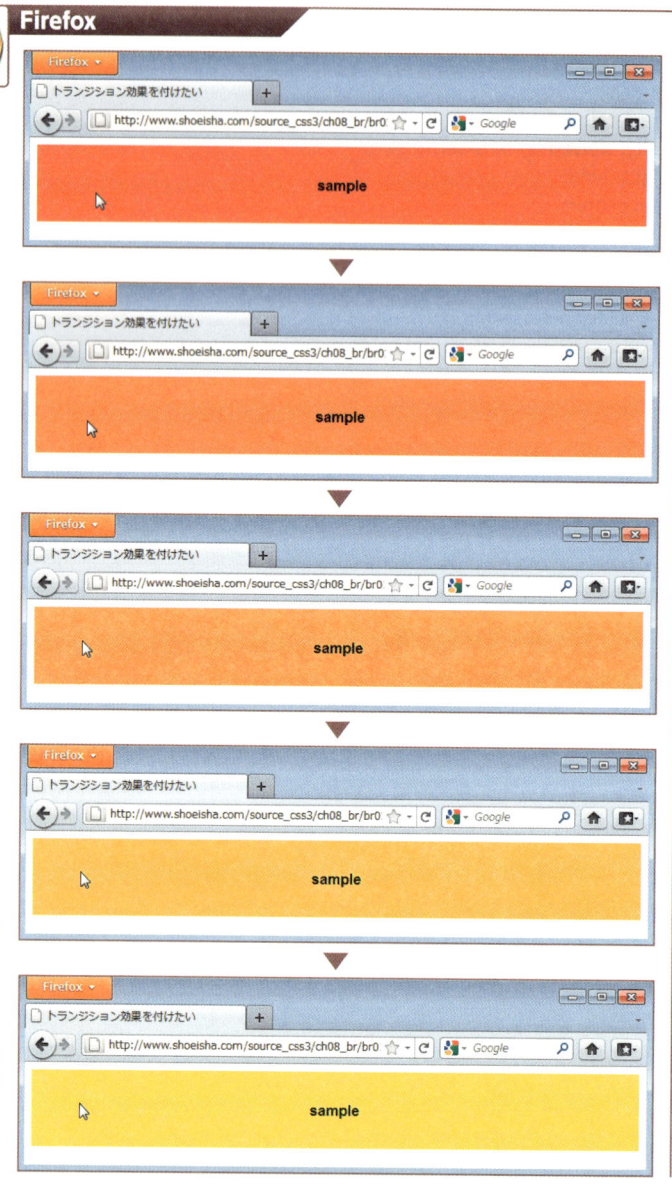

▶ ブラウザごとの指定方法と対応

ブラウザ	プロパティ
IE9	—
IE8	—
Fx4.0	-moz-transition-property
Fx3.6	—

ブラウザ	プロパティ
Chrome11	-webkit-transition-property
Safari5	-webkit-transition-property
Opera11	-o-transition-property

iPhoneはhoverに対応していません

参照　トランジションにかける時間を指定したい‥‥ P.381　アニメーションのキーフレームを設定したい‥ P.389
　　　トランジションのプロパティを
　　　一括して指定したい‥‥‥‥‥‥‥‥‥‥‥ P.387

CSS3 > TRANSITION 02

トランジションにかける時間を指定したい

transition-duration: ★

★………時間(秒、またはミリ秒)

| 初期値 | 0 | 値の継承 | しない | 適用要素 | すべての要素、::before擬似要素と::after擬似要素 |

トランジション効果を表現するには、変化させるプロパティとともに、変化にかける時間を指定する必要があります。この時間は、transition-durationプロパティで指定します。

値の指定方法

時間　変化が完了するまでの時間を、秒(s)またはミリ秒(ms)で指定します。複数のプロパティを時間を変えて変化させるときは、それぞれに対応する時間を「,(カンマ)」で区切って記述します。負の値が指定されたときは「0」とみなされます。

CSS Source

```css
div {
    width: 100px;
    height: 100px;
    background-color: #3333ff;
    font-family: Helvetica, sans-serif;
    font-weight: bold;
    -moz-transition-property: width, height, background-color;
    -moz-transition-duration: 2s;
    -webkit-transition-property: width, height, background-color;
    -webkit-transition-duration: 2s;
    -o-transition-property: width, height, background-color;
    -o-transition-duration: 2s;
    transition-property: width, height, background-color;
    transition-duration: 2s;
}
div:hover {
    width: 300px;
    height: 200px;
    background-color: #00ff99;
}
```

HTML Source

```html
<body>
<div>sample</div>
</body>
```

Firefox

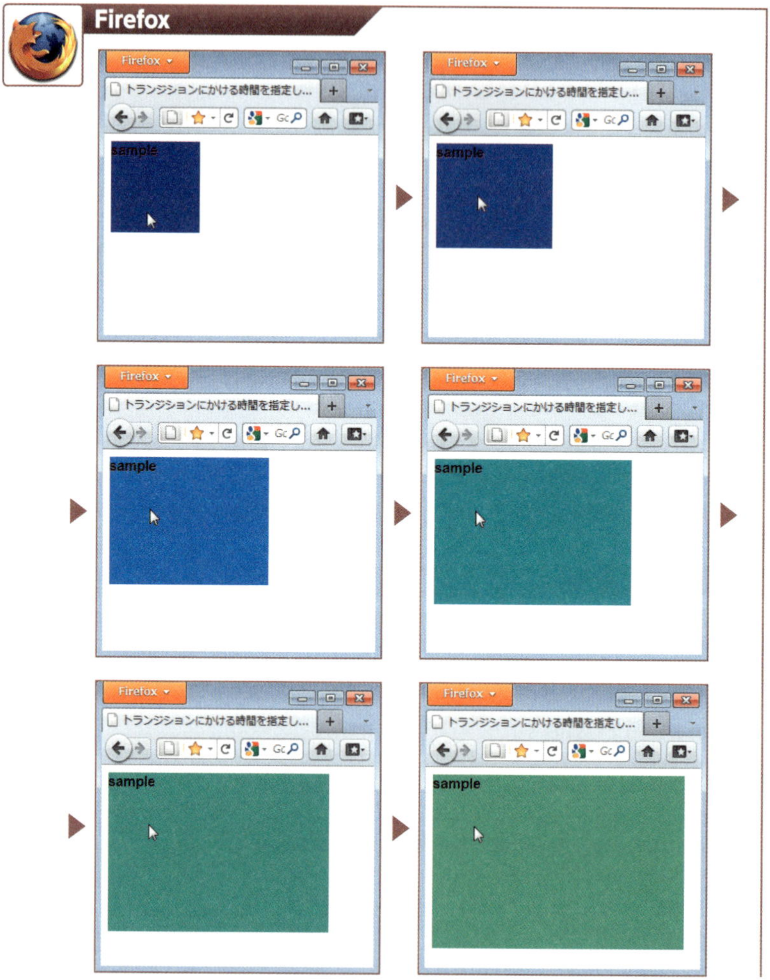

▶ ブラウザごとの指定方法と対応

ブラウザ	プロパティ
IE9	—
IE8	—
Fx4.0	-moz-transition-duration
Fx3.6	—

ブラウザ	プロパティ
Chrome11	-webkit-transition-duration
Safari5	-webkit-transition-duration
Opera11	-o-transition-duration

iPhoneはhoverに対応していません

参照　トランジション効果を付けたい・・・・・・・・・・・・ P.378
　　　トランジションのプロパティを
　　　一括して指定したい・・・・・・・・・・・・・・・・・・・・・ P.387

382 | CSS3 > TRANSITION 02

CSS3 > TRANSITION 03

トランジションの変化のパターンを指定したい

transition-timing-function: ★

★………ease、linear、ease-in、ease-out、ease-in-out

初期値 ease **値の継承** しない **適用要素** すべての要素、::before擬似要素と::after擬似要素

transition-timing-functionプロパティを使うと、変化する速度のパターンを指定できます。

値の指定方法

ease	ゆっくり変化を始め、変化の途中で加速し、減速して終わります。
linear	一定の速度で変化します。
ease-in	ゆっくり変化を始め、その後加速します。
ease-out	高速で変化を始め、減速しながら終わります。
ease-in-out	ゆっくり変化をはじめ、徐々に加速し、減速しながら終わります。

CSS Source

```css
#sample1 {
    width: 300px;
    background-color: #ff6699;
    text-align: center;
}
#sample2 {
    color: #dc143c;
    font-family: "Times New Roman", serif;
    font-weight: bold;
    font-size: 80px;
    opacity: 0.0;
    -moz-transition-property: opacity;
    -moz-transition-duration: 3s;
    -moz-transition-timing-function: ease-in-out;
    -webkit-transition-property: opacity;
    -webkit-transition-duration: 3s;
    -webkit-transition-timing-function: ease-in-out;
    -o-transition-property: opacity;
    -o-transition-duration: 3s;
    -o-transition-timing-function: ease-in-out;
    transition-property: opacity;
```

```
    transition-duration: 3s;
    transition-timing-function: ease-in-out;
}
#sample2:hover {
    opacity: 1.0;
}
```

HTML Source

```
<body>
<div id="sample1"><div id="sample2">Hello!</div></div>
</body>
```

Firefox

▶ ブラウザごとの指定方法と対応

ブラウザ	プロパティ
IE9	—
IE8	—
Fx4.0	-moz-transition-timing-function
Fx3.6	—

ブラウザ	プロパティ
Chrome11	-webkit-transition-timing-function
Safari5	-webkit-transition-timing-function
Opera11	-o-transition-timing-function

iPhoneはhoverに対応していません

参照　トランジション効果を付けたい……………P.378　トランジションのプロパティを
　　　トランジションにかける時間を指定したい……P.381　一括して指定したい………………………P.387

CSS3 > TRANSITION 04

トランジションを遅れて開始させたい

transition-delay: ★

★………時間(秒、またはミリ秒)

初期値 0　**値の継承** しない　**適用先** すべての要素、::before擬似要素と::after擬似要素

transition-delayプロパティを使うと、変化を遅れて開始させることができます。

値の指定方法

時間　　プロパティの値が変更されてから変化が開始されるまでの待機時間を、秒(s)またはミリ秒(ms)で指定します。

CSS Source

```css
div {
    width: 100px;
    height: 100px;
    background-color: #3333ff;
    font-family: Helvetica, sans-serif;
    font-weight: bold;
    -moz-transition-property: width, height, background-color;
    -moz-transition-duration: 3s;
    -moz-transition-delay: 2s;
    -webkit-transition-property: width, height, background-color;
    -webkit-transition-duration: 3s;
    -webkit-transition-delay: 2s;
    -o-transition-property: width, height, background-color;
    -o-transition-duration: 3s;
    -o-transition-delay: 2s;
    transition-property: width, height, background-color;
    transition-duration: 3s;
    transition-delay: 2s;
}
div:hover {
    width: 300px;
    height: 200px;
    background-color: #00ff99;
}
```

HTML Source

```
<body>
<div>sample</div>
</body>
```

Firefox

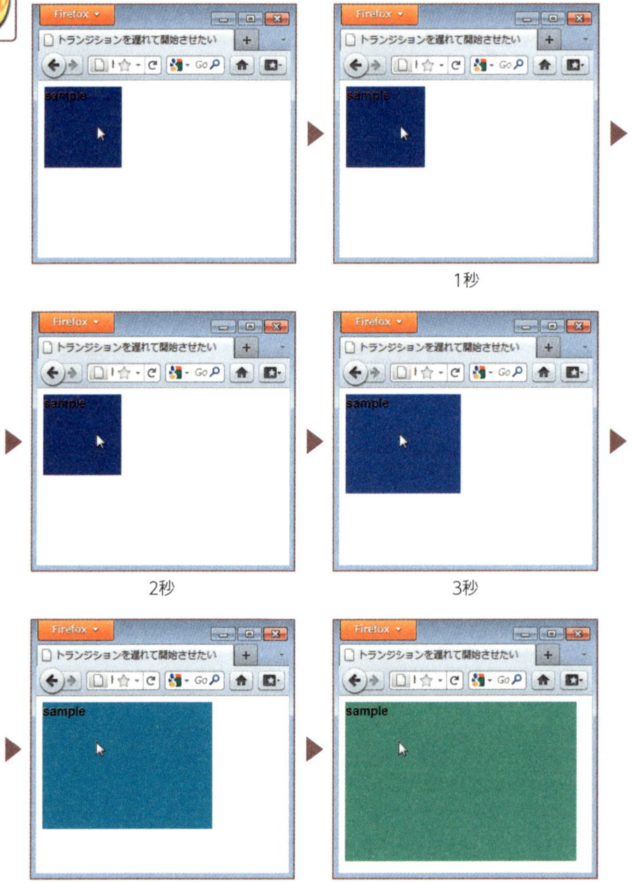

1秒

2秒　　　3秒

4秒　　　5秒

マウスオーバーしてから2秒後に変化が開始します。

▶ ブラウザごとの指定方法と対応

ブラウザ	プロパティ		ブラウザ	プロパティ
IE9	—		Chrome11	-webkit-transition-delay
IE8	—		Safari5	-webkit-transition-delay
Fx4.0	-moz-transition-delay		Opera11	-o-transition-delay
Fx3.6	—			

iPhoneはhoverに対応していません

 参照
トランジション効果を付けたい ············ P.378
トランジションにかける時間を指定したい ···· P.381

CSS3 > TRANSITION 05

トランジションのプロパティを一括して指定したい

transition: ★ ◆ ● ▲

- ★ ……… transition-propertyの値（効果を適用するプロパティ）
- ◆ ……… transition-durationの値（変化にかける時間）
- ● ……… transition-delay（変化までの待機時間）
- ▲ ……… transition-timing-functionの値（変化する速度のパターン）

初期値 個別のプロパティ参照　**値の継承** しない　**適用要素** すべての要素、::before擬似要素と::after擬似要素

　トランジションのプロパティを一括して指定するには、transitionプロパティを使います。それぞれの値を任意の順番で、半角スペースで区切って指定します。
　ただし、transition-durationプロパティ（p.394）とtransition-delayプロパティ（p.385）の値については、先に指定されている値がtransition-durationプロパティの値、後に指定されている値がtransition-delayの値とみなされます。
　省略された値については、初期値が適用されます。

値の指定方法

transition-propertyの値（p.378）	トランジション効果を適用するプロパティを指定します。
transition-durationの値（p.381）	変化にかける時間を指定します。
transition-delay（p.385）	プロパティの値が変更されてから変化を開始するまでの待機時間を指定します。
transition-timing-functionの値（p.397）	変化する速度のパターンを指定します。

CSS Source

```css
#sample1 {
    width: 300px;
    background-color: #ff6699;
    text-align: center;
}
#sample2 {
    color: #dc143c;
    font-family: "Times New Roman", serif;
    font-weight: bold;
    font-size: 80px;
    opacity: 0.0;
```

```
    -moz-transition: opacity 3s 2s ease-in-out;
    -webkit-transition: opacity 3s 2s ease-in-out;
    -o-transition: opacity 3s 2s ease-in-out;
    transition: opacity 3s 2s ease-in-out;
}
#sample2:hover {
    opacity: 1.0;
}
```

HTML Source

```
<body>
<div id="sample1"><div id="sample2">Hello!</div></div>
</body>
```

2秒後に変化を開始し、3秒かけて変化が完了します。

▶ ブラウザごとの指定方法と対応

ブラウザ	プロパティ	ブラウザ	プロパティ
IE9	—	Chrome11	-webkit-transition
IE8	—	Safari5	-webkit-transition
Fx4.0	-moz-transition	Opera11	-o-transition
Fx3.6	—		

iPhoneはhoverに対応していません

参照　トランジション効果を付けたい……………… P.378　トランジションの変化のパターンを指定したい P.383
　　　トランジションにかける時間を指定したい…… P.381　トランジションを遅れて開始させたい……… P.385

CSS3 > ANIMATION 01

アニメーションのキーフレームを設定したい

@keyframes ★ {
　　◆,◆,…,◆
}

★………キーフレーム名
◆………キーフレームの指定

前節のトランジション機能を拡張したものが、CSS3のアニメーション効果です。アニメーションでは、トランジションと同じようにプロパティの値を変化させることで効果を表現します。しかし、トランジションでは変化の最初と最後のスタイルのみを指定するのに対し、アニメーションでは「キーフレーム」を設定することにより、完了までのスタイルの変化をポイントごとに細かく指定できるという違いがあります。

キーフレームの設定は、@keyframesを使って行います。

値の指定方法

キーフレーム名　@keyframesで設定するキーフレームに名前を付けます。この名前は、animation-nameプロパティ（p.391）でアニメーションを適用する要素と、実行させるキーフレームとを結び付けるために使われます。

キーフレームの指定　スタイルがどのように変化するのかを、アニメーションの任意のポイントごとに次の書式で指定します。ポイントはアニメーションの時間に対するパーセンテージで表し、その時点のプロパティと値を記述していきます。開始時は「0%」または「from」、完了時は「100%」または「end」となり、これらは必ず指定します。

```
@keyframes キーフレーム名 {
    0%   { プロパティ: 値; ～ }
    ○%   { プロパティ: 値; ～ }
     :
    100% { プロパティ: 値; ～ }
}
```

右ページのサンプルは、要素の位置を変化させるキーフレームの設定です。0%、40%、70%、100%の4つのポイントを設定し、各時点における要素の位置をleftプロパティとtopプロパティで指定しています。また、キーフレームに「mymove」という名前を付けています。

実際に動作させるには、animation-nameプロパティ（p.391）やanimation-durationプロパティ（p.394）での設定が必要です。

CSS Source
```css
@keyframes mymove {
    0% {
        left: 0px;
        top: 0px;
    }
    40% {
        left: 200px;
        top: 0px;
    }
    70% {
        left: 200px;
        top: 200px;
    }
    100% {
        left: 400px;
        top: 200px;
    }
}
body {
    margin: 0;
}
div {
    width: 100px;
    height: 100px;
    position: absolute;
    background-color: #66ff99;
    font-family: Helvetica, sans-serif;
    font-weight: bold;
}
div:hover {
    animation-name: mymove;
    animation-duration: 5s;
}
```

▶ ブラウザごとの指定方法と対応

ブラウザ	
IE9	—
IE8	—
Fx4.0	—
Fx3.6	—

ブラウザ	
Chrome11	@-webkit-keyframes
Safari5	@-webkit-keyframes
Opera11	—

トランジション効果を付けたい・・・・・・・・・・・・・	P.378
アニメーションを実行する時間を指定したい・・	P.394
アニメーションのプロパティを一括して指定したい・・・・・・・・・・・・・・・・・・・・・・・	P.410

CSS3 > ANIMATION 02

利用するキーフレームを指定したい

animation-name: ★

★………none、キーフレーム名

初期値 none　**値の継承** しない　**適用要素** ブロックレベル要素とインライン要素

　アニメーションを実行するには、アニメーション効果を適用する要素に対して、利用するキーフレームと、アニメーションの時間を指定する必要があります。利用するキーフレームを指定するにはanimation-nameプロパティを使います。
　アニメーションの時間はanimation-durationプロパティ(p.394)で指定します。

値の指定方法

none	アニメーションを実行しません。
キーフレーム名	@keyframes (p.389) で付けたキーフレームの名前を指定します。複数のアニメーションを実行するときは、それぞれのキーフレーム名を「,(カンマ)」で区切って記述します。

CSS Source

```css
@-webkit-keyframes mymove {
    0% {
        left: 0px;
        top: 0px;
    }
    40% {
        left: 200px;
        top: 0px;
    }
    70% {
        left: 200px;
        top: 200px;
    }
    100% {
        left: 400px;
        top: 200px;
    }
}
```

```css
@keyframes mymove {
    0% {
        left: 0px;
        top: 0px;
    }
    40% {
        left: 200px;
        top: 0px;
    }
    70% {
        left: 200px;
        top: 200px;
    }
    100% {
        left: 400px;
        top: 200px;
    }
}
body {
    margin: 0;
}
div {
    width: 100px;
    height: 100px;
    position: absolute;
    background-color: #66ff99;
    font-family: Helvetica, sans-serif;
    font-weight: bold;
}
div:hover {
    -webkit-animation-name: mymove;
    -webkit-animation-duration: 5s;
    animation-name: mymove;
    animation-duration: 5s;
}
```

HTML Source

```html
<body>
<div>sample</div>
</body>
```

Google Chrome

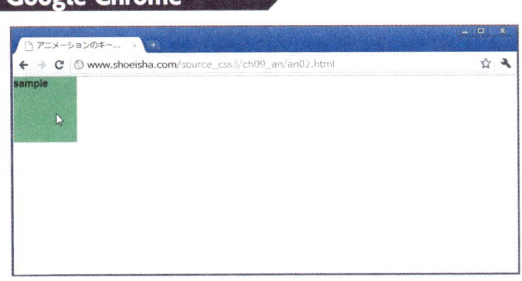

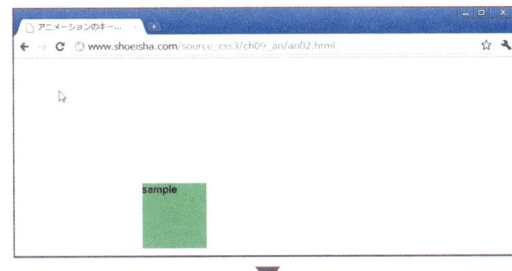
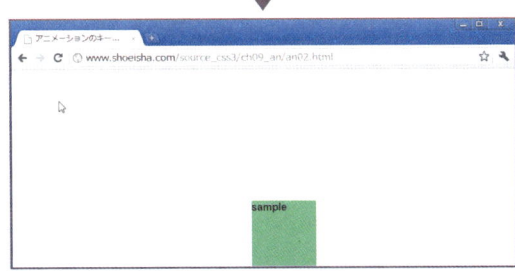

▶ブラウザごとの指定方法と対応

ブラウザ	プロパティ
IE9	—
IE8	—
Fx4.0	—
Fx3.6	—

ブラウザ	プロパティ
Chrome11	-webkit-animation-name
Safari5	-webkit-animation-name
Opera11	—

iPhoneはhoverに対応していません

参照　アニメーションのキーフレームを設定したい‥P.389　アニメーションのプロパティを
　　　　アニメーションを実行する時間を指定したい‥P.394　一括して指定したい‥‥‥‥‥‥‥‥‥‥‥P.410

利用するキーフレームを指定したい | 393

CSS3 > ANIMATION 03

アニメーションを実行する時間を指定したい

animation-duration: ★

★………時間(秒、またはミリ秒)

初期値 0　値の継承 しない　適用要素 ブロックレベル要素とインライン要素

アニメーションを実行するには、利用するキーフレームとともに、アニメーションの時間を指定する必要があります。アニメーションの時間はanimation-durationプロパティで指定します。

値の指定方法

時間　アニメーションが完了するまでの時間を、秒(s)またはミリ秒(ms)で指定します。複数のアニメーションの時間を個別に指定するときは、それぞれに対応する時間を「,(カンマ)」で区切って記述します。負の値が指定されたときは「0」とみなされます。

CSS Source

```
@-webkit-keyframes sample {
    0% {
        width: 100px;
        height: 100px;
    }
    50% {
        width: 300px;
        height: 100px;
    }
    100% {
        width: 300px;
        height: 300px;
    }
}
@keyframes sample {
    0% {
        width: 100px;
        height: 100px;
    }
    50% {
        width: 300px;
        height: 100px;
```

```
        }
        100% {
            width: 300px;
            height: 300px;
        }
    }
    div {
        width: 100px;
        height: 100px;
        background-color: #cc0099;
        font-family: Helvetica, sans-serif;
        font-weight: bold;
    }
    div:hover {
        -webkit-animation-name: sample;
        -webkit-animation-duration: 3s;
        animation-name: sample;
        animation-duration: 3s;
    }
```

HTML Source

```
<body>
<div>sample</div>
</body>
```

Google Chrome

3秒間かけてアニメーションが実行されます。

▶ブラウザごとの指定方法と対応

ブラウザ	プロパティ
IE9	—
IE8	—
Fx4.0	—
Fx3.6	—

ブラウザ	プロパティ
Chrome11	-webkit-animation-duration
Safari5	-webkit-animation-duration
Opera11	—

iPhoneはhoverに対応していません

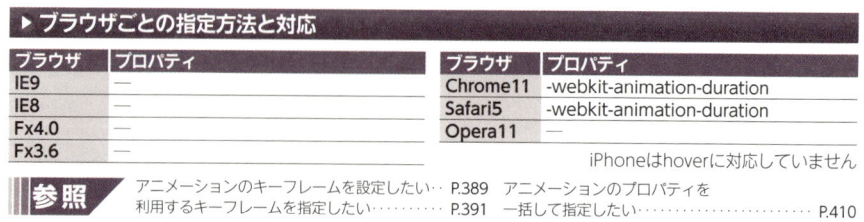

参照　アニメーションのキーフレームを設定したい‥P.389　アニメーションのプロパティを
　　　利用するキーフレームを指定したい‥‥‥‥P.391　一括して指定したい‥‥‥‥‥‥‥‥‥‥P.410

CSS3 > ANIMATION 04

アニメーションの速度のパターンを指定したい

animation-timing-function: ★

★………ease、linear、ease-in、ease-out、ease-in-out

初期値 ease　**値の継承** しない　**適用要素** ブロックレベル要素とインライン要素

animation-timing-functionプロパティを使うと、アニメーションを実行する速度のパターンを指定できます。

animation-timing-functionプロパティは、アニメーション全体にではなく、@keyframes内で設定されているキーフレームごとに指定します。例えば、1つのアニメーションの中で、あるキーフレームには「ease-out」を指定し、別のキーフレームには「linear」を設定することもできます。

animation-timing-functionプロパティが@keyframes内で指定されているときは、該当のキーフレームに適用されます。次の場合には、0%から25%までを「ease-out」で実行します。

```
@keyframes sample {
    0% {
        left: 10px;
        animation-timing-function: ease-out;
    }
    25% {
        left: 50px;
    }
      :
      :
    100% {
        left: 300px;
    }
}
```

値の指定方法

ease	ゆっくり変化を始め、変化の途中で加速し、減速して終わります。
linear	一定の速度で変化します。
ease-in	ゆっくり変化を始め、その後加速します。
ease-out	高速で変化を始め、減速しながら終わります。
ease-in-out	ゆっくり変化をはじめ、徐々に加速し、減速しながら終わります。

CSS Source

```css
@-webkit-keyframes mymove {
    0% {
        width: 100px;
    }
    100% {
        width: 400px;
    }
}
@keyframes sample {
    0% {
        left: 0px;
    }
    100% {
        left: 400px;
    }
}
div {
    margin: 1px;
    width: 100px;
    height: 50px;
    position: relative;
    color: #ffffff;
    background-color: #000099;
    font-family: Helvetica, sans-serif;
    font-weight: bold;
    -webkit-animation-name: mymove;
    -webkit-animation-duration: 5s;
    animation-name: sample;
    animation-duration: 5s;
}
#sample1 {
    -webkit-animation-timing-function: ease;
    animation-timing-function: ease;
}
#sample2 {
    -webkit-animation-timing-function: linear;
    animation-timing-function: linear;
}
#sample3 {
    -webkit-animation-timing-function: ease-in;
```

```
    animation-timing-function: ease-in;
}
#sample4 {
    -webkit-animation-timing-function: ease-out;
    animation-timing-function: ease-out;
}
#sample5 {
    -webkit-animation-timing-function: ease-in-out;
    animation-timing-function: ease-in-out;
}
```

HTML Source

```
<body>
<div id="sample1">ease</div>
<div id="sample2">linear</div>
<div id="sample3">ease-in</div>
<div id="sample4">ease-out</div>
<div id="sample5">ease-in-out</div>
</body>
```

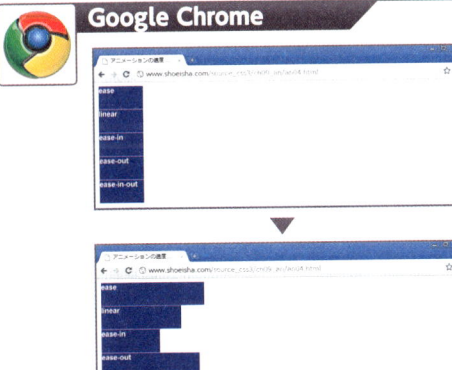

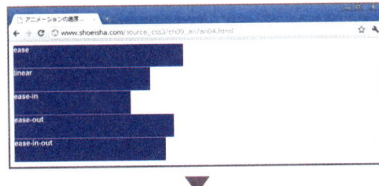

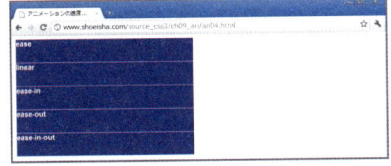

どのバーも5秒かけて変化しますが、途中の速度が異なります。

iPhone Safari

どのバーも5秒かけて変化しますが、途中の速度が異なります。

▶ ブラウザごとの指定方法と対応

ブラウザ	プロパティ
IE9	—
IE8	—
Fx4.0	—
Fx3.6	—

ブラウザ	プロパティ
Chrome11	-webkit-animation-timing-function
Safari5	-webkit-animation-timing-function
Opera11	—

参照
アニメーションを遅れて開始させたい ……… P.407
アニメーションのプロパティを
一括して指定したい ……………………… P.410

CSS3 > ANIMATION 05

アニメーションを実行する回数を指定したい

animation-iteration-count: ★

★………infinite、数値

初期値 1　**値の継承** しない　**適用要素** ブロックレベル要素とインライン要素

　トランジションとは異なり、アニメーションは繰り返して実行させることができます。繰り返しは、animation-iteration-countプロパティで指定します。初期値は1です。つまり1回実行すると終了します。
　複数のアニメーションの実行回数を個別に指定するときは、それぞれに実行する回数を「,(カンマ)」で区切って記述します。負の値が指定されたときは「0」とみなされます（SafariとChromeでは初期値の「1」とみなされるようです）。

値の指定方法

infinite	アニメーションを無限に繰り返します。
数値	アニメーションを実行する回数を数値で指定します。

CSS Source
```
@-webkit-keyframes sample {
    0% {
        width: 100px;
        height: 100px;
    }
    50% {
        width: 300px;
        height: 100px;
    }
    100% {
        width: 300px;
        height: 300px;
    }
}
@keyframes sample {
    0% {
        width: 100px;
        height: 100px;
    }
```

```
    50% {
        width: 300px;
        height: 100px;
    }
    100% {
        width: 300px;
        height: 300px;
    }
}
div {
    width: 100px;
    height: 100px;
    background-color: #cc0099;
    font-family: Helvetica, sans-serif;
    font-weight: bold;
    -webkit-animation-name: sample;
    -webkit-animation-duration: 3s;
    -webkit-animation-iteration-count: infinite;
    animation-name: sample;
    animation-duration: 3s;
    animation-iteration-count: infinite;
}
```

HTML Source

```
<body>
<div>sample</div>
</body>
```

Google Chrome

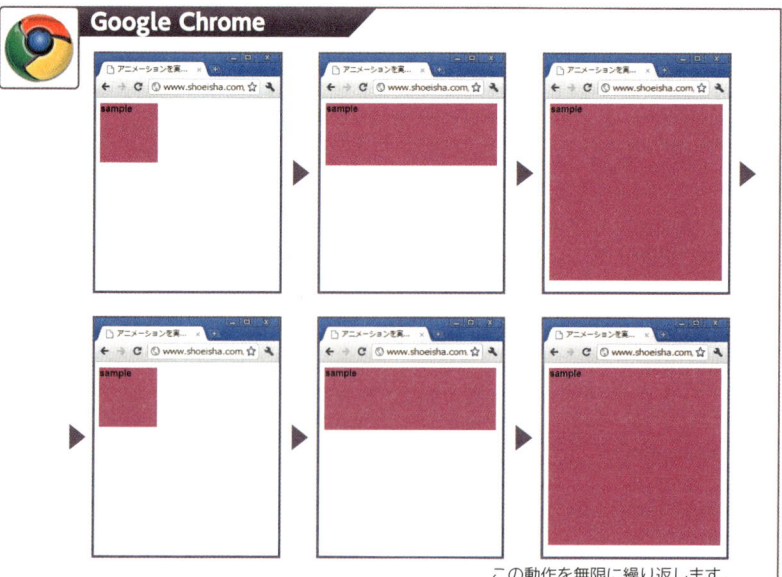

この動作を無限に繰り返します。

iPhone Safari

この動作を無限に繰り返します。

▶ ブラウザごとの指定方法と対応

ブラウザ	プロパティ
IE9	—
IE8	—
Fx4.0	—
Fx3.6	—

ブラウザ	プロパティ
Chrome11	-webkit-animation-iteration-count
Safari5	-webkit-animation-iteration-count
Opera11	—

参照
アニメーションを繰り返す方向を指定したい‥ P.404
アニメーションのプロパティを
　一括して指定したい‥‥‥‥‥‥‥‥‥‥ P.410

アニメーションを実行する回数を指定したい | 403

CSS3 > ANIMATION 06

アニメーションを繰り返す方向を指定したい

animation-direction: ★

★………normal、alternate

初期値 0　値の継承 しない　適用要素 ブロックレベル要素とインライン要素

　アニメーションを繰り返す場合に、折り返して逆向きに実行（逆再生）するかどうかを指定するプロパティです。
　複数のアニメーションの繰り返し方を個別に指定するときは、それぞれに対応するキーワードを「,（カンマ）」で区切って記述します。

値の指定方法

- normal　　　通常の実行方法でアニメーションを繰り返します。
- alternate　　奇数回目は通常どおりに実行し、偶数回目は逆向きに実行しながらアニメーションを繰り返します。逆向きに実行するときは、animation-timing-functionプロパティ（p.397）による動作も逆になります。例えば、「ease-in」が指定されているアニメーションは「ease-out」で実行されます。

CSS Source

```css
@-webkit-keyframes sample {
    0% {
        width: 100px;
        height: 100px;
    }
    50% {
        width: 300px;
        height: 100px;
    }
    100% {
        width: 300px;
        height: 300px;
    }
}
@keyframes sample {
    0% {
        width: 100px;
        height: 100px;
```

```css
    }
    50% {
        width: 300px;
        height: 100px;
    }
    100% {
        width: 300px;
        height: 300px;
    }
}
div {
    width: 100px;
    height: 100px;
    background-color: #cc0099;
    font-family: Helvetica, sans-serif;
    font-weight: bold;
    -webkit-animation-name: sample;
    -webkit-animation-duration: 3s;
    -webkit-animation-iteration-count: infinite;
    -webkit-animation-direction: alternate;
    animation-name: sample;
    animation-duration: 3s;
    animation-iteration-count: infinite;
    animation-direction: alternate;
}
```

HTML Source

```html
<body>
<div>sample</div>
</body>
```

Google Chrome

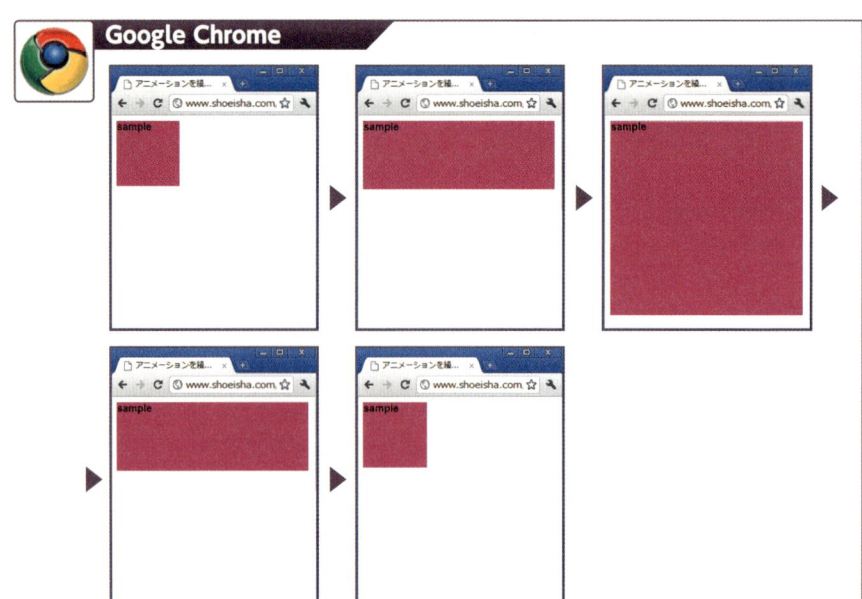

iPhone Safari

▶ ブラウザごとの指定方法と対応

ブラウザ	プロパティ
IE9	—
IE8	—
Fx4.0	—
Fx3.6	—

ブラウザ	プロパティ
Chrome11	-webkit-animation-direction
Safari5	-webkit-animation-direction
Opera11	—

参照　アニメーションを実行する回数を指定したい･･･ P.401
　　　アニメーションのプロパティを
　　　一括して指定したい ･････････････････････ P.410

CSS3 > ANIMATION 07

アニメーションを遅れて開始させたい

animation-delay: ★

★………時間(秒、またはミリ秒)

初期値 0　値の継承 しない　適用要素 ブロックレベル要素とインライン要素

animation-delayプロパティを使うと、アニメーションを遅れて開始させることができます。

値の指定方法

時間　アニメーションが開始されるまでの待機時間を、秒(s)またはミリ秒(ms)で指定します。負の値を指定したときは、指定した時間分実行した場合のポイントからすぐに開始されます。例えば、値を「-3s」とした場合、開始から3秒後のポイントから始まります。

CSS Source

```css
@-webkit-keyframes sample {
    0% {
        background-color: #ff3366;
    }
    40% {
        background-color: #ffcc33;
    }
    70% {
        background-color: #99ff66;
    }
    100% {
        background-color: #33ccff;
    }
}
@keyframes sample {
    0% {
        top: 300px;
    }
    40% {
        top: 200px;
    }
    70% {
```

```css
        top: 100px;
    }
    100% {
        top: 0px;
    }
}
div {
    padding: 2em;
    font-family: Helvetica, sans-serif;
    font-weight: bold;
    text-align: center;
    background-color: #ff3366;
}
div:hover {
    -webkit-animation-name: sample;
    -webkit-animation-duration: 5s;
    -webkit-animation-timing-function: linear;
    -webkit-animation-delay: 2s;
    animation-name: sample;
    animation-duration: 5s;
    animation-timing-function: linear;
    animation-delay: 2s;
}
```

HTML Source

```html
<body>
<div>sample</div>
</body>
```

Google Chrome

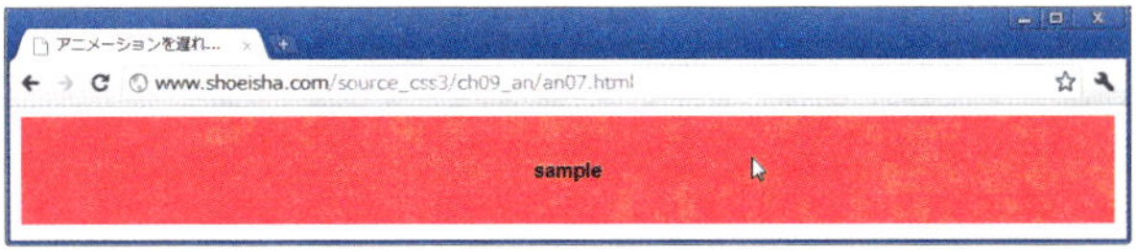

1秒
▼
2秒 
▼
3秒 
▼
4秒 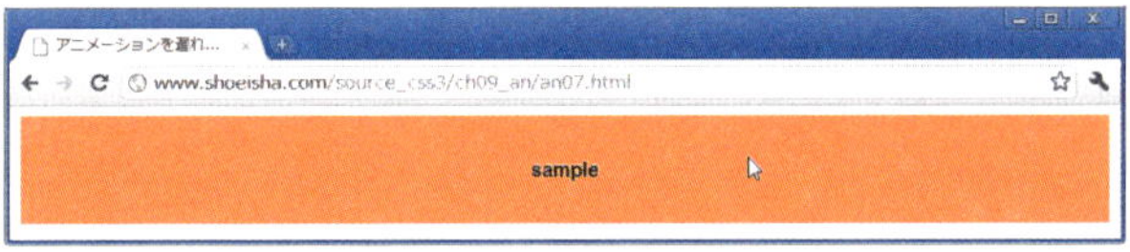
▼
5秒 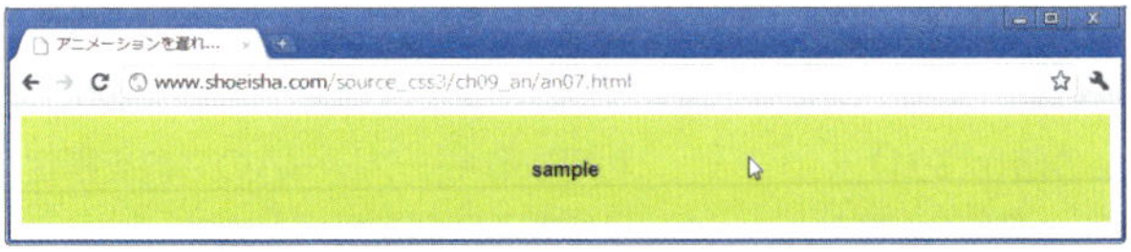
▼
6秒 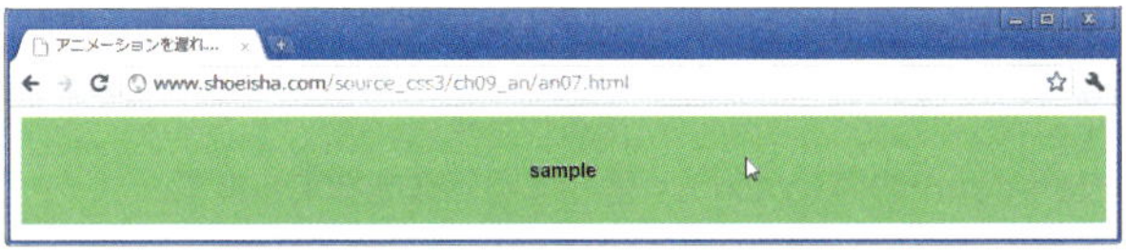
▼
7秒 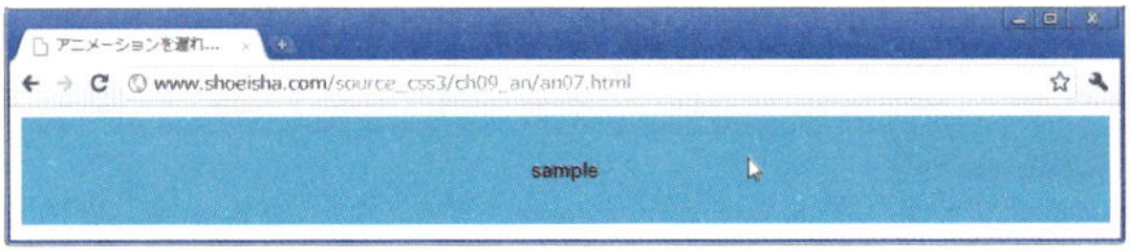

マウスオーバーしてから2秒後に変化を開始し、5秒かけて変化が完了します。

▶ ブラウザごとの指定方法と対応

ブラウザ	プロパティ	ブラウザ	プロパティ
IE9	—	Chrome11	-webkit-animation-delay
IE8	—	Safari5	-webkit-animation-delay
Fx4.0	—	Opera11	—
Fx3.6	—		

iPhoneはhoverに対応していません

アニメーションを実行する時間を指定したい… P.394　アニメーションのプロパティを
アニメーションの速度のパターンを指定したい P.397　一括して指定したい……………………… P.410

アニメーションを遅れて開始させたい | 409

CSS3 > ANIMATION 08

アニメーションのプロパティを一括して指定したい

animation: ★ ◆ ▲ ● ■ ▼

- ★………animation-nameの値（利用するキーフレームの名前）
- ◆………animation-durationの値（実行する時間）
- ▲………animation-timing-functionの値（変化する速度のパターン）
- ●………animation-delayの値（変化までの待機時間）
- ■………animation-iteration-countの値（実行回数）
- ▼………animation-directionの値（逆再生をするかどうか）

初期値 個別のプロパティ参照　**値の継承** しない　**適用要素** ブロックレベル要素とインライン要素

　アニメーションのプロパティを一括して指定するには、animationプロパティを使います。それぞれの値を任意の順番で、半角スペースで区切って指定します。

値の指定方法

animation-nameの値(p.391)	利用するキーフレームの名前を指定します。
animation-durationの値(p.394)	実行する時間を指定します。
animation-timing-functionの値(p.397)	実行する速度のパターンを指定します。
animation-delayの値(p.407)	アニメーションが開始されるまでの待機時間を指定します。
animation-iteration-countの値(p.401)	実行する回数を指定します。
animation-directionの値(p.404)	アニメーションを繰り返す場合に、逆再生をするかどうかを指定します。

CSS Source

```
@-webkit-keyframes usa {
    0% {
        -webkit-transform: rotate(0deg);
    }
    20%  {
        -webkit-transform: rotate(30deg);
    }
    40%  {
        -webkit-transform: rotate(0deg);
    }
    60% {
```

```css
        -webkit-transform: rotate(-30deg);
    }
    100% {
        -webkit-transform: rotate(0deg);
    }
}
@keyframes usa {
    0% {
        -webkit-transform: rotate(0deg);
    }
    20%   {
        -webkit-transform: rotate(30deg);
    }
    40%   {
        -webkit-transform: rotate(0deg);
    }
    60% {
        -webkit-transform: rotate(-30deg);
    }
    100% {
        -webkit-transform: rotate(0deg);
    }
}
div{
    margin: 20px 100px;
    width: 182px;
    height: 255px;
    -webkit-transform-origin: center bottom;
    -webkit-animation: usa 8s ease-in-out infinite;
    transform-origin: center bottom;
    animation: usa 8s ease-in-out infinite;
}
```

HTML Source

```html
<body>
<div><img src="usa_flute.gif"></div>
</body>
```

Google Chrome

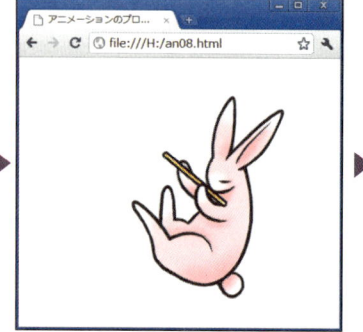
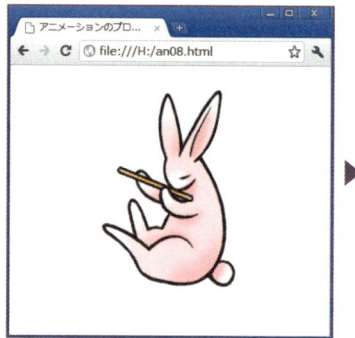

▶ ブラウザごとの指定方法と対応

ブラウザ	プロパティ
IE9	—
IE8	—
Fx4.0	—
Fx3.6	—

ブラウザ	プロパティ
Chrome11	-webkit-animation
Safari5	-webkit-animation
Opera11	—

参照　アニメーションのキーフレームを設定したい‥‥ P.389
　　　利用するキーフレームを指定したい‥‥‥‥‥ P.391

CSS3 > TRANSFORM 01

要素に変形効果を付けたい

transform: ★

★………必要な変形関数(下記参照)

初期値 none　　**値の継承** しない　　**適用要素** ブロックレベル要素、インライン要素

　transformプロパティを使うと、要素のボックスに移動、拡大・縮小、回転、傾斜(シアー)などの変形効果を適用できます。変形の種類は下記の変形関数で指定します。
　各変形関数を半角スペースで区切って記述すれば、複数の効果を適用できます。その場合は、先に指定したものから適用されるため、指定する順番によって効果が変わることがあります。
　なお、変形の基点はボックスの中心(50% 50%)ですが、transform-originプロパティ(p.416)で変更することもできます。

値の指定方法

translate(横方向の移動距離,縦方向の移動距離)
要素を移動させます。横方向と縦方向の移動距離を、それぞれ「実数値+単位」または「パーセント値+%」で指定します。値を1つだけ指定した場合は、縦方向の移動距離に「0」が指定されたものとみなされます。

translateX(横方向の移動距離)
要素を横(x)方向へ移動させます。横方向の移動距離を「実数値+単位」または「パーセント値+%」で指定します。

translateY(縦方向の移動距離)
要素を縦(y)方向へ移動させます。縦方向の移動距離を「実数値+単位」または「パーセント値+%」で指定します。

scale(横方向の倍率,縦方向の倍率)
要素を拡大または縮小します。横方向と縦方向に拡大・縮小する倍率を、それぞれ標準のサイズを1とした単位なしの実数値で指定します。値を1つだけ指定した場合は、横方向と縦方向に同じ倍率が指定されたものとみなされます。

scaleX(横方向の倍率)
要素を横(x)方向へ拡大または縮小します。横方向に拡大・縮小する倍率を、標準のサイズを1とした単位なしの実数値で指定します。

scaleY(縦方向の倍率)

要素を縦(y)方向へ拡大または縮小します。縦方向に拡大・縮小する倍率を、標準のサイズを1とした単位なしの実数値で指定します。

rotate(角度)

要素を回転させます。回転させる角度を「deg(度数)」「rad(ラジアン)」「grad(グラード)」などで指定します。

skew(横方向の角度,縦方向の角度)

要素を傾斜させます。横方向と縦方向に傾斜させる角度を、それぞれ「deg(度数)」「rad(ラジアン)」「grad(グラード)」などで指定します。値を1つだけ指定した場合は、縦方向の角度に「0」が指定されたものとみなされます。

skewX(横方向の角度)

要素を横(x)方向に傾斜させます。横方向に傾斜させる角度を「deg(度数)」「rad(ラジアン)」「grad(グラード)」などで指定します。

skewY(縦方向の角度)

要素を縦(y)方向に傾斜させます。縦方向に傾斜させる角度を「deg(度数)」「rad(ラジアン)」「grad(グラード)」などで指定します。

CSS Source

```css
div {
    padding: 5px;
    position: absolute;
    width: 200px;
    height: 30px;
    background-color: #ff9999;
    font-family: Helvetica, sans-serif;
    font-weight: bold;
}
#sample1 {
    -ms-transform: translate(200px, 200px) rotate(45deg) scale(2, 1.5);
    -moz-transform: translate(200px, 200px) rotate(45deg) scale(2, 1.5);
    -webkit-transform: translate(200px, 200px) rotate(45deg) scale(2, 1.5);
    -o-transform: translate(200px, 200px) rotate(45deg) scale(2, 1.5);
    transform: translate(200px, 200px) rotate(45deg) scale(2, 1.5);
}
```

HTML Source

```html
<body>
<div>default</div>
<div id="sample1">sample1</div>
</body>
```

Internet Explorer

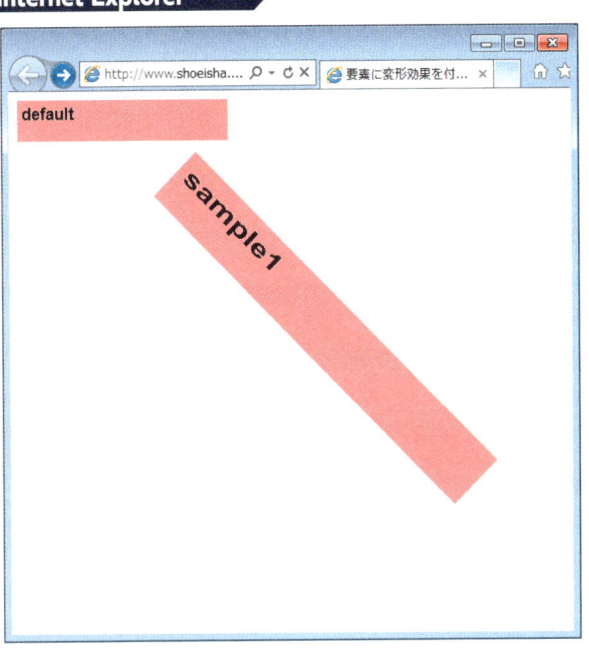

iPhone Safari

▶ ブラウザごとの指定方法と対応

ブラウザ	プロパティ	ブラウザ	プロパティ
IE9	-ms-transform	Chrome11	-webkit-transform
IE8	—	Safari5	-webkit-transform
Fx4.0	-moz-transform	Opera11	-o-transform
Fx3.6	-moz-transform		

参照 変形の基点を指定したい ･･････････････････ P.416

要素に変形効果を付けたい | 415

CSS3 > TRANSFORM 02

変形の基点を指定したい

transform-origin: ★

★………パーセント値+%、実数値+単位、キーワード（下記参照）

| 初期値 50% 50% | 値の継承 しない | 適用要素 ブロックレベル要素、インライン要素 |

要素の変形効果（p.413）はボックスの中心（50% 50%）を基点として適用されますが、transform-originプロパティを使えば、この基点を変更することができます。

ボックスの左上を「0 0」としたときの基点の横方向と縦方向位置を、それぞれ座標またはキーワードで半角スペースで区切って指定します。値を1つだけ指定した場合は、2つ目の値に「center」が指定されたものとみなされます。

値の指定方法

パーセント値+%　要素のボックスのサイズに対する割合で、基点の位置を指定します。

実数値+単位　数値に単位を付けて、基点の位置を指定します。

left、center、right、top、bottom　横方向の位置（left、center、right）と縦方向の位置（top、center、bottom）を指定します。topとleftは「0%」、bottomとrightは「100%」、centerは「50%」を指定したときと同じになります。

CSS Source

```css
div {
    padding: 5px;
    position: absolute;
    width: 200px;
    height: 30px;
    background-color: #ff9999;
    font-family: Helvetica, sans-serif;
    font-weight: bold;
}
#sample1 {
    -ms-transform: translate(200px, 200px) rotate(45deg) scale(2, 1.5);
    -ms-transform-origin: left top;
    -moz-transform: translate(200px, 200px) rotate(45deg) scale(2, 1.5);
    -moz-transform-origin: left top;
    -webkit-transform: translate(200px, 200px) rotate(45deg) scale(2, 1.5);
```

```
    -webkit-transform-origin: left top;
    -o-transform: translate(200px, 200px) rotate(45deg) scale(2, 1.5);
    -o-transform-origin: left top;
    transform: translate(200px, 200px) rotate(45deg) scale(2, 1.5);
    transform-origin: left top;
}
```

HTML Source

```
<body>
<div id="default">default</div>
<div id="sample1">sample1</div>
</body>
```

Internet Explorer

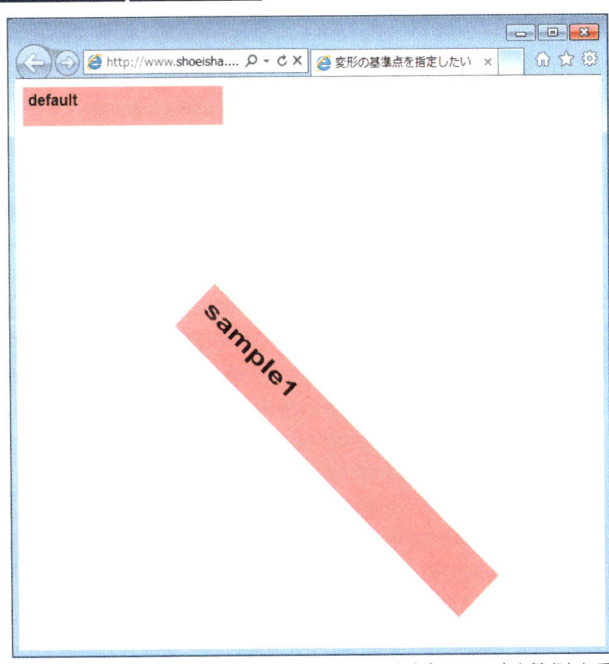

p.415のサンプルの基点を変えた様子。ボックスの左上(left、top)を基点として変形効果が適用されます。

▶ ブラウザごとの指定方法と対応

ブラウザ	プロパティ	ブラウザ	プロパティ
IE9	-ms-transform-origin	Chrome11	-webkit-transform-origin
IE8	—	Safari5	-webkit-transform-origin
Fx4.0	-moz-transform-origin	Opera11	-o-transform-origin
Fx3.6	-moz-transform-origin		

 要素に変形効果を付けたい ················· P.413

付録
APPENDIX

- 廃止された属性一覧表
- HTMLタグインデックス
- HTML属性インデックス
- CSSインデックス
- 用語インデックス

APPENDIX 01
廃止された属性一覧表

■ 文書の基本

要素	属性	意味	代替
html	version	HTML DTDのバージョン	―
head	profile	データプロファイルのURL	ブラウザの特定の動作を規定する場合はlink要素
body	alink	リンク部分を選択した瞬間(クリックなど)の色	CSS
	background	ページ全体の背景画像	CSS
	bgcolor	ページ全体の背景色	CSS
	link	まだ見ていないページへリンクしている部分の色	CSS
	marginheight	フレーム内の上下のマージン	CSS
	marginwidth	フレーム内の左右のマージン	CSS
	text	ページの標準の文字色	CSS
	vlink	すでに見たページへリンクしている部分の色	CSS
link	charset	リンク先の文字エンコーディング	リンク先のHTTP Content-Typeヘッダ
	rev	関連付けるファイルから見たこの文書との関係	rel属性
	target	リンク先を読み込むウインドウ	―
script	language	使用するスクリプト言語	type属性

■ セクションと見出し

要素	属性	意味	代替
h1～h6	align	見出しの行揃え	CSS

■ コンテンツのグループ化

要素	属性	意味	代替
p	align	段落の行揃え	CSS
hr	align	横罫線の位置	CSS
	color	横罫線の色	CSS
	noshade	平面的な横罫線	CSS
	size	横罫線の太さ	CSS
	width	横罫線の長さ	CSS
pre	width	表示幅	CSS
ul	compact	リストをより小さく表示	CSS
	type	項目の先頭に付くマークの種類	CSS
ol	compact	リストをより小さく表示	CSS
	type	項目の先頭に付く番号の種類	CSS
dl	compact	リストをより小さく表示	CSS
div	align	指定の範囲の行揃え	CSS

■ テキストレベルの意味付け

要素	属性	意味	代替
a	charset	リンク先の文字エンコーディング	リンク先のHTTP Content-Typeヘッダ
	coords	リンク領域の座標	area要素のshape属性
	name	移動先の名前	id属性
	shape	リンクとして定義される領域の形	area要素のcoords属性
	rev	リンク先のファイルから見たこの文書との関係	rel属性
br	clear	画像に対する回り込みの解除	CSS

■ コンテンツの埋め込み

要素	属性	意味	代替
img	align	画像とテキストとの位置関係	CSS
	border	画像の枠線	CSS
	hspace	画像に対する左右の余白	CSS
	longdesc	画像に関する詳しい説明へのリンク	a要素
	name	名前	id属性
	vspace	画像に対する上下の余白	CSS
area	nohref	リンクが無い	不要
iframe	align	インラインフレームとテキストとの位置関係	CSS
	frameborder	フレーム枠の表示・非表示	CSS
	longdesc	フレームに関する詳しい説明へのリンク	a要素
	marginheight	フレーム内の上下のマージン	CSS
	marginwidth	フレーム内の左右のマージン	CSS
	scrolling	スクロールの表示・非表示	CSS
embed	align	コンテンツの位置	CSS
	hspace	コンテンツの左右の余白	CSS
	name	コンテンツの名前	id属性
	vspace	コンテンツの上下の余白	CSS
object	align	オブジェクトと文字との位置関係	CSS
	archive	オブジェクトに関連するファイルのURLのアーカイブ	data属性、type属性、param要素
	border	オブジェクトの枠線	CSS
	classid	オブジェクトを実行するプログラムのURL	data属性、type属性、param要素
	code	Javaアプレットのクラスファイルのurl	data属性、type属性、param要素
	codebase	classid属性、data属性、archive属性で相対URLが指定された場合の基準のURL	data属性、type属性、param要素
	codetype	classid属性で指定されたプログラムのMIMEタイプ	data属性、type属性、param要素
	declare	オブジェクトの宣言だけ行い、自動で実行しない	その都度宣言
	hspace	オブジェクトの左右の余白	CSS
	standby	オブジェクトの読み込み中に表示されるメッセージ	コンテンツを最適化
	vspace	オブジェクトの上下の余白	CSS

要素	属性	意味	代替
param	type	valuetype属性がrefの場合の、value属性で指定されるURLのリソースのMIMEタイプ	name属性とvalue属性(値のタイプは宣言しない)
	valuetype	value属性で指定する値のタイプ	name属性とvalue属性(値のタイプは宣言しない)

■ テーブル

要素	属性	意味	代替
table	align	表の位置	CSS
	bgcolor	表の背景色	CSS
	border	表の外枠線	CSS
	cellpadding	セル内の余白	CSS
	cellspacing	セルの間隔	CSS
	frame	表の外枠線の表示方法	CSS
	rules	セルの間に引かれる罫線の表示方法	CSS
	width	表の横幅	CSS
tr	align	セルのデータの行揃え(行単位)	CSS
	bgcolor	行の背景色	CSS
	char	セル内の位置を揃える文字(行単位)	CSS
	charoff	セル内の位置を揃える文字までの距離(行単位)	CSS
	valign	セルのデータの垂直方向の位置(行単位)	CSS
td	abbr	セルの内容を簡略化した内容	セル内に、最初に簡潔な内容、その次に詳細な内容のテキストを続ける
	align	セルのデータの行揃え	CSS
	axis	ヘッダセルの分類名	th要素のscope属性
	char	セル内の位置を揃える文字	CSS
	charoff	セル内の位置を揃える文字までの距離	CSS
	bgcolor	セルの背景色	CSS
	height	セルの高さ	CSS
	nowrap	セル内での改行を禁止	CSS
	valign	セルのデータの垂直方向の位置	CSS
	width	セルの横幅	CSS
th	abbr	セルの内容を簡略化した内容	セル内に、最初に簡潔な内容、その次に詳細な内容のテキストを続ける
	align	セルのデータの行揃え	CSS
	axis	ヘッダセルの分類名	th要素のscope属性
	char	セル内の位置を揃える文字	CSS
	charoff	セル内の位置を揃える文字までの距離	CSS
	bgcolor	セルの背景色	CSS
	height	セルの高さ	CSS
	nowrap	セル内での改行を禁止	CSS
	valign	セルのデータの垂直方向の位置	CSS
	width	セルの横幅	CSS
caption	align	キャプションの位置	CSS

要素	属性	意味	代替
colgroup	align	グループ内の列に含まれる、各セルのデータの行揃え	CSS
	char	セル内の位置を揃える文字（グループ内の列に対して指定）	CSS
	charoff	セル内の位置を揃える文字までの距離（グループ内の列に対して指定）	CSS
	valign	グループ内の列に含まれる、各セルのデータの垂直方向の位置	CSS
	width	グループ内の列の横幅	CSS
col	align	対象とする列に含まれる、各セルのデータの行揃え	CSS
	char	セル内の位置を揃える文字（列に対して指定）	CSS
	charoff	セル内の位置を揃える文字までの距離（列に対して指定）	CSS
	valign	対象とする列に含まれる、各セルのデータの垂直方向の位置	CSS
	width	対象とする列の横幅	CSS
thead	align	グループ内の各セルのデータの行揃え	CSS
	char	セル内の位置を揃える文字（グループに対して指定）	CSS
	charoff	セル内の位置を揃える文字までの距離（グループに対して指定）	CSS
	valign	グループ内の各セルのデータの垂直方向の位置	CSS
tbody	align	グループ内の各セルのデータの行揃え	CSS
	char	セル内の位置を揃える文字（グループに対して指定）	CSS
	charoff	セル内の位置を揃える文字までの距離（グループに対して指定）	CSS
	valign	グループ内の各セルのデータの垂直方向の位置	CSS
tfoot	align	グループ内の各セルのデータの行揃え	CSS
	char	セル内の位置を揃える文字（グループに対して指定）	CSS
	charoff	セル内の位置を揃える文字までの距離（グループに対して指定）	CSS
	valign	グループ内の各セルのデータの垂直方向の位置	CSS

■ **フォーム**

要素	属性	意味	代替
input	align	画像ボタンと文字との位置関係	CSS
	usemap	クライアントサイド・イメージマップとの関連付け	input要素の替わりにimg要素
legend	align	ラベルの位置	CSS

■ **インタラクティブ**

要素	属性	意味	代替
menu	compact	リストをより小さく表示	CSS

APPENDIX 02

HTMLタグインデックス

記号
!DOCTYPE ···································· 7

A
a ·· 84,86,88
 href ····························· 84,86,88
 target ······························· 86
abbr ·· 104
address ····································· 60
area ······································ 4,135
 alt ··································· 135
 coords ···························· 135
 href ································· 135
 shape ······························ 135
article ·································· 45,48
aside ·· 50
audio ······································ 151
 autoplay ························· 151
 controls ·························· 151
 loop ································ 151
 preload ··························· 151
 src ································· 151

B
b ·· 114
base ······································· 4,28
bdo
 dir ···································· 120
blockquote ································· 68
body ·· 24
br ·· 4,124
button ····································· 222
 autofocus ························ 222
 disabled ························· 222
 form ······························· 222
 formaction ······················ 222
 formenctype ···················· 222
 formmethod ···················· 222
 formnovalidate ················ 222
 formtarget ······················· 222
 name ······························· 222
 type ································ 222
 value ······························· 222

C
canvas ································ 156,168
 height ······························ 156
 width ······························· 156
caption ···································· 164
cite ·· 98

code ·· 108
col
 span ································ 4,168
colgroup
 span ································· 166
command ··························· 4,250,251
 checked ··························· 250
 disabled ·························· 250
 icon ································· 250
 label ································· 250
 radiogroup ······················· 251
 type ································· 250

D
datalist
 id ····································· 234
dd ·· 78
del ··· 128
details
 open ································ 248
dfn ··· 102
div ··· 82
dl ·· 78
dt ·· 78

E
em ··· 91
embed ··································· 4,142
 height ······························ 142
 src ································· 142
 type ································ 142
width ······································ 142

F
fieldset ··································· 236
 disabled ························· 236
 form ······························· 236
 name ······························· 236
figcaption ·································· 80
figure ·· 80
footer ······································· 58
form ·· 176
 accept-charset ··················· 176
 action ····························· 176
 autocomplete ···················· 177
 enctype ··························· 177
 method ···························· 176
 name ······························· 177
target ····································· 177

H

- h1〜h6 …… 18,52
- head …… 24
- header …… 56
- hgroup …… 54
- hr …… 4,64
- html …… 24

I

- i …… 112
- iframe …… 139
  - height …… 139
  - name …… 139
  - src …… 139
  - width …… 139
- img …… 4,130,133,135
  - alt …… 130
  - height …… 133
  - src …… 130,133,135
  - usemap …… 135
  - width …… 133
- input …… 4,180〜220, 234
  - accept …… 220
  - alt …… 188
  - autocomplete …… 180,192〜214
  - autofocus …… 181〜220
  - checked …… 216,218
  - disabled …… 181〜220
  - form …… 181〜220
  - formaction …… 182,188
  - formenctype …… 182,188
  - formmethod …… 182,188
  - formnovalidate …… 182,188
  - formtarget …… 182,188
  - height …… 188
  - list …… 180,192〜196,200〜214,234
  - max …… 180,200〜212
  - maxlength …… 180,192〜198
  - min …… 180,200〜212
  - multiple …… 180,196,220
  - name …… 181〜220
  - pattern …… 180,192〜198
  - placeholder …… 181,192〜198
  - readonly …… 180,192,〜210
  - required …… 180,192〜210,216〜220
  - size …… 180,192〜198
  - src …… 188
  - step …… 181,200,〜212
  - type …… 179,234
  - type="button" …… 186
  - type="checkbox" …… 216
  - type="color" …… 214
  - type="date" …… 202
  - type="datetime" …… 200
  - type="datetime-local" …… 200
  - type="email" …… 196
  - type="file" …… 220
  - type="hidden" …… 190
  - type="image" …… 188
  - type="month" …… 204
  - type="number" …… 210
  - type="password" …… 198
  - type="radio" …… 218
  - type="range" …… 212
  - type="reset" …… 184
  - type="search" …… 194
  - type="submit" …… 182
  - type="tel" …… 196
  - type="text" …… 192
  - type="time" …… 208
  - type="url" …… 196
  - type="week" …… 206
  - value …… 188〜220
  - width …… 188
- ins …… 128

K

- kbd …… 108
- keygen …… 240
  - autofocus …… 240
  - challenge …… 240
  - disabled …… 240
  - form …… 240
- keytype …… 240

L

- label
  - for …… 238
- legend …… 236
- li
  - value …… 76
- link …… 4,30,270
  - href …… 30
  - rel …… 30

M

- map
  - name …… 135
- mark …… 116
- menu …… 252
  - label …… 252
  - type …… 252
- meta …… 4,8,34,36
  - charset …… 8,36
  - content …… 34
  - http-equiv …… 8,34
- meter …… 246
  - form …… 246
  - high …… 246
  - low …… 246
  - max …… 246
  - min …… 246
  - optimum …… 246
- value …… 246

N

- nav …… 46
- noscript …… 42

O

- object …… 144
  - data …… 144
  - name …… 144
  - type …… 144

HTMLタグインデックス | 425

ol	74,76
start	74
value	76
optgroup	231
disabled	231
label	231
value	231
option	226,228,231
disabled	226,228
label	226,228,231
multiple	228
selected	226,228
value	226,228,231
output	242
for	242
form	242
name	242

P

p	62
param	4,146
name	146
value	146
pre	66
progress	244
form	244
max	244
value	244

Q

q	100

R

rp	118
rt	118
ruby	118

S

s	96
samp	108
script	40
charset	40
src	40
type	40
section	18,44
select	226,227
autofocus	226,228
disabled	226,228
form	226,228
multiple	228
name	226,228
selected	226,228
size	228
value	226,228
small	94
source	4,154
media	154
src	154
type	154
span	122
strong	92
style	38,269

media	38
type	38
sub	110
summary	248
sup	110

T

table	160
tbody	170
td	160
colspan	174
rowspan	172
textarea	224
autofocus	224
cols	224
disabled	224
form	224
maxlength	224
name	224
placeholder	224
readonly	224
required	224
rols	224
wrap	224
tfoot	170
th	172,174
colspan	174
rowspan	172
thead	170
time	106
title	26
tr	160

U

ul	70

V

var	108
video	148,149
autoplay	148
controls	149
height	149
loop	148
poster	148
preload	148
src	148
width	149

W

wbr	126

APPENDIX 03
HTML5属性インデックス

A
accept
- input~ ... 220

accept-charset
- form~ ... 176

accesskey ... 11

action
- form~ ... 176

alt
- area~ ... 135
- img~ ... 130
- input~ ... 188

autocomplete
- form~ ... 177
- input~ ... 180,192~214

autofocus
- button~ ... 222
- input~ ... 181,182~220
- keygen~ ... 240
- select~ ... 226,228
- textarea~ ... 224

autoplay
- audio~ ... 151
- video~ ... 148

C
challenge
- keygen~ ... 240

charset
- meta~ ... 36
- script~ ... 40

checked
- command~ ... 250
- input~ ... 216,218

cite
- blockquote~ ... 68

class ... 11

cols
- textarea~ ... 224

colspan
- td~ ... 174
- th~ ... 174

content
- meta~ ... 34

contenteditable ... 11
contextmenu ... 11

controls
- audio~ ... 151
- video~ ... 149

coords
- area~ ... 135

D
data
- object~ ... 144

dir ... 11
- bdo~ ... 120

disabled
- button~ ... 222
- command~ ... 250
- fieldset~ ... 236
- input~ ... 181~220
- keygen~ ... 240
- optgroup~ ... 231
- option~ ... 226,228
- select~ ... 226,228
- textarea~ ... 224

draggable ... 11
dropzone ... 11

E
enctype
- form~ ... 177

F
for
- label~ ... 238
- output~ ... 242

form
- button~ ... 222
- fieldset~ ... 236
- input~ ... 181~220
- keygen~ ... 240
- meter~ ... 246
- output~ ... 242
- progress~ ... 244
- select~ ... 226,228
- textarea~ ... 224

formaction
- button~ ... 222
- input~ ... 182,188

formenctype
- button~ ... 222
- input~ ... 182,188

formmethod
- button~ ... 222
- input~ ... 182,188

formnovalidate
- button~ ... 222
- input~ ... 182,188

HTML5属性インデックス | 427

formtarget
- button~ 222
- input~ 182,188

H
height
- canvas~ 156
- embed~ 142
- iframe~ 139
- img~ 133
- input~ 188
- video~ 149

hidden 12

high
- meter~ 246

href
- a~ 084,086,088
- area~ 135
- link~ 30

http-equiv
- meta~ 34

I
icon
- command~ 250

id 12
- datalist~ 234

K
keytype
- keygen~ 240

L
label
- command~ 250
- menu~ 252
- optgroup~ 231
- option~ 226,228,231

lang 12

list
- input~ .... 180,192~214,234

loop
- audio~ 151
- video~ 148

low
- meter~ 246

M
max
- input~ .... 180,200~212
- meter~ 246
- progress~ 244

maxlength
- input~ 180,192,194,196,198
- textarea~ 224

media
- source~ 154
- style~ 38

method
- form~ 176

min
- input~ .... 180,200~212

meter~ 246

multiple
- input~ 180,196,220
- option~ 228
- select~ 228

N
name
- button~ 222
- fieldset~ 236
- form~ 177
- iframe~ 139
- input~ .... 181~220
- map~ 135
- object~ 144
- output~ 242
- param~ 146
- select~ 226,228
- textarea~ 224

O
open
- details~ 248

optimum
- meter~ 246

P
pattern
- input~ 180,192,194,196,198

placeholder
- input~ 181,192,194,196,198
- textarea~ 224

poster
- video~ 148

preload
- audio~ 151
- video~ 148

R
radiogroup
- command~ 251

readonly
- input~ .... 180,192~210
- textarea~ 224

rel
- link~ 30

required
- input~ .... 180,192~220
- textarea~ 224

rols
- textarea~ 224

rowspan
- td~ 172
- th~ 172

S
selected
- option~ 226,228
- select~ 226,228

shape
- area~ 135

size
- input~ ……… 180,192,194,196,198
- select~ ……… 228

span
- col~ ……… 168
- colgroup~ ……… 166

spellcheck ……… 12

src
- audio~ ……… 151
- embed~ ……… 142
- iframe~ ……… 139
- img~ ……… 130,133,135
- input~ ……… 188
- script~ ……… 40
- source~ ……… 154
- video~ ……… 148

start
- ol~ ……… 74

step
- input~ ……… 181,200~212

style ……… 12

T

target
- a~ ……… 86
- form~ ……… 177

type
- button~ ……… 222
- command~ ……… 250
- embed~ ……… 142
- input~ ……… 179,234
- menu~ ……… 252
- object~ ……… 144
- script~ ……… 40
- source~ ……… 154
- style~ ……… 38

type="button"
- input~ ……… 186

type="checkbox"
- input~ ……… 216

type="color"
- input~ ……… 214

type="date"
- input~ ……… 202

type="datetime"
- input~ ……… 200

type="datetime-local"
- input~ ……… 200

type="email"
- input~ ……… 196

type="file"
- input~ ……… 220

type="hidden"
- input~ ……… 190

type="image"
- input~ ……… 188

type="month"
- input~ ……… 204

type="number"
- input~ ……… 210

type="password"
- input~ ……… 198

type="radio"
- input~ ……… 218

type="range"
- input~ ……… 212

type="reset"
- input~ ……… 184

type="search"
- input~ ……… 194

type="submit"
- input~ ……… 182

type="tel"
- input~ ……… 196

type="text"
- input~ ……… 192

type="time"
- input~ ……… 208

type="url"
- input~ ……… 196

type="week"
- input~ ……… 206

U

usemap
- img~ ……… 135

V

value
- button~ ……… 222
- input~ ……… 188~220
- li~ ……… 76
- meter~ ……… 246
- ol~ ……… 76
- optgroup~ ……… 231
- option~ ……… 226,228,231
- param~ ……… 146
- progress~ ……… 244
- select~ ……… 226,228

W

width
- canvas~ ……… 156
- embed~ ……… 142
- iframe~ ……… 139
- img~ ……… 133
- input~ ……… 188
- video~ ……… 149

wrap
- textarea~ ……… 224

APPENDIX 04

CSS3インデックス

記号
@font-face 337
@keyframes 389

A
animation 410
animation-delay 407
animation-direction 404
animation-duration 394
animation-iteration-count 401
animation-name 391
animation-timing-function 397

B
background 284
background-attachment 284
background-clip 284,286
background-image 284
background-origin 284,288
background-position 284
background-repeat 284
background-size 284,290
border-bottom-left-radius 293
border-bottom-right-radius 293
border-image 299,302
border-radius 296
border-top-left-radius 293
border-top-right-radius 293
box-align 369
box-direction 363
box-flex 372
box-ordinal-group 366
box-orient 361
box-pack 375
box-shadow 305
box-sizing 312

C
column-count 340
column-gap 347

column-rule 356
column-rule-color 354
column-rule-style 349
column-rule-width 352
columns 345
column-width 343

D
display 358

F
font-size-adjust 334

L
linear-gradient 321

O
opacity 318
outline-offset 314
overflow-x 308
overflow-y 310

R
radial-gradient 324
resize 316

T
text-overflow 332
text-shadow 328
transform 413
transform-origin 416
transition 387
transition-delay 385
transition-duration 381
transition-property 378
transition-timing-function 383

W
word-wrap 330

APPENDIX 05

用語インデックス

記号

/* ★ */(コメント)	259
%	278
<!--★-->(コメント)	5
*(アスタリスク)	261
,(カンマ)	259
:(コロン)	263
;(セミコロン)	258
.(ピリオド)	263
#(シャープ)	263
-(ハイフン)	262
-moz-	260
-ms-	260
-o-	260
.php	262
#rgb	279
#rrggbb	279
-webkit-	260

アルファベット

Adobe Flash	149
API	9
Apple	2
attribute	4
CSS	
CSS 1	256
CSS 2	256
CSS 2.1	256
CSS 3	257
〜の概念	256
〜の基本書式	258
ch	278
cm	278
combinator	267
Content	4
currentColor	281
declaration	258
deg	282
DOCTYPE宣言	7
DTD	7
element	4
em	277
Embedded OpenType	337
EndTag	4
ex	277
GIF	130
grad	282
HSL	280
HSLA	280
HTML	
HTML4.0	2
HTML4.01	2
〜構文	6
Hue	280
IDセレクタ	263
in	278
JavaScript	186,242,250
JPG	130
Lightness/Luminance	280
MathML	3,21
MIMEタイプ	7,34,38,40,220
mm	278
Mozilla	2
OpenType	337
Opera	2
pc	278
PDF	130
PNG	130
property	258
pt	278
px	277
QuickTime	149
rad	282
rem	277
rgb	279
RGBA	280
RSSフィード	48
Saturation	280
selector	258
StartTag	4
SVG	3,21,130
transparent	281
TrueType	337
turn	282
URL	196
UTF-8	8
value	4,258
vh	278
vm	278
vw	277
W3C	2
Web Open Font Format	337
Webフォント	337
WHATWG	2
woff	337
XHTML	
XHTML1.0	2
XHTML1.1	2
XHTML2.0	2
XHTML Basic	2

用語インデックス | 431

XHTML構文	6

あ

アウトライン	18
〜とボーダーの間隔	314
アスキー・アート	66
値	4,258
アニメーション	156,389,391,407
〜の繰り返し方向	404
〜を実行する回数	401
〜の実行時間	394
〜の速度	397
〜のプロパティ	410
アンケート	176
暗黙的なセクション	18
イタリック	112
イメージマップ	135
色	279
〜の指定	214
インタラクティブ・コンテンツ	13,16
インデント	68
引用	68,100
引用符	282
引用元	98
インラインMathML	21
インラインSVG	21
インライン・フレーム	139
インライン要素	13
ウィジェット	48
上付き文字	110
埋め込みコンテンツ	13,16
円	136
円形グラデーション	324
オートコンプリート機能	177,180
音声ファイル	151
オンデマンド	248

か

改行	124,330
〜の位置	126
開始色	321
開始タグ	4
階層化	231
階層構造	20
解像度	273
外部コンテンツ	144
外部スクリプト・ファイル	40
化学記号	110
鍵ペア	240
角度	282
ガジェット	48
頭文字	104
画像	188
〜の表示	130
〜の表示サイズ	133
カテゴリ	13
角丸	293,296
空要素	4
関連ページ	58
キーフレーム	389,391
擬似クラス	263
記述リスト	78

擬似要素	267
キャプション	80,164,238,248
行	162
〜のグループ化	170
強調	91
クライアントサイド・イメージマップ	135
クラスセレクタ	263
グラデーション	324
グラフ	156
繰り返し	148
グループ化	231,236
グレゴリオ暦	106
グローバル属性	5,11
警告	94
計算	242
携帯端末	272
ゲージ	246
ゲーム	156
結合子	267
検索	194
検索ロボット	130
公開鍵	240
公式	110
互換性	3
コマンド	250,252
コメント	5,259
コンテキスト・メニュー	252
コンテンツ	48,144
コンテンツ・モデル	13

さ

サーバーサイド・イメージマップ	137
再生	148
細目	94
削除	128
削除された要素	10,419
四角形	136
時間	106,208,381
時刻	200
字下げ	68
システムカラー	281
下付き文字	110
実線	349
週	206
重要	92
終了色	321
終了タグ	4
出力結果	108
詳細な情報	248
初期情報	34
初期値	259
進捗状況	244
図	156
数式の変数	108
数値	210
スクリーンリーダー	130
スクリプト	40,42,156
スタイルシート	38
スタイル	
〜の継承	276
〜の適用要素	276
〜の優先順位	276

図版	80
スライダー	212
セクショニング・コンテンツ	13,15
セクショニング・ルート	17,20
セクション	18,44
絶対単位	278
接頭辞	260
説明	248
説明文	164
セル	160
〜の連結	172,174
横方向のセル	174
セレクタ	258
〜のグループ化	259
〜の種類	261
遷移	378
線形グラデーション	321
宣言ブロック	258
相互運用性	3
送信ボタン	176,182,188,222
相対単位	277
ソースコード	108
属性	4
属性セレクタ	261

た

ダイアログボックス	220
代替のコンテンツ	144,146,148,151,156
タイプセレクタ	261
タイムゾーン・オフセット	106
多角形	136
高さ	312
段組み	340
〜の数	340,345
〜の間隔	347
〜の境界線	349
〜の境界線の色	354
〜の境界線の幅	352
〜の境界線のプロパティ	356
〜の横幅	343,345
段落	4,62
チェックボックス	216
注釈	94
注文	176
著作権表示	58,94
追加	128
追加された要素	9
ツールバー	252
定義される用語	102
訂正	96
テーブル	160
テーマの変わり目	64
テキスト入力フィールド	192
テキストの影	328
テキスト・フィールド	180
デザイン	256
デバイスの方向	273
デフォルトの言語	34
デフォルトのスタイルシート	34
電子メール	66
点線	349
電話番号	196

問い合わせ	176
透明度	318
ドラッグ＆ドロップAPI	12
トランジション	381,385
〜効果	378
〜のパターン	383
〜のプロパティ	387
トランスペアレント	17

な

内容モデル	13
内容領域	274
ナビゲーション	46
二重線	349
ニュースサイト	48
入力候補のリスト	234
入力フィールド	176,194,196,198
入力フォーム	179
年月の入力	204

は

パーセント値	278
背景画像	274,284,288
〜のサイズ	290
背景色	274
背景の範囲	286
ハイパーリンク	84
ハイライト	116
パスワード	198
破線	349
パディング	274
幅	312
番号付きのリスト	72
汎用的な押しボタン	222
汎用的な範囲	122
汎用ボタン	186
日付	106,200
〜の入力	202
ビデオ	148
秘密鍵	240
表	160
表記方向	120
表示方法	308,310
標準モード	7
ファイル	
〜のアップロード	220
〜の複数指定	154
フォーム	176
〜送信	190
〜のコントロール	179
〜の部品	236
フォールバック機能	139
フォールバック・コンテンツ	144,146,148,151,156
フォントサイズ	334
複数行の入力フィールド	224
フッタ	58
太字	114
部品	238
プラグイン	142
〜のパラメータ	146
プリンタ	272
プルダウンメニュー	226

フレージング・コンテンツ	13,16
フレキシブル・ボックス	358
フロー・コンテンツ	13,14
ブログ	48,50
プログラム・コード	66
プログレス・バー	244
ブロックレベル要素	13
プロパティ	258
文法規則	6
ヘッダ	56
ヘッダ・セル	162
変形	
〜効果	413
〜の基点	416
変更された要素	10
ベンダープレフィックス	260
法的制約	94
ボーダー	274,349
〜に画像	299
〜画像	302
〜の幅	300
〜領域	286
ボタン	222
ボックス	274
〜サイズ	316
〜に影	305
〜の並び順	363
〜のレイアウト順	366
〜のレイアウト方向	361
〜モデル	274
〜を揃える位置	369
〜を寄せる位置	375

ま

マーク	116
マークアップ	2
マージン	274
見出し	4,52,162
〜コンテンツ	13,15
〜のグループ化	54
明示的なセクション	18
命令	250,252
メールアドレス	196
メタデータ・コンテンツ	13,14
メディアクエリー	272
メディアタイプ	272
メディア特性	273
免責事項	94
文字エンコーディング	8,36,40
モジュール化	257

や

有用性	3
ユニバーサルアクセス	3
ユニバーサルセレクタ	261
要素	4
〜内容	4
〜のサイズ	316
〜名	4
要約	248
余白の比率	372

ら

ラジオボタン	218
リスト	4,70
〜の開始番号	74
〜の連番	76
〜ボックス	228
リセット・ボタン	184,222
略語	104
領域	82
リロード(再読み込み)	34
リンク	84,86
リンク領域	135
ループ	148
ルビ	118
レイアウト	256
列	162,168
〜のグループ化	166
連絡先	60
論理演算子	273
論理属性	5

翔泳社ecoProjectのご案内

株式会社 翔泳社では地球にやさしい本づくりを目指します。

近年、京都議定書の発効に伴って環境問題への関心が世界的な高まりを見せています。このような時代の要請に適応するためにも、企業は真剣に環境戦略を求められるようになってきました。業態の性格上、出版社は商品の生産ラインを所有してこなかったためか、環境問題を身近に感じることが今まで少なかったと言えます。しかし、事実上、大量の紙と原油系の化学物質製品を使用しているため、社会的責任を免れることはできません。

そこで、弊社では商品の制作工程において、環境への配慮を強化するために、エコロジー活動の一環として『翔泳社ecoProject』を立ち上げ、独自にエコロジー基準を設定しました（下表）。このうち4項目以上を満たしたものをエコロジー製品と位置づけ、シンボルマークをつけています。

このシンボルマークは葉をモチーフとしてデザインされています。
木から抽出されたパルプでつくられる紙。それを原料とする本。
本のもとは木なのです。

環境を考慮した技術で生産された本が適正にリサイクルされる。
そのことで新しい緑が育まれる。
はじめは小さな小さな葉っぱのような活動が徐々に枝葉を広げ、
一本の大樹となるように願っています。
そんな思いがつまったマークです。

資材	基準	期待される効果	本書採用
装丁用紙	無塩素漂白パルプ使用紙 あるいは 再生循環資源を利用した紙	有毒な有機塩素化合物発生の軽減（無塩素漂白パルプ） 資源の再生循環促進（再生循環資源紙）	○
本文用紙	材料の一部に無塩素漂白パルプ あるいは 古紙を利用	有毒な有機塩素化合物発生の軽減（無塩素漂白パルプ） ごみ減量・資源の有効活用（再生紙）	○
製版	CTP（フィルムを介さずデータから直接プレートを作製する方法）	枯渇資源（原油）の保護、産業廃棄物排出量の減少	○
印刷インキ*	植物油を含んだインキ	枯渇資源（原油）の保護、生産可能な農業資源の有効利用	○
製本メルト	難細裂化ホットメルト	細裂化しないために再生紙生産時に不純物としての回収が容易	○
装丁加工	植物性樹脂フィルムを使用した加工 あるいは フィルム無使用加工	枯渇資源（原油）の保護、生産可能な農業資源の有効利用	

＊：パール、メタリック、蛍光インキを除く

■ **Information**

翔泳社のWeb辞典シリーズのホームページでは、本書のサンプルデータダウンロードのほか、カラーチャートや正誤表を掲載しています。
ぜひご利用ください。
http://www.shoeisha.com/book/pc/dic/

■ **Author**

株式会社アンク　http://www.ank.co.jp/

■ **Staff**

装丁　　　　　　　米倉 英弘（株式会社 細山田デザイン事務所）
本文デザイン／DTP　尾花 暁

HTML5 & CSS3辞典

2011年6月7日　初版第1刷発行

著　者　　（株）アンク
発行人　　佐々木 幹夫
発行所　　株式会社 翔泳社（http://www.shoeisha.co.jp）
印刷・製本　大日本印刷株式会社

© 2011 ANK Co., Ltd.

※本書は著作権法上の保護を受けています。本書の一部または全部について（ソフトウエアおよびプログラムを含む）、株式会社 翔泳社から文書による許諾を得ずに、いかなる方法においても無断で複写、複製することは禁じられています。

※本書へのお問い合わせについては、iiページに記載の内容をお読みください。

※落丁・乱丁はお取り替えいたします。03-5362-3705までご連絡ください。

ISBN978-4-7981-2337-0　　Printed in JAPAN